大型调水工程
风险管理与保险研究

李衍忠 著

吉林科学技术出版社

图书在版编目（CIP）数据

大型调水工程风险管理与保险研究 / 李衍忠著． --

长春：吉林科学技术出版社，2022.8

ISBN 978-7-5578-9652-2

Ⅰ．①大… Ⅱ．①李… Ⅲ．①调水工程－风险管理－

研究 Ⅳ．① TV68

中国版本图书馆 CIP 数据核字（2022）第 178491 号

大型调水工程风险管理与保险研究

著	李衍忠
出 版 人	宛 霞
责任编辑	郝沛龙
封面设计	树人教育
制 版	树人教育
幅面尺寸	185mm×260mm
字 数	280 千字
印 张	12.5
印 数	1–1500 册
版 次	2022年8月第1版
印 次	2023年4月第1次印刷

出 版	吉林科学技术出版社
发 行	吉林科学技术出版社
地 址	长春市福祉大路5788号
邮 编	130118
发行部电话/传真	0431-81629529 81629530 81629531
	81629532 81629533 81629534
储运部电话	0431-86059116
编辑部电话	0431-81629518
印 刷	三河市嵩川印刷有限公司

书 号	ISBN 978-7-5578-9652-2
定 价	90.00 元

前　言

伴随着我国经济水平和科技水平的发展速度越来越快，水利工程日益成为全社会所关注的主要对象之一。现如今引调水工程项目的数量越来越多，为了促使自身经济效益得到增长，相关工作人员理应针对运行管理方面进行思考，分析其中存在的不足，并采取一些针对性措施予以处理，进而提升运营管理工作的效果。

地球上水资源时空分布并不均匀，尤其是土地、人口及矿产资源分布匹配性越来越差，导致人类社会水资源越来越缺乏，因此要解决此问题，就要创建跨流域调水工程。随着跨流域调水工程规模地持续扩大，工程建设及管理过程中也出现了一系列问题及矛盾，影响工程效益的发挥。为此，通过有效措施，实现满足工程需求管理机构及方式的创建，解决跨流域调水工程管理及发展中的问题。调水工程运行管理系统作为调度运行管理系统的重要组成部分，受到人们重视。

本书旨在就调水工程风险管理与保险进行研究，通过对引调水工程的运行管理及科学调度方面的研究，实现合理运行、科学调度和有效管理，推进引调水工程获得最大综合效益，更新水利工程运行管理理念，优化用人机制，促进人才价值的充分发挥，进而确保相关项目地顺利进行，从而提升管理工作的整体效果，提升项目建设带来的社会效益和经济效益。

目　录

第一章 概论

引调水工程建成后需要通过运营管理发挥效益，实现合理运行、科学调度和有效管理，推进引调水工程获得最大综合效益。本章将对引调水工程的基本内容进行阐述。

第一节 引调水工程发展概况

河川径流是人类最早利用的水资源，也是上、中、下游地区重新分配水资源的必由之路。但是随着社会经济的发展，仅凭流域内调水已难以满足经济发达地区的用水需求，而且河川径流的绝大部分淡水资源分布在人口稀少甚至人迹罕至的地区，而一些人口密集的地区，淡水资源严重短缺，严重制约着当地社会经济的发展。如何正确开发利用水资源，是摆在人类面前的一大问题。为解决水资源短缺问题，世界上很多国家都对跨流域调水产生了浓厚的兴趣，修建了很多工程来解决水资源时空分布不均的问题。于是，跨流域调水工程便应运而生了。

调水工程是人类开发、利用水资源的重要手段，是将水从某一流域向其他流域或区域输送，从而实现水资源合理调配和开发利用的工程措施。

一、国外引调水工程概况

国外最早的跨流域调水工程可追溯到公元前 2400 年前的古埃及，它从尼罗河引水灌溉至埃塞俄比亚高原南部，在一定程度上促进了埃及文明的发展与繁荣。据有关资料统计，国外已有 39 个国家建成了 345 项调水工程（不包括干渠长度 20 km 以下、年调水量 1 000 万 m³ 以下的小型引水工程），调水量约 6000 亿 m³，主要集中在加拿大、印度、巴基斯坦、美国、法国、澳大利亚、罗马尼亚、德国、伊拉克、西班牙、秘鲁和苏联等国家，占世界总调水量的 80% 以上。下面简要介绍几项著名的跨流域调水工程。

（一）美国加利福尼亚州北水南调工程

1. 必要性及可行性

加利福尼亚州（简称加州）位于美国西海岸，北部气候湿润多雨，萨克拉门托河水系水量丰沛。南部气候干燥，地势平坦，光热条件好，是美国著名的阳光地带，虽然那里生活着该州 2/3 的人口，水源却与人口成反比例。

2. 建设情况

针对上述情况，加州政府在 20 世纪 50 年代初不得不开始通盘考虑解决北涝南旱的调水之策。1960 年，加州进行了全民投票公决，以 51% 的支持率使调水决策获得通过。于是，一项规模宏大的北水南调工程开工了。从加州最北边的奥罗维尔湖到最南端的佩里斯湖，整个调水工程主干道南北绵延 1 000 多 km，占加州南北总长度的 2/3。途中采用一次性提升水位 600 多 m 的大功率抽水机，让北水顺畅越过蒂哈查皮山，流到干旱的加州南方地区，成为目前美国最大的调水工程。该工程经过了 13 年的努力，终于在 1973 年完成了输水主管道的建设。

3. 工程影响

加州北水南调工程的年调水量达 49.3 亿 m^3，供加州南部 2 000 万人使用，即全州 2/3 人口因此受益。这些北水的 70% 用于城市，30% 用于农村，2 430 k ㎡ 的农田得以灌溉。该工程与联邦政府建设的中央河谷调水工程相辅相成，共同把加州北部丰富的水资源调到南部缺水地区，为加州南部经济和社会发展、生态环境的改善提供了充沛的水资源，使以洛杉矶为中心的加州南部成为果树、蔬菜等经济作物生产出口基地，并保证了那里的生活和工业用水，从而促使加州成为美国人口最多的州，洛杉矶成为美国第二大城市——洛杉矶周围地区也因此获得了迅速的发展。

（二）以色列北水南调工程

1. 必要性及可行性

以色列地处地中海沿岸，属地中海气候，夏季炎热干燥，冬季温和多雨，年降水量为 200~900 mm，北多南少。以色列南方干旱缺水，北方水源相对丰沛，东北部的太巴列湖高水位时蓄水量可高达 43 亿 m^3。为此，以色列建设北水南调工程，以利用太巴列湖水解决南方地区沙漠干旱地区的缺水问题。

2. 建设情况

北水南调工程从 1953 年开挖 6.5 km 长的艾拉本隧洞开始，至 1964 年建成投入使用，前后历时 12 年，投资 1.47 亿美元。北水南调的龙头工程即太巴列湖取水口工程，是建于地下岩洞的取水厂，安装了 3 台抽水泵，总抽水量达每秒 20.25 m^3。工程设两级泵站，可以将水位提升 400m。由输水隧洞将湖水送到调节池，经检测化验、沉沙、灭菌消毒处理，达到饮用水标准后，输入内径 2.8 m 的主干管道，送到以色列最大的行政中心城市特拉维夫的东北部。在特拉维夫主干管道分为东西两路，向南输送到内格夫沙漠干旱地。

至 20 世纪 80 年代末，北水南调工程输水管线南北延长到约 300km，主干管管径 2.2-2.8m，沿途设多座泵站加压，并吸纳全国主要地表水和地下水源，同时向外辐射出供水管道，与各地区的供水管网相连通，形成全国统一调配的供水系统。至 80 年代后期，通过北水南调输配水系统年供水量达 12 亿 m^3，其中调到南部水量达 5.0 亿 m^3，高峰日供水 450 万 m^3。

3. 工程影响

北水南调工程的建设，改善了以色列水资源配置的不利状况，缓解了制约南部地区发展的主要因素。同时，该工程向外辐射的供水管道与各地区的自来水管网相连通，形成了一个全国统一取水、统一调配、统一供水的管道系统。由此使全国的水务得到了高效的统一管理，实行全国统一水价，让南方沙漠地区用到与北方湖区一样便宜的水，保障了南部人民能够有足够的水资源来发展农业生产。由于全国南北实行统一水价，得以在水源地200km 以外的南部发展灌溉，改善严酷的生态环境条件，从而带动南部经济社会的发展；同时也扩大了以色列的生存空间，把大片不毛之地变为绿洲，利用南部充足的光热条件，产出高质量的水果、蔬菜和花卉等农产品。

（三）澳大利亚雪山调水工程

1. 必要性及可行性

澳大利亚虽然地广人稀，人均占有淡水资源不少，但是澳洲大陆全境年均降水量仅470 mm，且水资源分布不均。澳大利亚东部有自北向南纵贯的大分水岭（海拔一般为800~1 000 m），墨累达令盆地处大分水岭的西部。从东部海洋吹来的湿润气流在大分水岭的东侧降下丰富的地形雨，在大分水岭的西侧，气流下沉，降雨稀少。而墨累达令盆地正处于大分水岭的背风坡，因此较为干旱。广大的内陆地区存在着干旱缺水较为严重的状况，若要经济发展，急需解决水资源问题。

2. 建设情况

据以上情况，澳大利亚政府在雪河及其支流上修建水库，通过自流或抽水，经隧洞或明渠将向南流入塔斯曼海的雪河水调入墨累达令盆地，这就是澳大利亚闻名世界的雪山调水工程。

澳大利亚雪山调水工程从 1949 年开始修建，直至 1975 年完全竣工，历时 26 年。该调水工程包括 7 座水电站、80 km 引水管道、11 条共 145 km 的压力隧洞、16 座大坝及其形成的调节水库、1 座 510 km/330 kV 高压电网泵站等，是澳大利亚跨州界、跨流域，集发电、调水功能于一体的水利工程，也是世界上较为复杂的大型调水工程。

3. 工程影响

调水产生了巨大的经济效益：一是大大促进了墨累—达令盆地农牧业的发展；二是产生了巨大的发电效益，电能可输送到堪培拉、悉尼等重要城市；三是为调水建造的 16 座大大小小的水库，点缀于绿树雪山之间，形成了旅游胜地；四是西部的水质大为改善，生态环境宜人。

4. 借鉴意义

在澳大利亚雪山调水工程全面投入运营后，为了更好地发挥调水效益，政府采取了一系列的水环境保护措施。

一是严格控制农牧业用水量的增长。有关州政府已达成共识，不再签发新的农牧业取水许可证，主要目的是防止农牧业规模盲目扩大。因为农田或牧场扩大，不仅消耗大量水资源，而且排出的水体携带农药、化肥与有机物、盐分会污染下游地区。此外，大量开垦加大了水土流失的风险，不利于生态环境的保护。

二是全面加强水土保持工作。雪山调水工程全线有诸多大坝形成的调节蓄水库，它们的作用举足轻重，一旦让淤泥沉积便会减少调蓄库容量，直接破坏调水工程的长久效益。因此，调水工程沿途要特别注意水土保持，一律不发展任何产业，全部开辟成国家公园，供游人观赏游览。并且为了保护植被，游人只能在高于地面的木制栈桥上通行，地面一律不得踩踏。

三是严格保护水质。为了防止农田污水流入或有机物进入河道引起蓝藻疯长，从而在输水河道沿岸修筑拦截板，防止落叶、枯草被风吹入水中，更不能让污水排入河道，以确保输送的水体质量。

四是采取防止土壤盐渍化的措施。澳大利亚地下水很丰富，可是大多含盐量过高，幸亏地下水位低，对地表环境不产生负面影响。但是大面积开垦，使得雨水和灌溉水大量渗入地下，抬高了高盐分的地下水位，造成了地表盐碱化，酿成大片树木、草原死亡的后果。假如调水工程使原来干旱地区的高盐分地下水位上升，则危害十分严重。为此，澳大利亚政府采取严格限制农田灌溉用水量的增长和让河道有足够的水量冲洗并带走沿途盐分的方法，来防止土壤盐渍化。

（四）埃及横跨亚、非两大洲调水工程

1. 必要性及可行性

埃及国土面积 100 万 km²，绝大部分为沙化地和沙漠，适宜于人居和农业生产的地区只有尼罗河三角洲和尼罗河谷地，仅占国土面积的 4%。尼罗河水如同母亲的乳汁，不仅孕育了埃及的古文明，而且还让埃及人民过上了富庶的生活，并世代繁衍至今。然而，随着埃及人口的增长和人民生活水平的提高，这条贯穿埃及全境的河流再也不能以其自然流淌来满足社会发展的需求了，必须通过水利建设，整合尼罗河水资源，开发雨水及地下水等新资源，更科学合理地分配利用水资源来适应埃及经济和社会发展的新要求。于是 20 世纪 70 年代埃及修建了著名的阿斯旺水坝，控制了尼罗河水流，使其盈时不涝、缺时不旱。同时增加了农业耕地面积，改善了农产品结构，提高了粮食和经济作物的产量，阿斯旺水坝给埃及带来了巨大的经济效益和社会效益。

然而，埃及年均 2.5%~3.0% 的人口增长率逐渐抵消了阿斯旺水坝带来的经济效益与社会效益。如今，6 700 多万埃及人的生活与生产高度集中于仅占国土面积约 5% 的区域（主要是尼罗河三角洲和尼罗河谷地），制约了埃及的进一步发展。埃及政府认识到，人口多、耕地少的埃及不能仅局限在尼罗河流域进行发展，必须拓展到流域之外去。西奈半岛是埃及处于亚洲部分的国土，面积约 6 万 km²。其地势南高北低，南部是最高峰为海拔 2637m 的凯瑟琳山，北部地势平坦，可惜多为沙漠，也有不少被沙化的旱荒地，只要有水就可以改造成耕地，于是埃及政府毅然决定修建调水工程。

2. 建设情况

该工程是把非洲的尼罗河水调到亚洲的西奈半岛去。工程从尼罗河三角洲地区建萨拉姆乐，引尼罗河（杜米亚特河）水向东，穿越苏伊士运河，调到西奈半岛去灌溉那里的干旱土地。

3. 工程影响

这项跨越亚、非两大洲的调水工程为苏伊士运河两岸新增 25 多万 h ㎡ 的耕地，为 150 多万人提供生活用水，从而缓解了埃及的粮食短缺状况，大大促进了干旱的西奈半岛的全面发展和繁荣。

（五）秘鲁马赫斯东水西调工程

1. 必要性及可行性

秘鲁位于南美洲西北部，全国年均降水量 1 691 mm，人均占有的水资源也不少，可是降水量和水资源的分布却极不均衡。秘鲁西部太平洋沿岸是沙漠地区，宽 30~130 km，为一狭长干旱地带，有断续平原分布，面积占全国的 11.2%，气候宜人，属热带沙漠草原气候，年均气温 12~32℃，作物可以常年生长，年均降水量不足 50 mm，是世界上最干旱的地区之一。发源于安第斯山的河流均是季节性河流。且河流短、入海快，河道经常干枯见底。这些河流两岸形成了众多绿洲，建有灌溉工程，农业发达，由于历史原因，全国人口和经济多集中于西部及中部干旱地区。首都利马也位于西海岸中部的干旱地区，是一座被沙漠环绕的城市。干旱成为阻碍秘鲁西部经济和社会发展的制约因素。而秘鲁东部为亚马孙河上游地区，属热带雨林气候，年降水量均超过 2000 mm，面积占全国的 62.7%，人口稀少，大量水资源根本得不到利用。为了改变水资源不合理分布的局面，发展秘鲁经济，政府做出重大的战略决策，集全国之力，修建马赫斯调水工程，将东部充沛的水资源，引到西部安第斯山区，彻底解决首都利马及西部其他大城市严重缺水的问题。

2. 建设情况

秘鲁作为一个发展中国家，不惜倾全国之力，用了二三十年时间，在安第斯山区建成这项迄今为止世界上海拔最高的调水工程。调水工程在安第斯山区建两座水库作为调水水源：

（1）在科尔卡河上修建孔多罗马水库，坝高 100 m，坝顶高程 4185 m，库容 2.85 亿 m³，用于调节科尔卡河径流。

（2）在亚马孙河水系上游的阿布里克河上修建安戈斯图拉水库，坝高 105 m，坝顶高程 4180m，库容 10 亿 m³，通过 17 km 长的隧洞和明渠将大西洋水系的阿布里克河水调入太平洋水系的科尔卡河。

马赫斯调水工程是将两个水库的水汇入科尔卡河，通过 89 km 的隧洞和 12 km 的明渠，将水调入西瓜斯河。输水工程设计流量 34 m³/s（加大流量 39 m³/s），输水隧洞起始水位 3740m，终端水位 3369m。而后利用约 2000m 落差建两座水电站，装机 650MW（380MW+270MW），年发电 22.6 亿 kW·h。为阿雷帕省等地供电，发电尾水进入西瓜斯河，用于发展灌溉。

马赫斯和西瓜斯灌区规划灌溉面积 5.7 万 hm²，远景规划 7 万 hm²，均在西瓜斯河皮塔伊水闸引水，水位 1600m。马赫斯灌区引水流量 20 m³/s，灌溉面积 3.5 万 hm²，经 11km 的隧洞，4 km 的明渠送水到马赫斯灌区，再经沉沙池和渠道，最后将清水导入压力钢管，利用地形高差在管道内形成压力，实行喷灌，灌水定额为（15~18）× 10³m³/hm²，喷头压力为 3.5 kg/cm³。西瓜斯灌区，引水流量为 12 m³/s，灌溉面积 2.2 万 hm²，经 17 km 的隧洞和明渠引水到灌区，灌溉方式同马赫斯灌区。

3. 工程影响

（1）榜样示范作用。马赫斯调水工程经过多年的运营，证实其工程质量优良。特别是在 1998 年，百年不遇的暴雨袭击了安第斯山区，马赫斯东水西调工程输水线路上不少地区发生泥石流等地质灾害，然而调水工程却经受住了考验。无论是输水隧洞还是输水渠道，均未遭到地质灾害的破坏，始终巍然屹立在安第斯山区的崇山峻岭之中，发挥着输送亚马孙河流域充沛的水资源、解安第斯山区之渴的作用。

（2）促进经济发展。为城市生活、工矿企业和农业发展提供了水资源保障，从而改善了太平洋沿岸缺水地区生产要素的组合条件，促进了经济社会发展和环境改善，使得不少沙漠地变成了绿洲。

（六）巴基斯坦西水东调工程

1. 必要性及可行性

巴基斯坦大部分地区为亚热带气候，南部为热带气候，年均降水量不足 300 mm，干旱半干旱地区占国土面积的 60% 以上。巴基斯坦为农业国，耕地集中在印度河平原，由于气候干旱，农业生产很大程度上依靠灌溉。全国水资源总量为 1858 亿 m³，1990 年用水量 1 557 亿 m³，其中农业用水量占 95%，人均年用水量 1278 m³，全国灌溉面积 1693 万 hm²，位居世界第四位，仅次于中国、印度和美国。

印度河发源于中国，经克什米尔进入巴基斯坦，全长 2880 km，年径流量 2072 亿 m³。1947 年，实行印度、巴基斯坦分治，同年巴基斯坦宣布独立。印度、巴基斯坦国界划分时将印度河左岸主要支流，即在杰卢姆河、奇纳布河、腊维河、萨特菜季河和比阿斯河的上游部分划在印度和克什米尔境内，下游部分划在巴基斯坦境内。独立后，两国均致力于发展经济，大兴水利，扩大灌溉面积，发展农业生产，解决粮食问题，用水矛盾逐渐发生。在 1949~1950 年冬，印度截断东三河向下游的供水，巴基斯坦农业生产遭受巨大损失，引发印度、巴基斯坦两国用水纠纷。在国际机构和世界银行等协调下，经过 8 年谈判，于 1960 年印度、巴基斯坦两国签订《印度河条约》，条约规定巴基斯坦从西三河，即印度河干流、杰卢姆河、奇纳布河分水，每年有地表径流量 1665 亿 m³，约占印度河径流量的 80%；印度从东三河，即腊维河、萨特莱季河、比阿斯河分水，每年约分水 407 亿 m³，并为巴基斯坦修建调水工程提供 6206 万英镑补偿。据 1961~1981 年水文资料显示，印度河进入巴基斯坦年均径流量为 1813 亿 m³，高于《印度河条约》规定的分水标准。

2. 建设情况

该工程分为以下三部分完成：

（1）水源工程。为西水东调提供可靠水源，在西三河的印度河干流上建塔贝拉水库，拦蓄洪水，调节径流，水电装机 3 500 MW，具有灌溉、发电、防洪等综合效益。在杰卢姆河上建曼格拉水库，水电装机 1000 MW，具有灌溉、发电、防洪等综合效益。

（2）调水工程。兴建连接东西三河的输水渠道，将西三河水调往东三河，共建 8 条输水渠，总长 622 km，输水流量为 116~614 m³/s，总输水能力近 3000 m³/s，主要建筑物 400余座。

（3）大型拦河闸工程。巴基斯坦西水东调工程连接渠道与河流基本是平交，河流上建拦河闸，平时控制水位，汛期宣泄洪水，拦河闸规模宏大，6 座拦河闸总长 5 000 余 m，泄洪流量为 4 200~31 000 m³/s，总泄洪能力达 124×10^3 m³/s，引水流量 3000 m³/s。

3. 工程影响

西水东调工程自实施以来，大部分工程于 1965~1970 年年底完成，塔贝拉水库于 1975 年完成，通过水库、闸坝、灌溉系统的建设，至 20 世纪 70 年代，工程在灌溉供水、发电、防洪等方面的效益陆续发挥。

（1）灌溉供水和防洪。通过西水东调工程建设，进一步完善了巴基斯坦印度河平原的灌溉系统，逐步恢复并发展了东三河地区灌溉系统供水，农业生产条件得到了极大改善。西水东调工程大型水库的建设，汛期削减洪峰、滞蓄洪水作用显著，发挥了很大的防洪效益。

（2）水力发电。西水东调两大水源工程塔贝拉水库和曼格拉水库，水电总装机达 4 500 MW，对发展中国家巴基斯坦来讲具有举足轻重的作用，可以说为巴基斯坦工农业生产乃至整个经济社会的发展提供了强大的动力。至 20 世纪 80 年代末曼格拉水库的发电供水效益已超过投资的 10 倍，塔贝拉水库由于竣工较晚也达到 2.6 倍。

巴基斯坦西水东调工程，改善了巴基斯坦水资源配置状况，促进了经济社会的发展，效益显著，工程总体上是非常成功的，受到普遍赞誉。但也不是十全十美的，工程运行后发现，灌排系统规划不完善、输水损失严重、土壤盐碱化发展迅速，随后采取渠系防渗衬砌、平整土地、管井排水等措施，灌区面貌得以改观。

二、国内引调水工程概况

我国位于欧亚大陆东南部，大部分处于北温带季风区，地域辽阔，水资源总量丰富，多年平均径流量 27 000 亿 m³，居世界第五位，但人均占有年径流量仅为 2200 m³ 左右，约为世界人均值的 1/4，而且水资源的地区分布也极不均匀。长江、珠江、松花江水资源较丰富,多年平均径流量达 13000 亿 m³ 以上;黄河、淮河、海河、辽河的水资源则十分紧张,其径流量仅为前者的 1/8。此外,我国东部沿海一些中小河流由于源短流浅,人口密集,因此,也常常出现水资源紧缺局面。

我国水土资源、人口分布和经济发展极不均衡。东部开发程度较高,但人多地少;淮河、海河、辽河流域都是人口密集、经济发达地区,但人均水资源占有量只有 350~500m³;而西部地区的大片干旱土地也期待调水后进行开发。工农业生产和人民生活水平不断提高,对水资源的需求也迅速增加,使原来就缺水的华北、西北、东北等地区和经济发展迅速的东南沿海地区的水资源供需矛盾更加突出。

我国现有城市 600 多个,严重缺水城市达 400 多个,其中特别严重缺水的城市有 110 多个,水资源短缺已经成为这些城市和地区经济发展的主要制约因素。

在这种形势下,我国一些大型跨流域调水工程应运而生,部分巨型调水工程也势在必行。我国是世界上从事调水工程建设最早的国家之一。据考证,早在公元前 486 年,我国就兴建了沟通长江、淮河流域的邗沟工程;此后,又兴建了沟通黄河、淮河流域的鸿沟工程(公元前 360 年)以及引岷江水灌溉成都平原的都江堰工程(公元前 256 年)等。其中,古代最著名的跨流域调水工程主要有两项:一是公元前 221~ 公元前 219 年形成的沟通长江和珠江水系的灵渠工程,它至今仍在发挥灌溉、航运等综合利用效益;二是京杭大运河,即以公元前 486 年兴建的"邗沟"为基础,经过多次改建扩建后,至 1293 年全线连通,形成全长 1700 余 km,贯穿 5 大流域(钱塘江、长江、淮河、黄河、海河)的京杭大运河。所有这些都为发展华夏的水上交通和农业灌溉做出了重大贡献。

新中国成立以来,我国的跨流域调水工程得到了长足发展。江苏省修建了江都江水北调工程,广东省修建了东深引水工程,甘肃省修建了引大入秦工程,河北省与天津市修建了引滦入津工程,山东省修建了引黄济青工程,西安市修建了黑河引水工程,大连市修建了引碧入连调水工程等。这些工程为当地经济社会发展提供了必要的水源保障。已建成通水的南水北调中线一期工程是全世界已建成的最大规模的调水工程,也是我国实施跨流域调水的标志性工程。

(一)南水北调工程

为从水资源上解决中国经济可持续发展的瓶颈,经过科学论证,提出了南水北调的重大战略构想:规划分别从长江上、中、下游向北方调水的西、中、东三条调水线路,形成与长江、淮河、黄河和海河相互连通,构成我国中部地区水资源"四横三纵、南北调配、东西互济"的总体格局。国家批准了南水北调工程总体规划,批复了南水北调东、中线第一期工程可行性研究总报告,目前一期主体工程建设已全面完成。西线工程也已初步完成项目建议书的论证工作,工程立项的制约因素是生态环境和移民问题。

南水北调中线干线工程,全长约 1427 km,包括南起湖北省丹江口水库、北至北京市颐和园团城湖的输水总干渠(1273.4 km)和自河北省徐水县西黑山分水闸至天津外环河出口闸的天津干渠（153.8 km）。总干渠渠首设计流量 630 m³/s，过黄河流量 440 m³/s，进北京、天津流量各 70 m³/s。南水北调中线干线工程共布置各类建筑物 1 800 多座，规模大、战线长、建筑物形式多样、工程地质条件复杂。

南水北调中线工程以黄河为界可分为两大段，其中黄河以南实体工程包括淅川段、湍河渡槽、镇平段、南阳市段、南阳膨胀土试验段、白河倒虹吸工程、方城段、叶县段、澧河渡槽、鲁山南 1 段、鲁山南 2 段、沙河渡槽段工程。鲁山北段、宝丰郏县段、北汝河渠倒虹吸工程、禹州长葛段、新郑南段、潮河段、双泊河渡槽、郑州 2 段、郑州 1 段、荥阳段工程共 22 个设计单元，总长 474 km。主要工程除干渠明渠外，有河渠交叉建筑物 71 座、排水建筑物 188 座、渠渠交叉建筑物 56 座、铁路交叉建筑物 14 座、公路交叉建筑物 299 座、空置建筑物 65 座。

黄河以北实体工程包括穿黄工程。温博段、沁河倒虹吸工程、焦作 1 段、焦作 2 段、辉县段、石门河倒虹吸工程、新乡卫辉段、鹤壁段、汤阴段、潞王坟试验段工程、安阳段、穿漳工程、磁县段、邯郸市县段、永年县段、洺河渡槽、沙河市段、南沙河倒虹吸、邢台市区段、邢台县和内丘县段、临城县段，高邑至元氏段。鹿泉市段、石家庄市区段共 25 个设计单元，总长 495 km。穿黄工程主要为双线隧洞，另有河渠交叉建筑物 2 座、排水建筑物 1 座、渠渠交叉建筑物 2 座、公路交叉建筑物 7 座、空置建筑物 2 座；穿漳工程为倒虹吸配 1 座节制闸；其他主要工程除干渠明渠外，还有河渠交叉建筑物 81 座、排水建筑物 162 座、渠渠交叉建筑物 42 座、铁路交叉建筑物 25 座、公路交叉建筑物 298 座、空置建筑物 73 座（见表 1-1）。

表 1–1 南水北调中线工程建筑物基本情况（不含京石段、天津干渠）

区域	设计单元	河渠交叉建筑物	排水建筑物	渠渠交叉建筑物	铁路交叉建筑物	公路交叉建筑物	空置建筑物
黄河以南	22 个	71 座	188 座	56 座	14 座	299 座	65 座
黄河以南	淅川段、溜河渡槽、镇平段、南阳市段、南阳膨胀土试验段、白河倒虹吸工程、方城段、叶县段、淮河渡槽、鲁山南 1 段、鲁山南 2 段、沙河渡槽段工程、鲁山北段、宝丰郏县段、北妆河渠倒虹吸工程、禹州长葛段、新郑南段、潮河段、双治河波槽、郑州 2 段、郑州 1 段、荥阳段工程						
黄河以北	25 个	83 座	163 座	44 座	25 座	305 座	75 座
黄河以北	穿黄工程、温博段、沁河倒虹吸工程、焦作 1 段、焦作 2 段、辉县段、石门河倒虹吸工程、新乡卫辉段、鹤壁段、汤阴段、潞王坟试验段工程。安阳段、穿漳工程、磁县段、邯郸市县段、永年县段、洺河渡槽、沙河市段、南沙河倒虹吸、邢台市区段、邢台县和内丘县段、临城县段、高邑至元氏段、鹿泉市段、石家庄市区段						

（二）已建城市供水工程

已建城市供水工程已成为我国跨流域调水工程的一大特色，无论是从水资源调配利用和工程技术难度，还是安全措施配置和调度运用手段均达世界先进水平。如开发建设的大伙房水库输水工程解决了辽宁省中部地区的抚顺、沈阳等城市工业和居民生活用水的大型工程，对实现辽宁省东部与中部地区的水资源优化配置，促进辽宁省社会、经济和环境的可持续协调发展具有重要的战略意义。利用两座水电站作为调节池，经大伙房水库反调节后向辽宁省中部地区城市输水。工程设计输水流量为 70 m³/s，多年平均输水量 17.86 亿 m³。哈尔滨磨盘山水库供水工程由新建磨盘山水库输水管线（长 176.22 km）、净水厂及市网组成。昆明市掌鸠河引水供水工程由水源工程云龙水库、输水总干线、净水工程和城市配水工程组成，近期设计供水规模为 40 万 Vd，远期为 60 万 Vd，利用昆明市北郊的松华坝水库作为该工程的调节水源，输水系统流量按 8 m³/s 设计，10 m³/s 校核。山西省万家寨引黄一期工程是从黄河万家寨水库取水，贯穿山西省北中部地区，解决太原、朔州和大同三个主要工业城市水资源紧缺问题，引水线路由总干线、南干线、连接段和北干线四部分组成，全长约 460km，设计年引水总量 12 亿 m³。按设计规模每年可向太原市供水 6.4 亿 m³，向朔州市和大同市供水 5.6 亿 m³。一期完成了总干线、南干线、连接段工程。

（三）在建的综合供水工程

甘肃引洮供水水源工程九甸峡已建成发电，工程开发任务是以供水为主，兼有发电、灌溉和防洪，供水线路长。陕西省引红济石调水工程是把褒河上游支流红岩河的富余水量通过 19.76km 的隧洞自流引入已建成的石头河水库，经调节后应急补充近期用水严重不足的西安、咸阳、杨凌等城市。工程自秦岭南龙红岩河上游取水，通过穿越秦岭的长隧洞自流调水入秦岭北麓石头河上游桃川河，经约 40 km 的天然河道进入石头河水库，经调节后入石头河至黑河的输水渠道。在马召镇输水渠道设分水闸以压力管道向北跨过渭河进入咸阳、杨凌受水区。主体工程由水源工程（包括低坝引水枢纽和输水隧洞）、输水渠道、输水管道等三大部分组成，输水线路总长约 180 km，调水量 9 200 万 m³。

（四）待建的综合供水工程

贵州黔中水利枢纽调水工程任务以灌溉和城市供水为主，并为改善当地生态环境创造条件，工程建成后可解决黔中地区 65 万亩（1 亩 =1/15 hm²）土地农灌用水，向贵阳、安顺净供水 5.3 亿 m³，需建设总干渠长 64 km，支干聚长 284 km。

引汉济渭工程是从陕西省陕南汉江流域调水至渭河流域的关中地区，解决关中地区水资源短缺和实施省内水资源优化配置，改善渭河流域生态环境。工程主要由调水区汉江干流的黄金峡水库、黄金峡泵站、黄三隧洞、支流子午河上的三河口水利枢纽以及连接调水区与受水区的秦岭隧洞等工程组成。工程调水以基本不影响南水北调中线一期工程调水量 95 亿 m³ 为原则，工程建成可有效缓解关中地区水资源供需矛盾，通过替代超采地下水，归还河道生态水量，改善渭河流域生态与环境继续恶化的状况。

引江济汉工程是从长江上荆江河段附近引水补济汉江下游流量的一项涉及范围广、总干果规模大、输水距离较长的大型输水工程，其工程规模的确定与长江、汉江，四湖地区的来水、用水及水环境等多种不确定性因素有关。工程的主要任务是向汉江兴隆以下河段（含东荆河）补充因南水北调中线调水而减少的水量，同时改善该河段的生态、灌溉、供水和航运用水条件。

吉林省中部城市供水工程从第二松花江上游的丰满水库取水调至长春、四平等 11 个县（市），解决该地区生活、工业供水，改善农业用水和生态环境，输水线路总长 266.3 km，年输水量约 9 亿 m³。

（五）我国调水工程新特点

我国目前实施的调水工程大多为跨流域调水工程，与以前实施的调水工程相比有以下几方面新特点：

1. 调水规模越来越大

除南水北调工程外，许多工程的年调水量都超过 10 亿 m³。如已实施的辽宁大伙房二期输水工程年调水规模为 11.9 亿 m³，拟实施的引汉济渭工程年调水规模为 10 亿 ~15 亿 m³，云南滇中引水工程规划年调水量达 34 亿 m³ 等。

2. 输水线路长，工程建设条件复杂

大部分调水工程线路长度在 100 km 以上。如已实施的辽宁大伙房二期输水工程线路总长 259 km，正在实施的牛栏江滇池补水工程线路总长 116 km，拟实施的滇中引水工程线路总长约 870km，正在实施的南水北调中线一期工程总干梁线路总长更是超过 1000km，达到 1427km。同时，地形地质条件、工程技术条件、施工技术条件等都相对更为复杂。

3. 调水工程的类型和用途更加广泛

调水工程已不仅局限于满足灌溉、供水的需要，更开始向水环境治理、生态保护、航运等多方面拓展。如云南牛栏江滇池补水工程开发目标就是以改善滇池生态环境为主；引江济汉工程不仅承担从长江向汉江下游补水的任务，而且还兼有巨大的航运效益；引江济太等工程不仅具有水资源配置的功能，而且还兼有太湖水环境治理的作用。

4. 社会和环境影响大

调水工程给调出区、工程区、调入区的经济、社会和环境带来的影响是非常广泛和复杂的，不仅涉及相关流域、区域的水资源配置，还涉及大量的移民征地，利益分配调整以及环境影响等多方面问题，需要深入研究，妥善处理。

第二节 引调水工程功能分类及效益分析

一、功能分类

跨流域调水是合理开发利用水资源，实现水资源优化配置的有效手段，水资源优化配置是多目标决策的大系统问题，必须应用大系统理论进行分析研究。传统的水资源配置存在对环境保护重视不够、强调节水忽视高效、注重缺水地区的水资源优化配置而忽视水资源充足地区的用水效率提高、突出水资源的分配效率而忽视行业内部用水合理性等问题，影响了区域经济的发展和水资源的可持续利用，在水资源严重短缺的今天，必须注重水资源优化配置研究，特别是对新理论和新方法的研究，协调好资源、社会、经济和生态环境的动态关系，确保实现社会、经济、环境和资源的可持续发展。大型跨流域调水工程通常是发电、供水、航运、灌溉、防洪、旅游、养殖及改善生态环境等目标和用途的集合体。

按跨流域调水工程功能划分，它主要有以下 7 大类：

1. 以航运为主体的跨流域调水工程，如中国古代的京杭大运河等。

2. 以灌溉为主的跨流域灌溉工程，如中国甘肃省的引大入秦工程等。

3. 以供水为主的跨流域供水工程，如中国山东省的引黄济青工程、广东省的东深供水工程等。

4. 以水电开发为主的跨流域水电开发工程，如澳大利亚的雪山工程、中国云南省的以礼河梯级水电站开发工程等。

5. 以生态环境保护为主的跨流域调水工程，如中国陕西省的引汉济渭工程、新疆的北天山调水工程等。

6. 跨流域综合开发利用工程，如中国的南水北调工程和美国的中央河谷工程等。

7. 以除害为主要目的（如防洪）的跨流域分洪工程，如江苏、山东两省的沂沭泗水系供水东调南下工程等。

二、效益分析

不同调水工程的目的和功能决定不同的工程效益，但归纳起来无非是以下几个方面：

1. 供水效益

有计划地建设长距离调水工程，可有效缓解受水地区缺水的状况，提高受水区的供水保证率，解决缺水给工业生产和人民群众生活带来的不利影响，对于保障当地经济的可持续发展、人民生活水平的整体提高和社会稳定等方面都有显著的作用。如南水北调工程是一个可持续发展工程，对于解决北方地区的水资源短缺问题，促进这一地区经济、社会的发展和城市化进程都具有重大意义。南水北调工程建成以后，将促进北方地区的经济发展，增强当地的水资源承载能力。

2. 发电效益

大规模、长距离、跨流域调水，往往都有大量落差可以利用，可为调水区和受水区提供廉价电能，有的调水工程甚至就是专门为水力发电而设计修建的。水电是永不枯竭的清洁能源，可以取代化石原料和核能。与建火电站相比，水电具有不污染环境、减少温室效应和酸雨危害的优势，还可以减轻北煤南运的压力。

3. 生态效益

调水还可以增加受水区地表水补给量和土壤含水量，形成局部湿地，有利于净化污水和空气，汇集、储存水分，补偿调节江湖水量，保护濒危野生动植物，还可以增加生态供水，使生态环境恶化趋势得到改善，并逐步恢复和改善生态环境。

4. 防洪效益

调水工程是一项集输水工程、蓄水工程、引水工程和提水工程等于一体的大型项目，蓄水工程可以科学蓄泄洪水。输水工程及引水工程在洪水期间，根据防汛部门的需要，可以排洪减灾，以减轻河道行洪压力，合理利用弃水，化害为利。所以，大多数调水工程都具有不同程度的防洪作用。

5. 地质效益

调水灌溉可以减少地下水的开采，有利于地表水、土壤水和地下水的入渗、下渗和毛管上升、潜流排泄等循环，有利于水土保持和防止地面沉降。如南水北调工程通水后，增加了受水地区水资源总量，使该地区对地下水资源的需求量下降，地下水开采量也随之下降，同时区域地表水量的增加会对地下水资源量进行很好的补给。所以，调水对缓解地下水资源量急剧下降、防止地面继续沉降、降低地质灾害的发生有显著的效益。

6. 航运效益

调水可以增加通行线路和里程，促进航运事业发展，降低运输成本，加强区域经济交流。南水北调东线一期工程输水河道总长 1466 km，可通航河道长度 839 km，占输水河道总长的 57%。输水河道中京杭运河济宁到扬州段全部通航。山东投资续建京杭大运河济宁至东平段，航道全长 98 km，此段航道线路大体与南水北调东线一期工程线路一致。南水北调东线一期工程的实施并通水，对航运的保障和改善作用将非常明显，沿线的航运事业会得到更大的发展。

7. 其他效益

引调水可以把营养盐带入调水体系，有利于饵料生物和鱼类的生长与繁殖，促进渔业发展；调水还可以改善水质，扩大水域，营造人工和生态景观，发展旅游、娱乐业等。调水工程的实施促使沿线地区开展节水治污和生态环境保护工作，促进当地环境状况有较大改善，对保障经济、社会健康可持续发展有很大的促进作用。

第三节　引调水工程主要建筑物

一、水工建筑物系统

引调水工程是一个系统工程，涉及调水区、输水区与受水区，包括水源工程、输水工程、分水口门、配水工程及其他工程。

1. 水源工程包括水源水库枢纽、湖泊、河流等。

2. 输水工程包括输水明渠、埋涵、管线、隧洞、渡槽、倒虹吸、涵洞、箱涵等建筑物

（注：有时把输水渠道跨越天然河道、其他渠道、道路或天然河道等穿越输水渠道的渡槽、倒虹吸、涵洞、箱涵、排水建筑物等统称为交叉建筑物）。

3. 分水口门包括节制闸、分水闸、退水闸等建筑物（也称为控制建筑物）。

4. 配水工程包括泵站、调蓄水库等建筑物。

5. 其他工程包括排水建筑物、动能回收电站等建筑物。

二、水工建筑物设计特点

1. 建筑物的平面位置和范围由水工专业根据使用要求确定，即水利水电工程建筑的基础受到水工建筑物的制约；而建筑物高度则由水力机械设备吊装高度或水闸启闭机运行高度、变配电设施高度等因素确定。鉴于水利水电工程建筑设计平面位置、尺寸、形状和高度均已由相关专业确定，即建筑设计空间只能在有限的范围内变化，这就给建筑艺术的创造增加了设计难度。

2. 水工建筑物周围一般都有山、水、林、路甚至有一部分在城区，如城市防洪工程，这给建筑艺术的创造提供了良好的条件。可以利用这些有利条件将建筑融于其中，构成美丽、人水和谐的人文景观环境。

3. 水利水电工程将带动当地经济建设，推动当地经济发展；同时，当地经济的发展，又带动周边建筑物在当地传统建筑基调上的升华，丰富建设地点局部的人文景观。因此水利水电工程建筑设计形式应有超前意识。当附近建筑群建起来后，先建成的水利水电建筑与周边后建的建筑群融合，并且不逊色于后期的建筑群。

4. 受传统节约思想的影响和管理机制的制约，在可行性研究或初步设计阶段未对建筑设计进行深入研究，所列概算资金偏紧，而在施工图设计时，往往比概算数额有所突破，就会被视为不合理、不合规。施工图设计时要求在用很少钱的前提下，做好建筑设计这篇大文章，无疑给建筑设计创新带来诸多困难和阻力；再加上建筑设计不是初步设计审查的重点，在施工图设计时受到业主思维模式和经济条件限制，方案变更的随意性较大。因此，相当多的建筑实施方案，已不再是建筑师们所构思的方案。

5. 由于水工建筑物处于水体中，因而必须考虑安全防护与防范；且相当一部分水工建筑物处于边远地区，因而建筑设计还应考虑特殊的防范措施，确保人身和室内设备的安全。

三、水工建筑物设计的要求

1. 设计质量控制措施

设计部门编写设计文件过程中，在体现水工混凝土建筑物结构特点时，应体现时代建筑水平，并广泛征求建设单位等相关部门的意见；在进行外观轮廓构想时，应增强建筑物美感、提高外观设计品质。同时，在保证运行功能和投资条件许可的前提下，应综合考虑建筑物的风格，以及有无仿古、旅游开发、城市规划等要求，力争设计成具有一方特色的形象性建筑、标志性建筑、景点性建筑。而且，合理的设计布局及构件外形，有利于进行施工分割；还应从管理的角度出发，增加维护设施的设计，避免因结构上的缺陷导致裂缝、施工缝、撞痕等现象。在进行设计方案拟订时，应考虑施工技术的发展水平，使得在工程实施中能尽量采用先进可行的施工工艺，将设计目的更好地体现到结构中去。

2. 控制影响观感的要素

在人员素质方面需通过岗位培训、技术交底、经验总结和岗位责任制的落实等手段，规范操作行为，明确外观质量标准，从而杜绝外观隐患的发生。在质量方面也应考虑一些问题，混凝土结构中各种材料质量的优劣，不但影响结构运行和设计标准，同时还会影响外观。故在满足建材试验规程的前提下，必须选择性能良好、色泽稳定、质地坚硬的材料。早分析施工工艺时，需对直接影响混凝土成型效果的各种工艺进行统一的设计。

3. 体现水工建筑自身的美感

首先，先从单个的水工建筑来看，建筑的和谐美感主要体现在建筑的形体、质地、色彩等几大因素之间的协调相容，以及各个因素之间的融合，比如，造型的外观、比例、色彩要素、材料的质地等因素，这些因素在应用中，必须遵循和谐美感的基本规律，才能保证构造的水工建筑具备自身美感和审美价值。对于水工建筑要素来说，形态是水工建筑中最为主要的部分，其特定的比例主要体现在长度、形态之间的比例。参照著名艺术大师达·芬奇的观点，建筑物的美感主要依赖于各个造型之间的比例问题，所以，在水工建筑的比例方面也要体现和谐美感。水工建筑物的比例主要体现在长、宽、高之间的比例，整体和局部之间的比例。水工建筑物需要通过匀称的外表、合理可行的结构形式，以此来体现建筑物高度的一致性和艺术美感。比如，在水利枢纽中的水闸，由闸墩分离开的若干闸孔其宽高比例是保证水闸和谐美感的重要基础。水工建筑物一般由若干单独的建筑物构成，一般均以群体的形式出现。

第四节　主要工程地质问题

一、水源水库主要工程地质问题

按地形地貌不同，水库可分为山谷型水库、丘陵型水库和平原型水库。由于水库蓄水、库区的水文地质条件发生了较大的改变，使得水库周围地带的地质环境也随之发生变化，因此产生了各种水库工程地质问题，如水库渗漏、库岸稳定、水库浸没、泥石流以及水库诱发地震等问题。这些问题并不一定同时存在于一个水库工程中，并且问题的严重性也各不相同，一般情况下，山谷型水库。丘陵型水库的库岸稳定、水库诱发地震等问题比较突出，而平原型水库的浸没塌岸问题较多。当水库有可溶岩分布、存在河弯（河间）地块时，水库渗漏的可能性较大：当库区内有活断层通过时，水库蓄水诱发地震的概率较大。水库工程地质问题及其造成的次生地质灾害，威胁到建筑物以及人们生命财产安全的事件越来越突出，因此水库工程地质勘查工作越来越被引起重视。

（一）水库渗漏

水库渗漏的特征因地形地貌、构造条件、岩性分布不同而有差异，无论是平缓地形区水库，还是高山峡谷区水库都可能存在渗漏。常见的水库渗漏类型与特点详见表1-2。

表1-2 水库渗漏类型与特点

渗漏类型	渗漏部位	水库地形	产生渗漏的基本条件
松散地层、砂卵砾石等渗漏	坝基、河间地块、低邻谷	平缓地形区、第四系堆积物深厚的峡谷区	砂卵砾石层深厚；透水性强；强透水层贯通上下游或通向邻谷；强透水层分布高程低于水库蓄水位
基岩裂隙渗漏	单薄分水岭、河间地块	峡谷区	地下水分水岭低于水库蓄水位；岩体裂隙发育强烈、透水性强、渗径短
断层破碎带、褶皱带渗漏	坝基、低邻谷、河间地块	峡谷区	断层破碎带规模大；透水性强；贯通水库上下游或低邻谷；地下水分水岭低于水库蓄水位
岩溶渗漏	坝基、低邻谷、河间地块	峡谷区	库水位以下岩溶发育；相对隔水层不连续；地下水分水岭低于水库蓄水位

（二）库岸稳定

水库库岸稳定是指库岸在水库形成和运行阶段维持稳定状态的性能。水库周边岸坡在水库初次蓄水后，其自然环境和水文地质条件将发生强烈改变，如岸坡岩土体浸水饱和，地下水位高，运行水位的升降导致岸坡内动水压力、静水压力的变化以及波浪的作用等，都将打破原有岸坡的稳定状态，引起库岸的变形和破坏，即岸坡再造过程。经历一段时间后，库岸在新的环境条件下达到新的稳定。库岸的变形和破坏称为岸坡失稳。根据水库岸坡变形的破坏形式与物质组成，大致分为塌岸、崩塌、滑坡及其他变形等四种类型。水库岸坡变形的分类及变形特征见表1-3。

表1-3 水库岸坡变形的分类与变形类型

类型		变形特征	规模及方式
塌岸	黄土塌岸	黄土浸水湿陷，坡脚失去稳定	层层塌落，范围较大
	崩坡积层塌岸	基岩界面倾向河床。上有松软带，水投后各层透水性不一，孔隙压力增大，排水慢，坡脚冲沟，基岩面以上或黏土夹层以上能维持稳定	范围较大
	湖相沉积	库岸陡峻，岩层松散，平缓层面有细颗粒夹层	范围较大
	河流冲洪积	河流阶地细粒堆积物，在库水的浪蚀或沟蚀作用下，向库中移动，使库岸稳定线向岸坡边移动	范围较大
崩塌	坎状崩塌	——	——
	软弱基座崩塌	——	——

类型		变形特征	规模及方式
滑坡	老滑坡复活	水库水渗入滑动面后，已稳定的老滑坡复活，也可产生新的滑动面，使老滑坡产生部分滑动	规模较大，具有突发性
	顺层滑坡	千枚岩、页岩、泥板岩，泥岩层面倾向河床15°~35°，有易滑动的软病夹层	规模较大或大
	深厚堆积层浅部滑移	——	——
	基岩—覆盖层界面滑移	坡积土或强风化以上的碎石土沿下部相对完整的强风化岩体界面滑动	
其他变形	流动		
	蠕动带	卸荷带软弱岩体裂隙张开，岩层变位，蓄水后不能维持原来稳定	变形缓慢，规模小

（三）水库浸没

水库浸没是指由于水库蓄水使水库周边地区的地下水位偏高，导致地面产生盐渍化和沼泽化、建筑物地基沉陷或破坏、居住环境恶化、地下工程和矿井充水或涌水量增加等次生地质灾害的现象。浸没可按水库类型、浸没区组成物质及其结构、浸没后果、浸没影响对象、浸没影响程度进行分类（见表1-4）。

表1-4 水库浸没分类表

分类依据	类型	备注
水库类型	平原型水库浸没	易发生浸没，且其影响范围较大
	盆地型水库浸没	
	峡谷型水库浸没	不易发生浸没，且其影响范围小
浸没区组成物质及其结构	冲积型浸没	浸没区土壤组成物质以冲积物为主
	洪积型浸没	浸没区土壤组成物质以洪积物为主
	残坡型浸没	浸没区土壤组成物质以残积物、坡积物或残坡积物为主
浸没后果	沼泽化浸没	一般发生在潮湿气候地区，即多年平均降水量大于蒸发量的地区
	盐渍化浸没	一般发生在干旱、半干旱气候地区，即多年平均蒸发量大于降水量的地区
浸没影响对象	农作物浸没	浸没影响对象主要为农作物、果木等，又可分为农田浸没、旱地浸没、果园浸没等
	林地浸没	浸没影响对象主要为林木
	建筑浸没	浸没影响对象包括工业与民用建筑古迹、道路等
	矿山浸没	浸没影响对象为矿山
浸没影响程度	严重浸没	土壤重度盐渍化或沼泽化，建筑物地基重度沉陷或破坏，地下工程和矿井充水或涌水量疑著增加
	中等浸没	土壤中度盐渍化或沼泽化，建筑物地基中度沉陷，地下工程和矿井涌水量较明显增加
	轻微浸没	土壤轻度盐渍化或沼泽化，建筑物地基轻微沉陷，地下工程和矿井涌水量有所增加

此外，根据浸没的影响范围可分为大范围浸没、中范围浸没、小范围浸没等。

（四）泥石流

泥石流是由于降雨（暴雨、冰川、积雪融化水）在山谷或山坡上产生的一种挟带大量泥沙、石块和巨砾等固体物质的特殊洪流。其汇水、汇沙过程十分复杂，是多种自然和（或）人为因素综合作用的产物。它多见于地质构造复杂、断层褶皱发育、新构造运动强烈、地震烈度较高、岩体结构疏松软弱或易于风化的地区。它常常具有爆发突然、历时短暂、来势凶猛、迅速的特点，并兼有崩塌、滑坡和洪水破坏的双重作用，泥石流危害程度比单一的崩塌、滑坡和洪水的危害更为广泛和严重，因此具有强大的破坏力。泥石流对水库工程的危害具体表现为：造成水库淤积；对水库区移民居民点的危害；对水库区专业复建设施的危害。

（五）水库诱发地震

1. 水库诱发地震的特点

（1）空间分布上主要集中在库盆和距离库岸边 3~5 km 范围内，少有超过 10 km 者。

（2）主震发震时间和水库蓄水过程密切相关。在水库蓄水早期阶段，地震活动与库水位升降变化有较好的相关性。较强的地震活动高潮多出现在前几个蓄水期的高水位季节，且有一定的滞后，并与水位的增长速率、高水位的持续时间有一定关系。

（3）水库蓄水所引起的岩体内外条件的改变，随着时间的推移，逐步调整而趋于平衡，因而水库诱发地震的频度和强度，随时间的延长呈明显的下降趋势。根据 5 个水库的统计，主震在水库蓄水后 1 年内发震的有 37 个，占 67.3%；2~3 年发震的有 12 个，占 21.8%；5 年发震的有 2 个，占 3.6%；5 年以上发震的有 4 个，占 7.3%。

（4）水库诱发地震的震级绝大部分是微震和弱震，一般都在 4 级以下。据统计，震级在 4 级以下的水库诱发地震占总数的 70%~80%，震级在 6 级以上（6.1~6.5 级）的强震仅占 3%。

（5）震源深度极浅，绝大部分震源深度在 3km~5 km，直至近地表。

（6）由于震源较浅，与天然地震相比，水库诱发地震具有较高的地震动频率。地面峰值加速度和震中烈度，但在极震区范围很小，烈度衰减快。

（7）总体上水库诱发地震产生的概率只有工程总数的 0.1%~0.2%，但随着坝高和库容的增大，比例明显增高。我国坝高在 100 m 以上和库容在 100 亿 m³ 以上的高坝大库，发震比例均在 30% 左右。

（8）较强的水库诱发地震有可能超过当地发生过的最大历史地震，也可能会超过当地的基本地震烈度，因此，不能以这二者作为判断一个地区可能发生水库诱发地震的最大强度依据。

2. 水库诱发地震的类型

（1）构造型。由于库水触发库区某些敏感断裂构造的薄弱部位而引发的地震，发震部位在空间上与相关断裂的展布相一致。这种类型的水库诱发地震强度较高，对水利工程的影响较大，也是各国研究最多的主要类型。

（2）岩溶型。发生在碳酸盐岩分布区岩溶发育的地段，通常是由于库水位升高突然涌入岩溶洞穴，高水压在洞穴中形成气爆。水锤效应及大规模岩溶塌陷等引起的地震活动。这是最常见的一种水库诱发地震类型，中国的水库诱发地震70%属于这一类型。但这种类型地震震级不高，多为2~3级，最大也只在4级左右。

（3）浅表微破裂型，又称浅表卸荷型。在库水作用下引起浅表部岩体调整性破坏、位移或变形而引起的地震，多发生在坚硬性脆的岩体中或河谷下部的所谓卸荷不足区。这一类型地震震级一般很小，多小于3级，持续时间不长。资料表明，该类型的诱发地震比原先预想得更为常见。此外，库水抬升淹没废弃矿井造成的矿井塌陷库水抬升导致库岸边坡失稳变形等，也都可能引起浅表部岩体振动成为"地震"，且在很多地区成为常见的一种类型。

3.水库诱发地震的主要影响因素

通常认为，水库诱发地震的主要影响因素有库水深度、库容、应力场、断层活动性、库区岩石性质及库区地震活动性等。

二、坝基主要工程地质问题

（一）覆盖层坝基主要工程地质问题

当河床覆盖层深厚，全部挖除不经济，或初步判断可以利用覆盖层作为坝基时，在查明覆盖层地基厚度、物理力学、渗透性特性参数的基础上，应针对覆盖层地基存在的问题和建坝适宜性进行全面评价。

河谷深厚覆盖层具有结构松散、土层不连续的性质，岩性在水平和垂直两个方向上均有较大变化，且成因类型复杂，物理力学性质呈现较大的不均匀性。

在河谷深厚覆盖层上修建水利水电工程时，常常存在渗漏、渗透稳定、沉陷、不均匀沉陷及地震液化等问题，它是在砂卵砾石或碎石土上修建水工建筑物的主要问题，许多水工建筑物的破坏和失事，多由渗透破坏造成。另外，深厚覆盖层对防渗墙的应力和变形影响较大。

在深厚覆盖层上修建水利水电工程，其主要工程地质问题为：承载和变形稳定问题；渗漏和渗透稳定问题；抗滑稳定问题；砂土地震液化稳定问题与软土震陷问题。深厚覆盖层作为水工建筑物地基，要明确土体分布范围、成因类型、厚度、层次结构、物理力学性质、水理性质、水文地质条件等，提出坝基土体渗透系数容许渗透水力比降和承载力、变形模量、强度等各种物理力学性质参数，对地基沉陷、抗滑稳定、渗漏、渗透变形、液化、震陷等问题作出评价。

（二）岩石坝基主要工程地质问题

岩石坝基的主要工程地质问题可归结为坝基岩体的承载强度及变形稳定问题、大坝的坝基抗滑稳定问题、坝基的渗漏及渗透变形问题、大坝下游的冲刷及雾化问题。

1. 坝基的承载强度及变形稳定

一般情况下，岩石地基的承载能力均满足设计要求。但在某些条件下，特别是坝基中分布有软弱岩层或大规模的断层破碎带时，就可能出现岩体承载能力不能满足大坝地基的受力要求。

对于岩石地基而言，大坝特别是刚性坝，坝基变形稳定主要是研究岩石地基的不均匀变形。对于不均匀变形，在坝址选择及坝轴线选择时就应尽量避开，如不能避开则应采取相应的措施，减少或消除地基不均匀变形对坝体安全的影响。

对于坝基承载强度及变形稳定性，应查明坝基及其影响范围内的地层岩性，合理划分工程岩组。查明坝基地质构造的规模、空间分布及性状，岩体结构的类型及岩体的完整程度，建立合理的坝基岩体质量分类体系。在试验及工程类比的基础上，合理确定各岩类的岩体承载强度和抗变形参数，分析、评价可能导致不均匀变形的部位。对于拱坝，尤其要注意坝基及抗力岩体范围内局部地带抗变形能力的突变对拱坝稳定性的影响。

2. 坝基的抗滑稳定

坝基的抗滑稳定是指坝基岩体在建坝后各种工程荷载作用下，抵抗发生剪切滑动破坏的能力。不同坝型大坝抗滑稳定要求是不相同的。

当地材料坝由于是用散粒体材料堆积而成的，其水推力转化为坝体及地基的渗透力，大坝的防滑稳定主要是在渗流作用下达到坝坡自身的稳定。只有在坝基中存在大规模的、力学强度很低的软弱结构面的非常不利情况下，才可能出现在渗透水及坝体荷载作用下，沿结构面产生失稳并牵动坝体滑移的情况，否则，一般不存在坝基岩体的抗滑稳定问题。

重力坝是依靠自身的重量在某一可能的滑移面上所产生的摩阻力或称为抗滑力来保持坝基或坝基岩体的抗滑稳定。坝基中总常存在的风化破碎岩体、软弱结构面、地下水等这样那样的地质缺陷，可造成坝基滑动，使大坝遭受破坏。

拱坝是将坝体所受荷载的大部分经拱的作用传递到两岸岩体，仅小部分桥梁将作用传递到河床坝基。因此，两岸抗力岩体的稳定性成为主要问题。一般情况下，支撑拱座的抗力岩体不会是由风化破碎的软弱岩石构成，坝肩岩体的失稳破坏形式主要是沿结构面的滑移失稳问题。

针对坝基抗滑稳定性的分析和评价，工程地质勘查的总体要求是力求做到基本地质条件清楚，重点问题明确，基础资料齐全，各类数据可靠，分析论证充分，工程评价准确。在具体的工程地质勘查工作中，需要在查明有关工程地质条件的基础上建立起坝基。

根据岩体工程地质质量分类和结构面工程特性分类体系，分析可能存在的滑移模式及滑移失稳的边界条件。当可能存在重力坝坝基的深层滑动或拱坝抗力岩体的稳定问题时，应根据查明的岩体结构特征,采用赤平投影或实体比例投影的方法判明滑移结构体的形态、规模、可能滑动的方向;确定控制滑移面,切割面及临空面等边界条件;合理确定岩体及结构面的物理力学参数地质建议值。在稳定性验算及工程处理措施选定的基础上,进行多方面的综合分析、评判,最终做出坝基、坝肩岩体稳定性的综合评价。

3. 坝基的渗漏及渗透变形

坝基渗透可分为坝基渗漏和绕坝渗漏两类,对于岩石地基,除岩溶地区外,主要考虑渗透形成的扬压力对坝体稳定性的影响。

渗透变形分为化学管涌与机械渗透变形两大类。

对于化学管涌,一般在坝址及坝轴线选择时就应避开,在无法回避的情况下,在查明易溶地层的基础上,应根据埋藏条件、水动力条件可能的处理措施,进行综合地分析与评价,并提出处理措施建议。

对于坝基岩体中的各类结构面的机械渗透变形,应调查结构面的特征、物质组成、颗粒级配,判明渗透变形的类型,根据理论分析、试验成果及工程类比,综合确定临界和容许比降,然后根据实际水力比降进行综合判断和分析。

4. 冲刷及雾化问题

坝体或岸边泄水、冲砂建筑物泄水时水流跌入水垫后形成回流,剧烈冲刷建筑物地基导致地基及建筑物失稳;长期冲刷河床,破坏岩体稳定,形成冲坑后溯流发展,危及坝基稳定及大坝安全;冲刷坑不断加深,切断坝基下的软弱夹层、缓倾角断层等结构面,形成临空面,可能引起坝基的深层滑动;淘刷两岸岸坡,诱发产生崩塌、滑坡等地质灾害,危及下游两岸边坡稳定及建筑物安全;抬高电站尾水位,影响电站效益;破坏溢洪设施等。

对冲刷问题的工程地质勘查,主要是调查和分析评价岩石的强度及软硬岩层的组合情况,岸坡结构,岩体的完整性,风化及风化的均一性,岸坡的卸荷特征,断层构造破碎带、节理的产状及性状、发自程度和相互切制组合的形式。根据岩体结构结合有关试验及通过工程地质类比,确定抗冲岩体的抗冲流速或冲刷系数,分析评价岩体的抗冲性能及冲刷时对坝基、建筑物地基和边坡等的影响,提出处理措施建议。

泄洪雾化引起的主要工程地质问题是下游岸坡在雾化雨雾作用下的稳定问题。

(三)各种坝型对地质条件的要求

不同坝型对地质条件的要求见表 1-5。

表1-5 不同坝型对地质条件的要求

地质条件 \ 坝型	土石坝	混凝土重力坝	混凝土拱坝
岩土性质	坝基岩（土）应具有抗水性（不溶解），压缩性也较小，尽量避免有很厚的淤泥、软防土、粉细砂、湿陷性黄土等不良土层	坝基要求尽可能为岩基，应有足够的整体性和均一性，并具有一定的承载力、抗水性和耐风化性能，覆盖层与风化层不宜过厚	坝基应为完整、均一。承载力高、强度大、耐风化、抗水的坚硬岩基，覆盖层和风化层不宜过厚
地质构造	以土层均一、结构简单，层次较稳定、厚度变化小的为佳，最好避开严重破碎的大断层带	尽量避开大断层带，软弱带以及节理密集带等不良地质构造	应避开大断层带。软弱带以及节理密集带等不良地质构造
坝基与坝体稳定	应避免有能使坝体滑动的性质不良的软弱层及软弱夹层。两岸坝肩接头处，地形坡度不宜过陡	坝基应有足够的抗滑稳定性，应尽量避免有不利于稳定的滑移面（软弱夹层、缓倾角断层等）	两岸坝基在地形地质条件上应大致对称（河谷宽高比最好不超过3.5），在拱推力作用下，不能发生滑移和过大变形，拱座下游应有足够的稳定岩体
渗漏与渗透稳定	应有足够的渗流稳定性，应避开难以处理的易渗透空形破坏的土层与可液化土层，并避免渗保量过大	岩石的渗水性不宜过大，不敢产生大量漏水，避免产生过大的渗透压力	岩石的透水性要小，应避免产生过大的渗透压力（特别是两岸坝体的侧向渗透压力）

三、水闸、泵站主要工程地质问题

1.抗滑稳定性问题。对于土基，主要是由于建筑物与地基土间的摩擦力偏小或由于建筑物建基面高低差异而产生的浅层或深层滑动。对于岩基，主要是由于建筑物与岩石间的摩擦力偏小或岩土中存在对滑动有利的软弱结构面（如层面、裂隙、断层等）组合而形成的浅层或深层滑动。

2.不均匀变形问题。主要是由于地基浅部分布有软弱地层或建筑物基础跨越强度、性状差异较大的地层，从而引起建筑物产生变形和裂缝。

3.渗漏及渗透变形问题。主要是由于建筑物地基底部或表层分布有渗透性较大的土岩层，在出现较大水头差的作用下，会产生渗漏或散没、流土、管涌等渗透变形，从而威胁建筑物的安全。

4.高扬程的提水泵站，主要是由于出水管道较长且顺山坡从下向上布置、管道镇墩地基和边坡稳定问题较为突出。

四、堤防主要工程地质问题

1.渗透变形问题。堤防工程中渗漏普遍存在，由地下水在土体中渗流时产生的渗透力而导致坝基土体破坏所带来的渗透变形问题，是堤防堤基存在的主要工程地质问题。

2.岸坡稳定问题。堤防岸坡多由第四系土层组成，在迎流顶冲、深泓过岸、顺流淘刷等水应力作用下，存在岸坡稳定问题，其破坏形式主要为塌岸和滑坡。特别是在窄外滩或无外滩的情况下，岸坡稳定问题已危及堤防的安全，是堤防主要工程地质问题之一。

3.软土沉降变形与稳定问题。堤防堤基土体多为第四系全新统冲湖积物，多分布有软土，软土有机质含量较高，含水量较大，压缩性高，抗剪强度低，易引起大堤沉降或不均匀沉降变形，使堤身遭受不同程度地破坏并导致抗滑稳定问题。

4.其他地质问题。此外，还存在饱和砂土地震液化与震陷、岩溶地面塌陷、地下有害气体等问题。

五、输水隧洞主要工程地质问题

输水隧洞可能存在的主要工程地质问题有围岩大变形塌方、岩爆、高外水压力、突水、突泥和涌水、高地温、岩溶、膨胀岩、有害气体、有害水质、放射性危害等。其中，突涌水、高应力条件下的岩爆、软弱破碎围岩大变形和高地温问题是最为常见的问题，对工程影响较大。有害气体常见的有煤层瓦斯（CH_4）、天然气（CH_4）和硫化氢（H_2S）等。

（一）大断层带围岩失稳及涌水问题

隧洞断层带围岩失稳及涌（突）水问题是隧洞施工中常见的不良地质现象，也是危害性最大的问题，它是影响隧洞施工和隧洞运营的主要地质灾害。

涌（突）水属于隧洞施工中遇到的流体地质灾害类型之一，与其他灾种相比，其具有以下特点：

1.发生概率高。

2.一旦发生大规模的隧洞涌（突）水，不仅施工本身会严重受阻，而且可能引起浅层地下水及地表水枯竭，甚至引起地面塌陷等伴生的环境地质问题。

也正是由于上述原因，无论是在隧洞勘测设计阶段还是施工阶段，涌（突）水都是重点研究的施工地质灾害，因此研究的核心在于超前预测预报。

断层带不仅仅是一种大的地质结构面，同时也可能是地质单元的控制边界，而且其本身也是一种特殊的地质体。断层带本身具有很差的工程性质，因而断层造成的隧洞不良地质问题十分突出，主要表现在围岩失稳和涌（突）水方面，往往对施工造成很大影响。因而，穿越大断层破碎带也是一个重要的工程地质问题。

（二）岩溶及突水突泥问题

岩溶（又称喀斯特）是可溶性岩石在水的溶蚀作用下产生的各种地质作用、形态和现象的总称。岩溶发育形成的条件主要为：具有可溶性的岩层；具有溶解能力（含 CO_2）和足够流量的水；具有地表水下渗、地下水流动的途径。

岩溶对隧洞工程的影响主要为洞害、水害，洞穴充填物及塌陷、洞顶地表塌陷四个方面：

1.有的岩溶洞穴深浚或基底充填物松散；有的顶板高悬不稳，有严重崩坠的危险；有的岩溶发育情况复杂，洞穴、暗河上下迂回交错，通道重叠；有的溶蚀洞穴长、宽上百米，高达几十米。如隧洞通过该处，其工程艰巨，结构处理复杂，施工困难。

2. 在岩溶地区修建隧洞工程时，施工中常遇到水囊或暗河岩溶水的突然袭击，往往泥沙通流，堵塞坑道，给施工安全造成威胁。

3. 由于岩溶洞穴围岩节理、裂隙发育、岩石破碎或充填物松软，因此，在施工中极易发生坍塌，危害施工安全。

4. 隧洞地表塌陷和水资源流失，使得隧洞沿线地表生态环境恶化，给当地生产、生活等造成严重影响。

前期勘测阶段能够从宏观上查明岩溶的发育层位、分布规律、充填及水文地质情况等。而对岩溶的具体分布位置，规模和充填物的性质还是要在施工中去发现去处理。所以，对岩溶问题施工中的超前探测是非常重要的。

研究岩溶地区输水隧洞突涌水、突涌泥沙及地表塌陷和水源枯竭灾害的规律，不仅对今后的岩溶地区输水隧洞的勘测设计和施工有重要的指导意义，而且对既有岩溶地区输水隧洞岩溶水害、泥害、沙害及地表塌陷和水资源枯竭灾害防治也有重要的现实意义。

（三）高地应力条件下软质围岩变形问题

隧洞围岩大变形，是指以软弱岩为主的围岩中，在地下水、高地应力、岩体结构等控制条件下，隧洞围壁变形量超过设计预留变形量，或有超过设计预留变形量（如 15 cm）的趋势，即认为围岩发生大变形。

一般根据变形的原因和形式，变形可分为膨胀变形和挤压变形两种。

1. 膨胀变形

膨胀变形是指膨胀性围岩在一定条件下会发生膨胀。如上第三系（N）黏土岩为软岩，含有石膏、蒙脱石等膨胀性矿物，因而具有一定的膨胀性。施工中若岩石的含水量变化较大，或发生干湿交替的变化，围岩就会发生膨胀变形。

2. 挤压变形

围岩强度应力比（S）为

$$S = \frac{R_b K_v}{\sigma_m}$$

式中 R_b——岩石饱和单轴抗压强度，MPa；

K_v——岩体完整系数；

σ_m——围岩最大主应力，MPa。

在隧洞围岩压力集中部位，当 S<4（Ⅱ类围岩）时，围岩会出现应力超限形成塑性区，围岩稳定性差；当 S<2（Ⅱ、Ⅳ类围岩）时，围岩变形显著，围岩不稳定。围岩变形和破坏与主应力方向有关。当以水平应力为主时，易出现围岩侧壁膨胀、片帮等；当以垂直应力为主时，可出现顶板下沉、底板隆起等；当为混合应力时，围岩变形形式比较复杂。

随着地下工程向深部发展，围岩变形及其稳定性控制越来越突出，并且难以准确预测。其原因与围岩变形与围岩岩性、岩体强度、地应力地下水、岩体结构及洞室断面的形态等均有着密切的关系。

高地应力条件下软质围岩工程性质十分复杂，其主要原因是：

（1）它既有与岩石本身有关的地层、岩性、矿物成分、水理性质、岩体结构及强度等多方面的内容，也有应力和应力变化引发围岩状态和性质改变的许多内容。

（2）对高地应力条件的软质围岩目前还没有完善的定义。按围岩强度应力比的概念，围岩类别均相应降低一级。随着地下工程向深部发展，围岩 S 值可能更小，变形将更加严重。

（3）目前人们对深部地应力情况了解得很少，特别是在地下洞室开挖后，三维的地应力变化情况很难了解清楚。

（4）深埋地下洞室软质围岩变形往往具有变形量大、变形期长、变形形态复杂等特点，因而也带来了"支护难"问题。

（四）岩爆问题

岩爆也称冲击地压，是一种岩体中聚集的弹性变形势能在一定条件下突然猛烈释放，导致岩石爆裂并弹射出来的现象。

岩爆是深埋输水隧洞在施工过程中常见的动力破坏现象。轻微的岩爆仅有剥落岩片，无弹射现象；严重的岩爆伴有很大的声响，往往造成开挖工作面严重破坏，设备损坏和人员伤亡，还可能使地面建筑遭受破坏。岩爆可瞬间突然发生，也可以持续几天到几个月。

岩爆产生的条件主要为：

1. 近代构造活动山体内地应力较高，岩体内储存着很大的应变能，且该部分能量超过了岩石自身的强度。

2. 围岩坚硬、新鲜、完整，裂隙极少或仅有隐裂隙，且具有较高的脆性和弹性，能够储存能量，而其变形特征属于脆性破坏类型，当应力解除后，回弹变形很小。

3. 埋深较大（一般埋藏深度多大于 200 m），且远离沟谷切割的卸荷裂隙带。

4. 地下水较少，岩体干燥。

5. 开挖断面形状不规则、大型深埋输水隧洞的地下工程，或断面变化造成局部应力集中的地带。

（五）隧洞高地温问题

地球内部蕴藏着巨大的热能，这些热能通过火山爆发、地热泉和放射性元素的衰变等形式向地表散发。研究地温场的变化特征对深埋隧洞的施工安全具有重要的现实意义。

高地温问题（热害）是隧洞（道）工程、采矿工程及其他地下工程中常遇到的地质灾害问题之一。特别是深埋隧洞的高地温问题，给隧洞施工带来了极为不利的影响。资料表明，当隧洞原始地温达到 28℃时，施工中就要采取适当的降温措施；当原始岩体温度达到 35℃、湿度达到 80% 时，深埋隧洞中的高地温问题已非常严重，这不仅危害作业人员的健康和人身安全，同时也将使机械效率降低和劳动生产率下降，甚至使施工无法进行。

同时，隧道内高温高湿也使得机械设备的工作条件恶化、效率低下、故障增多。各国在修建深埋隧洞时，都不同程度地出现了高地温（热害），并对此进行了专门的研究。随着隧洞工程向深部的发展，地温危害的报道也日趋增多。

影响隧洞天然地温的因素很多，如隧洞埋深与地温梯度、地层岩性分布与地应力环境、岩石的性质及导热率、岩体放射性环境、水文地质单元及地下水循环条件、地质构造（特别是活动断裂构造带）、地下水温度、气温条件、地面起伏及切割深度等。再如，从构造变形来看，一般背斜区地温随深度的增加高于相邻的向斜区，平缓岩层出露区高于相同岩性的直立岩层出露区；从岩性来看，在构造条件相同的情况下，导热率高的岩层（如砂岩、结晶岩）的地温随深度的增加低于导热率低的岩层（如页岩、灰岩）等。

（六）有害气体问题

天然形成的有害气体一般赋存于产生这些气体的源岩和岩体的孔隙、裂隙中，也有少量溶于地下水中。当地下洞室开挖后，有害气体在地应力的作用下就会迅速或缓慢地向地下洞室（低压区）中释放和溢出。通过实践人们认识到有害气体有时运移距离很大，所以在许多不含有害气体源岩的地层中开挖洞室也会遇到有害气体问题。

有害气体的种类多种多样，其中危害大的主要有煤层瓦斯（CH_4）、石油天然气、一氧化碳（CO）、二氧化碳（CO_2）二氧化硫（SO_2）、硫化氢（H_2S）等，因而应在勘测期间及工程实施阶段对有害气体可能产生的部位开展观测。

（七）有害水质问题

西部地区第三系（R）地层的地下水水质普遍较差，其原因主要是泥岩、砂岩中含有石膏等盐岩，SO_2-、Cl 离子含量较高，一般对混凝土具有硫酸盐型强腐蚀性，对混凝土钢筋具有中等腐蚀性，对钢结构具有中等腐蚀性。

如天山地区花岗岩体地下水即存在局部水质异常问题，地下水中 SO_2-、Cl 离子含量较高，pH 值较高。对混凝土具有硫酸盐型强腐蚀性和重碳酸型中等腐蚀性，对混凝土钢筋具有中等腐蚀性，对钢结构具有中等腐蚀性等。其成因可能在于，花岗岩侵入岩体周边的矽卡岩带、断层带和不整合古风化壳中，常形成有色金属矿产，其中的黄铜矿（$CuFeS_2$）、方铅矿（PbS_2）、磁黄铁矿（FeS_2）、闪锌矿（ZnS_2）等，遇水可产生硫酸根，形成侵蚀性地下水。

总体而言，大部分地区地表水和浅层地下水水质良好，对普通混凝土无腐蚀性，但深部岩体中的地下水受地层岩性、构造及特殊矿物影响，水质比较复杂并难以查明。由于深部岩体的透水性一般较弱，有害水质的影响相对整个隧洞工程来讲是局部的，因此，施工中只要加强地下水质监测，遇有害水质及矿脉点采取有效措施及时封堵，是可以防止其扩散、污染输水水质和对隧洞衬砌结构产生腐蚀的。

（八）膨胀岩问题

我国北方（包括西北地区）膨胀岩主要分布在二叠纪、三叠纪、侏罗纪、白垩纪及第三系 R 中。岩性为富含蒙脱石和石膏的泥岩、砂质泥岩、黏土岩等。通过工程实践认识到，尽可能地减少对围岩的扰动和采取防水结构设计，使围岩的含水量不发生较大的变化，是可以减少甚至避免膨胀岩的危害。这种方法和措施是能够有效地阻止膨胀岩干燥活化作用的发生，从而抑制了膨胀岩膨胀作用的发挥。

（九）放射性元素危害问题

在我国一些地区（如新疆天山地区）放射性矿藏比较多，有侵入型、火山热液充填型、沉积型等。当地下洞室通过酸性岩浆岩体、伟晶岩脉等具有放射性物源地层或洞室，虽未直接通过放射性物源地层，但邻近地区存在该类放射性物源和洞室深埋时，可能存在放射性物质浓度超标，对施工、运行人员产生内外照射辐射危害，因此，应对洞室进行环境放射性影响评价。在放射性元素含量高的地区进行专门性勘测工作时，一般应解决以下几个问题：

1. 明确放射性矿层及富集区（或异常区）的分布。

2. 对施工人员和输水水质的影响做出评价。

3. 对放射性超标的隧洞弃渣提出避免二次污染环境的堆放要求。

参考《铀矿勘探开采中的辐射安全》《铀矿井排气通风技术规范》等进行分析，工程可能产生的对周围辐射环境影响主要有：

（1）隧洞掘进废石排放所致辐射环境影响。

应符合《建筑材料放射性核素限量》中"作为建材主体时产销与使用范围均不受限制"的限值要求，以使隧洞掘进排放废石不对周围辐射环境产生不利影响。

（2）隧洞围岩暴露产生的 γ 辐射影响。

对于隧洞围岩暴露产生的 γ 贯穿辐射产生的周围辐射环境和施工人员影响，《铀矿勘探开采中的辐射安全》给出了铀矿地下巷道围岩 γ 辐射剂量率的估算公式。

（3）隧洞围岩和地下水暴露以及施工用水所产生的氡及氢气体影响。

工程隧洞内氡及氡子体主要以围岩氡的析出为主。按 238U 含量估算，在连续施工 1 年以上而未采取任何人工通风的假定条件下，隧洞氡浓度的最高水平不应超过《电离辐射防护与辐射源安全基本标准》中规定的工作场所 500Bq/m³~1 000 Bq/m³ 的补救行动水平。因此，必须采取通风等有效的降氡和防氢措施，将隧洞内氢的浓度水平降至标准限值以下。

（4）隧洞地下水暴露、施工废水对周围水体的辐射影响。

由于衬砌封闭等措施，地下水的暴露将被控制在非常低的水平，因此，不存在对周围环境水体以及隧洞流经水体的放射性不利影响。

（5）输水隧洞对所流经输水水体带来的辐射影响。

由于深部地质条件的复杂性，对深部岩石放射性特征的推断是存在不确定性的。建议关注以下问题：对隧洞沿线已施工的钻孔进行放射性测井，以获取深部岩石的放射性资料；制订工程施工期间放射性测量计划。

（十）隧洞高外水压力问题

隧洞衬砌与围岩接触面形成间隙，作用于衬砌内的渗流体积力可近似用衬砌内外缘的水压力代替，衬砌外缘的水压力称为外水压力（即地下水作用于隧洞衬砌上的压力）。深埋隧洞往往具有较大的外水压力，致使隧洞衬砌破坏。例如，万家寨引黄入晋工程 7 号隧洞，地下水位水头为 60~300 m 时，隧洞开挖中的涌水量均不大，但在外水压力实测值超过 60 m 的洞段，TBM 衬砌管片有的发生挤压破坏；引滦入津隧洞工程，在外水压力几十米水头的情况下，使约 4000 m 城洞型隧洞底板衬砌产生鼓起破坏。

地下水对隧洞衬砌的不利影响是显而易见的，而外水压力的量值目前还不易计算准确。在工程处理方法上采取堵排结合的方法是可行的，只排（打孔排水）不堵（接触灌浆与固结灌浆）往往会造成大面积地下水位的下降，直接对水文地质条件和生态环境形成威胁，直至恶化。

目前，计算外水压力的方法主要有外水压力作用系数法和渗流场分析法。

六、渠道主要工程地质问题

渠道（包括部分渠系建筑物）的主要工程地质问题有以下几个：

1. 与地下水有关的问题

它主要包括渠道开挖施工期间的涌水、涌沙和底板突涌问题，渠道通水前的衬砌抗浮稳定问题，渠道运行期间的渗漏问题，地下水水质对工程的影响等问题。

2. 与渠道边坡稳定有关的问题

它主要包括滑坡（包括膨胀土地区的浅层与深层滑坡）、坍塌、渠水冲刷及雨水冲刷（雨淋沟）、冻胀。

3. 与地基稳定有关的问题

它主要包括黄土及黄土类土中的湿陷问题、软基问题或承载力不足问题、不均匀沉降问题膨胀土地基抬升变形问题。

湿陷性是黄土的主要工程地质问题，主要是对边坡及地基产生湿陷变形破坏。修建在黄土区的水利工程、房屋、公路铁路等，常易发生与湿陷有关的坝体裂缝、渠道不均匀沉陷、管道断裂、房屋破坏、库岸及边坡塌滑等问题。

膨胀土具有胀缩性、多裂隙性和超固结性等特征，通常具有较高的黏粒含量和较大的塑性指数。膨胀土对渠道工程的影响可以通过自有膨胀率和膨胀力去评价。在大气环境作用下，近地表膨胀土会形成一个深度 3 m 左右的大气剧烈影响带，多数情况下在剧烈影响带下部会形成一个土体含水量较高的相对软弱带，再向下土体逐步变为不受外部环境影响的非饱和带。在我国河南、湖北、湖南、云南、安徽、广西、广东、河北、四川、新疆等地，膨胀土分布面积较大。

采空区也是影响地基稳定的问题之一。地下矿层被开采后形成的空间称为采空区。采空区分为老采空区、现采空区和未来采空区。地下矿层被开采后，其上部岩层失去支撑，平衡条件被破坏，随之产生弯曲、塌落，以致地表下沉变形，造成地表塌陷形成凹地。随着采空区的不断扩大，凹地不断发展成凹陷盆地，即地表移动盆地。地表移动盆地的地表变形分为两种移动和三种变形。两种移动是指垂直移动（下沉）和水平移动；三种变形是指倾斜、曲率（弯曲）和水平变形（压缩变形和拉伸变形）。采空区地表移动盆地的变形发展，会使地表产生下沉、裂缝、倾斜、水平位移等一系列变形现象，会造成地面开裂、塌陷、边坡滑坡，渠道开裂渗漏，渠道边坡滑移，建筑物不均匀沉陷甚至倒塌，从而影响地基的稳定。由此可见，采空区对水利水电工程具有较大的危害。

4. 环境地质问题

它主要包括渠道渗漏引起的周边浸没问题，渠道建设对地下渗流场的影响问题，渠道周边滑坡、泥石流（水石流）对渠道安全的影响问题。

七、渠系建筑物主要工程地质问题

渠系建筑物的类型很多，包括倒虹吸、渡槽、分水闸、节制闸、退水闸等。渠系建筑物主要的工程地质问题多与地基稳定、渗透不稳定有关，但是，由于各类建筑物的荷载条件和基础形式不同，对地基地质条件的评价应有所区别，地基失稳的形式、抗滑稳定的边界条件以及抗滑指标的选择应按有关规程规范执行。

第二章 大型调水工程施工

调水会带来生态系统的显著变化，而目前我们对调水蕴含的潜在生态影响知之甚少。水利工程建设，尤其是调水工程建设应当尊重自然，采取更加审慎的态度。本章将对大型调水工程的施工进行详细地阐述。

第一节 渠道工程

一、渠道开挖

渠道开挖的方法有：人工开挖、机械开挖和爆破开挖等。开挖方法的选择取决于施工现场条件、土壤特性、渠道横断面尺寸、地下水位等因素。

1. 人工开挖

（1）施工排水

渠道开挖首先要解决地表水或地下水对施工的干扰问题，办法是在渠道中设置排水沟。排水沟的布置既要方便施工，又要保证排水的通畅。

（2）开挖方法

人工开挖，应自渠道中心向外分层下挖，先深后宽。为方便施工，加快工程进度，边坡处可按设计坡比先挖成台阶状，待挖至设计深度时再进行削坡。开挖后的弃土，应先行规划，尽量做到挖填平衡。

1）一次到底法。一次到底法适用于土质较好、挖深2~3m的渠道。开挖时先将排水沟挖到低于渠底设计高程0.5m处，然后按阶梯状向下逐层开挖至渠底。

2）分层下挖法。这种方法适用于土质较软、含水量较高、渠道挖深较大的情况。可将排水沟布置在渠道中部，逐层下挖排水沟，直至渠底。当渠道较宽时，可采用翻滚排水沟法，此法施工排水沟断面小，施工安全，施工布置灵活。

2. 机械开挖

（1）推土机开挖

推土机开挖，渠道深度不宜超过1.5~2m，填筑渠堤高度不宜超过2~3m，其边坡不宜陡于1:2。推土机还可用于平整渠底、清除腐殖土层、压实渠堤等。

（3）铲运机开挖

铲运机最适宜开挖全挖方渠道或半挖半填渠道。对需要在纵向调配土方的渠道，如运距不远时，也可用铲运机开挖。铲运机开挖线路可布置成"8"字形或环形。

3.爆破开挖

采用爆破法开挖渠道时，药包可根据开挖断面的大小沿渠线布置成一排或几排。当渠底宽度大于渠道深度的2倍以上时，应布置2~3排药包，爆破作用指数可取为1.75~2.0。单个药包装药量及间、排距应根据爆破试验确定。

二、渠堤填筑

渠堤填筑前要进行清基，清除基础范围内的块石、树根、草皮、淤泥等杂质，并将基面略加平整，然后进行刨毛。如基础过于干燥，还应洒水湿润，然后再填筑。

渠堤填筑以土块小的湿润散土为宜，如砂质壤土或砂质黏土。要求将透水性小的土料填筑在迎水面，透水性大的填筑在背水面。土料中不得掺有杂质，并应保持一定的含水量，以利压实，冻土、淤泥、净砂等严禁使用。半挖半填渠道应尽量利用挖方筑堤，只有在土料不足或土质不能满足填筑要求时，才在取土坑取土。取土料的坑塘应距堤脚一定距离，表层15~20cm浮土或种植土应清除。取土开挖应分层进行，每层挖土厚度不宜超过1m，不得使用地下水位以下的土料。取土时应先远后近，应合理布置运输线路，避免陡坡、急弯，上、下坡线路分开。

渠堤填筑应分层进行，每层铺土厚度以20~30cm为宜，铺土要均匀，每层铺土应保证土堤断面略大于设计宽度，以免削坡后断面不足。堤顶应做成2%~4%的坡面，以利排除降水。筑堤时要考虑土堤在施工和运行过程中的沉陷，一般按5%考虑。

三、渠道衬护

渠道衬护就是用灰土、水泥土、块石、混凝土、沥青、土工织物等材料在渠道内壁铺砌一衬护层，其目的是防止渠道受冲刷；减少输水时的渗漏，提高渠道输水能力，减小渠道断面尺寸，降低工程造价，便于维修、管理。

1.灰土衬护

灰土是由石灰和土料混合而成。灰土衬护渠道，防渗效果较好，一般可减少渗漏量的85%~95%，造价较低。因其防冲能力低、输水流速大时应另设砌石防护冲层。衬护的灰土比为1：2~1：6(重量比)。衬护厚度一般为20~40cm。在灰土施工时，先将过筛后的细土和石灰粉干拌均匀，再加水拌和，然后堆放一段时间，使石灰粉充分熟化，待稍干后即可分层铺筑夯实，拍打坡面消除裂缝。对边坡较缓的渠道，可不立模板填筑，铺料要自下而上，先渠底后边坡。渠道边坡较陡时必须立模填筑。一般模板高0.5m，分3次上料夯实。灰土夯实后应养护一段时间再通水。

2. 砌石衬护

砌石衬护有 3 种形式：干砌块石、干砌卵石和浆砌块石。干砌块石用于土质较好的渠道，主要起防冲作用；浆砌块石用于土质较差的渠道，起抗冲防渗的作用。

在砂砾石地区，对坡度大、渗漏较大的渠道，采用干砌卵石衬护是一种经济的抗冲防渗措施，一般可减少渗漏量 40%~60%。卵石因其表面光滑，尺寸和重量较小，形状不一，稳定性差，砌筑要求较高。

干砌卵石施工时，应按设计要求铺设垫层，然后再砌卵石。砌筑卵石以外形稍带扁平而大小均匀为好。砌筑时应采用直砌法，即要求卵石的长边垂直于边坡或渠底，并砌紧、砌平、错缝且坐落在垫层上。坡面砌筑时，要挂线自上而下分层砌筑，渠道边坡最好为 1∶1.5 左右，太陡会使卵石不稳，易被水流冲刷，太缓则会减少卵石之间的挤压力，增加渗漏损失。为了防止砌筑面局部冲毁而扩大，每隔 10~20m 距离用较大卵石干砌或浆砌一道隔墙，隔墙深 60~80cm、宽 40~50cm，以增加渠底和边坡的稳定性。渠底隔墙可做成拱形，其拱顶迎向水流，以提高抗冲能力。

砌筑顺序应遵循"先渠底、后边坡"的原则。砌筑质量要达到"横成排、三角缝、六面靠、踢不动、拔不掉"的要求。

砌筑完后还应进行灌缝和卡缝。灌缝是用较大的石子灌进砌缝，卡缝是用木榔头或手锤将小片石轻轻砸入砌缝中；最后在翻体面扬铺一层砂砾，放少量水进行放淤，一边放水，一边投入砂砾石碎土，直至砌缝被泥沙填实为止。这样既可保证渠道运行安全，又可提高防渗效果。

3. 混凝土衬护

混凝土衬护具有强度高、糙率小、防渗性能好（可破少渗漏 90% 以上）、适用性条件好和维护工作量小等优点，因而被广泛采用。混凝土衬护分为现浇式、预制装配式和喷混凝土等几种形式。

（1）现浇式混凝土衬护

大型渠道的混凝土衬护多采用现浇施工。在渠道开挖和压实后，先设置排水、铺设垫层，然后浇筑混凝土。浇筑时按结构缝分段，一般段长为 10m 左右，先浇渠底，后浇坡面。混凝土浇筑宜采用跳仓浇筑法，溜槽送混凝土入仓，面板式振捣器或直径 30~50mm 振捣棒振捣，为方便施工，坡面模板可边浇筑边安装。结构缝应根据设计要求埋设止水，安装填缝板，在混凝土凝固拆模后，灌注填缝材料。

（2）预制装配式混凝土衬护

装配式混凝土衬护，是在预制厂制作混凝土衬护板，运至现场后进行安装，然后灌注填缝材料。混凝土预制板的尺寸应与起吊、运输设备的能力相适应，人工安装时，单块预制板的面积一般为 0.4~1.0m²。铺砌时应将预制板四周刷净，并铺于已夯实的垫层上。

砌筑时，横缝可以砌成通缝，但纵缝必须错开。装配式混凝土预制板衬护，施工受气候条件影响小，施工质量易于保证，但接缝较多，防渗、抗冻性能较差，适用于中小型渠道工程。

（3）喷混凝土衬护

在喷混凝土衬护前，应将砌筑面冲洗干净，对土质渠道进行修整。喷混凝土时，原则上一次成渠，达到平整光滑。喷混凝土要分块，按顺序一块一块地喷。喷射从渠道底向两边对称进行，喷射枪口与喷射面应尽量保持垂直，距离一般为 0.6~1.0m，喷射机的工作风压在 0.1~0.2MPa 之间，喷后及时洒水养护。

4. 土工织物衬护

土工织物是用锦纶、涤纶、丙纶、维纶等高分子合成材料通过纺织、编制或无纺的方式加工出的一种新型的土工材料，广泛用于工程防渗、反滤、排水等。渠道衬护有两种形式，混凝土模袋衬护和土工膜衬护。

（1）混凝土模袋衬护

先用透水不透浆的土工织物缝制成矩形模袋，把拌好的混凝土装入模袋中，再将装了混凝土的模袋铺砌在渠底或边坡（或先将模袋铺在渠底或边坡，再将混凝土灌入模袋中），混凝土中多余的水分可从模袋中挤出，从而使水灰比迅速降低，形成高密度、高强度的混凝土衬护。衬护厚度一般为 15~50cm，混凝土坍落度为 20cm。利用混凝土模袋衬护渠道，衬护结构柔性好，整体性强，能适应基面变形。

（2）土工膜衬护

过去渠道防渗多采用普通塑料薄膜，因塑料薄膜容易老化，耐久性差，现已被新型防渗材料—复合防渗土工膜取代。复合防渗土工膜是在塑料薄膜的一侧或两侧贴以土工织物，以此保护防渗薄膜不受破坏，增加土工膜与土体之间的摩擦力，防止土工膜滑移，提高铺贴稳定性。复合防渗土工膜有一布一膜、二布一膜等形式。复合土工膜具有极高的抗拉、抗撕裂能力；其良好的柔性，使因基面的凸凹不平产生的应力得以很快分散，适应变形的能力强；由于土工织物具有一定的透水性，因而使土工膜与土体接触面上的孔隙水压力和浮托力易于消散；土工膜有一定的保温作用，减小了土体冻胀对土工膜的破坏。为了减少阳光照射，增加其抗老化性能，土工膜要采用埋入法铺设。

施工时，先用粒径较小的砂土或黏土找平基础，然后再铺设土工膜。土工膜不要绷得太紧，两端埋入土体部分呈波纹状，最后在所铺的土工膜上用砂或黏土铺一层 10cm 厚的过渡层，再砌上 20~30cm 厚的块石或预制混凝土块作防冲保护层。施工时应防止块石直接砸在土工膜上，最好是边铺膜边进行保护层的施工。

土工膜的接缝处理是关键工序。一般接缝方式有：搭接，一般要求搭接长度在 15cm 以上；缝纫后用防水涂料处理；热焊，用于较厚的无纺布基材；黏接，用与土工膜配套供应的黏合剂涂在要连接的部位，在压力作用下进行黏合，使接缝达到最终强度。

四、渠道混凝土衬砌机械化施工

国外无论是长距离输水渠还是灌区渠道，衬砌混凝土工程多采用机械化衬砌施工。渠道衬砌机从衬砌成型技术方面可分为两类，一类是内置式插入振捣滑模成型衬砌技术；一类是表面振动滚筒碾压成型技术，相应也产生了两类不同的衬砌设备。振捣滑模衬砌机大多采用液压振捣棒，而德国采用电动振捣棒。

渠道修整机在渠坡修整技术方面分为三种，即精修坡面旋转铣刨技术；螺旋旋转滚动铣刨技术；回转链斗式精修坡面技术，与其对应产生了不同的渠坡修整机。

混凝土布料技术有螺旋布料机和皮带布料机技术。螺旋布料机有单螺旋和双螺旋之分。

渠面衬砌有全断面衬砌、半断面衬砌和渠底衬砌。

自动化程度有全自动履带行走，自动导向、自动找正；半自动导轮行走，电气控制，手动操作找正。

成套设备有修整机，衬砌垫层布料机，衬砌机，分缝处理机，人工台车。

通过大型调水工程，在衬砌技术、机械设备、施工工艺等诸多方面进行了有益的探讨，并取得了很好的效果。随着科技的发展和新材料、新技术的应用，渠道机械化衬砌施工工艺的逐步完善，渠道机械化衬砌设备的国产化程度得以提高，渠道机械化衬砌的成本将越来越低。

1. 混凝土机械衬砌的优点

大断面渠道衬砌，衬砌混凝土厚度一般较小，在 8~15cm，混凝土面积较大，但不同于大体积混凝土施工，目前国内外基本可以分为人工衬砌和机械衬砌。由于人工衬砌速度较慢，质量不均一，施工缝多，因而逐渐被机械化衬砌所取代。

渠道混凝土机械衬砌施工的优点可归纳如下：衬砌效率高，一般可达到 200m²/h，约 20m；衬砌质量好，混凝土表面平整、光滑，坡脚过渡圆滑、美观，密实度、强度也符合设计要求；后期维修费用低。

2. 混凝土衬砌的施工程序

机械化衬砌又分为滚筒式、滑模式和复合式。一般在坡长较短的渠道上，可以采用滑模式。滚筒式的使用范围较广，可以应用各种坡长要求。根据衬砌混凝土施工工序，在渠道已经基本成型时，坡面应预留一定厚度的原状土（可视土方施工者的能力，预留 5~20cm）。

3. 衬砌坡面修整

渠道开挖时，渠坡预留约 30cm 的保护层。在衬砌混凝土浇筑前，需要根据渠坡地质条件选用不同的施工方法进行修整。

坡脚齿墙按要求砌筑完后，方可进行削坡。削坡分三步进行：粗削，削坡前先将河底塑料薄膜铺设好，然后在每一个伸缩缝处，按设计坡面挖出一条槽，并挂出标准坡面线，按此线进行粗削找平，防止削过；细削，是指将标准坡面线下混凝土板厚的土方削掉。粗削大致平整后，在两条伸缩缝中间的三分点上加挂两条标准坡面线，从上到下挂水平线依次削平；刮平，细削完成后，坡面基本平整，这时要用 3~4m 长的直杆（方木或方铝），在垂直于河中心线的方向上来回刮动，直至刮平。

清坡的方法：

（1）人工清坡。在没有机械设备的条件下，可以使用人工清坡，在需要清理的坡面上设置网格线，根据网格线和坡面的高差，控制坡面高程。根据以往的施工经验，在大坡面上即使严格控制施工质量，误差也在 ±3cm。这个误差对于衬砌厚度只有 8~10cm 厚度的混凝土来说，是不允许的。即使是有垫层，也不能满足要求。对于坡长更长的坡面，人工清坡质量是难以控制的。

（2）螺旋式清坡机。该机械在较短的坡面上（不大于 10m）效果较好，通过镶嵌合金的连续螺旋体旋转，将土体进行切削，弃土可以直接送至渠顶，但在过长的坡面上不适应，因为过长的螺旋需要的动力较大，且挠度问题难以解决。

（3）滚齿式。该清坡机沿轨道顺渠道轴线方向行走，一定长度的滚齿旋转切削土体，切削下来的土体抛向渠底，形成平整的原状土坡面。一幅结束后，整机前移，进行下一幅作业。

先由一台削坡机粗削坡，削坡机保留 3~4mm 的保护层。待具备浇筑条件时，由另一台削坡机精削坡一次修至设计尺寸，并及时铺设保温防渗层。

超挖的部位用与建基面同质的土料或沙砾料补坡，采用人工或小型碾压机械压实。对于因雨水冲刷或局部坍塌的部位，先将坡面清理成锯齿状，再进行补坡。补坡厚度高出设计断面，并按设计要求压实。可采用人工方式，也可以使用与衬砌机配套使用的专用渠道修整机精修坡面。

修整后，渠坡上、下边线允许偏差要求控制在 ±20mm（直线段）或 ±50mm（曲线段），坡面平整度 ≤ 1cm/2m。当上覆沙砾料垫层时平整度 <2cm/2m，高程偏差 ≤ 20mm。渠坡修整后的平整度对保温板铺设的影响较大，土质边坡宜采用机械削坡以保证良好的平整度。

第二节　倒虹吸工程

倒虹吸工程的种类有砌石拱倒虹吸管、钢管混凝土倒虹吸等。目前工程中应用的大都为倒虹吸管工程和大型的钢筋混凝土倒虹吸工程，也可分为现浇式倒虹吸管和装配式倒虹吸管，但大型的倒虹吸均为钢筋混凝土工程，其技术性高，质量要求也高，故要引起重视。本节只介绍现浇钢筋混凝土倒虹吸管的施工。

现浇倒虹吸管施工程序一般为放样、清基和地基处理→管座施工＋管模板的制作与安装→管钢筋的制作与安装＋管道接头止水施工→混凝土浇筑＋混凝土养护与拆模。管座施工在清基和地基处理之后即可进行。

1. 刚性弧形管座。刚性弧形管座通常是一次做好后，再进行管道施工。当管径较大时，管座事先做好，在浇捣管底混凝土时，则需在内模底部设置活动口，以便进料浇捣，从某些施工实例来看，这样操作还是很方便的。还有些工程为避免在内模底部开口，采用了管座分次施工的办法，即先做好底部范围（中心角约 80°）的小弧座，以作为外模的一部分，待管底混凝土浇到一定程度时，随即边砌小弧座旁的浆砌管座边浇混凝土，直到砌完整个管座为止。

2. 两点式及中空式刚性管座。两点式及中空式刚性管座均事先砌好管座，在基座底部挖空处可用土模作外模。施工时，对底部回填土要仔细夯实，以防止在浇筑过程中，土壤压缩变形而导致混凝土开裂。当管道浇筑完毕投入运行时，由于底部土模压缩量远远小于刚性基础的弹性模量，因而基本处于卸荷状态，全部垂直荷载实际上由刚性管座承受。中空式管座为使管壁与管座接触面密合，也可采用混凝土预制块做外模。若用于敷设带有喇叭形承口的预应力管时，则不需再做底部土模。

上述刚性弧形管座的小弧座和两点式及中空式刚性管座的土模施工方法大体相同。

一、模板的制作与安装

（一）内模制作

1. 龙骨架。即内模内的支撑骨架，由 3~4 块梳形木拼成，内模的成型与支撑主要依靠龙骨架起作用，在制作每 2 m 长一节的内模时需龙骨架 4 个。圆形龙骨架结构形式视管径大小而定，一般直径小的管道（D<1.5 m）可用 3 块梳形木拼成，直径大的管道（D>1.5 m）可用 4 块梳形木拼成，在每两块梳形木之间必须设置木楔以便调整尺寸及拆模方便，整个龙骨架由 5~6cm 厚的枋木制成或用 φ10cm 圆木拼成即可。

2. 内模板。龙骨架拼好后，将 4 个龙骨圆圈置于装模架上，先用 3~4 块木板固定位置，然后将清好缝的散板一块一块地用 6.35~7.62 mm（2.5~3.0 英寸）圆钉钉于骨架上，初步拼成内模圆筒毛坯，然后再用压钉销子和钉锤将每颗圆钉头打进板内 3~4mm，便于刨模。

3. 内模圆筒打齐头。每筒管内模成型后，还必须将两端打齐头，这道工序看起来很简单，但做起来较困难，特别是大管径两端打齐头更难，打得不好误差常为 2~3 cm。为了解决这个问题，可专门做一个打齐头的木架，这个架子既可用于下部半圆骨架拼钉管模，又可打两端齐头，使整个内模成型抛光以后，再以油灰（桐油、石灰）填塞表面缝隙、小洞，最后用废机油或肥皂水遍涂内模表面，以利拆卸，重复使用。

（二）外模制作

外模宜定型化，其尺寸不宜过大，一般每块宽度为 40~50 cm，过大不便于安装和振捣作业。

外模定型模板制作完成后，同样要以油灰填塞表面缝隙小洞，并用废机油或肥皂水遍涂外模内表面以利拆卸及重复使用。有些工程为使管道外形光滑美观，在外模内表面加钉铁皮，但这样做，在混凝土浇筑时，排出泌水的缝隙大为减少，养护时模外养护水亦难以渗入混凝土表面，弊多利少，不宜采用。

（三）内外模的拼装

当管座基础施工和内外模制作完毕后，即可安装内外模板，大型内模是用高强度混凝土垫块来支撑的，垫块高度同混凝土壁厚，本身也是管壁混凝土的一部分。为了加强垫块与管壁混凝土的结合，可将垫块外层凿毛，并做成"I"字形。垫块沿管线铺设间距为1m，尽量错开，不要布在一条直线上。内模安装完毕后，如内模之间缝隙过大，则必须在缝隙处钉一道黑铁皮或塞废水泥袋以防漏浆。

内模拼装时，将梳形木接缝放在四个象限的45°处，而不要将接缝布在管的正顶、正底和正侧，否则在垂直荷载作用下，内模容易沉陷变形。

外模是在装好两侧梯形桁架后，边浇筑混凝土边装外模的，许多管道在浇筑顶部混凝土时，为便于进料，总是在顶部（圆心角80°左右）不装外模，致使混凝土振捣时水泥浆向两侧流淌；同时混凝土由于自重作用，在初凝期间，会向两侧下沉，从而使管顶混凝土成为全管质量薄弱带，这一问题在施工过程中应注意解决。

外模安装时还要注意两侧梯形桁架立筋布置，必须通过计算，以避免拉伸值超过允许范围，否则会导致管身混凝土松动甚至在顶部出现纵向裂缝。

由于木材短缺，一些施工单位已改用钢拖模代替木模。钢拖模优点为：

1. 施工周期短，一节管道从扎筋、装模、浇筑、拆模仅需2~3 d（木模需10~15 d）。

2. 管内壁平整光滑，设计时可以用较小的糙率减少过水断面。

3. 节约木材，一套内径2.1 m、长12 m的钢模用钢材6.5 t（其中钢外架2.75 t），做一套同样的木模及施工脚手架约需杉原条32 m³，钢材0.8t，由此可看1t钢材可代替4~5 m³木材。

二、钢筋的安装

内模安装完成后，即可穿绕内环筋；其次是内纵筋、架立筋、外纵筋、外环筋，钢筋间距可根据设计尺寸，预先在纵筋及环筋上分别用红色油漆放好样。钢筋捆好后可按照上述顺序，依次进行绑扎。绑扎时，可以采用梅花型隔点绑扎，扎丝一般用20~22mm，用于制管的每吨钢筋约消耗扎丝7 kg左右。

环形钢筋的接头位置应错开，且应布置在圆管四个象限的45°处为宜，架立筋亦可按梅花型设置。

一般情况下，倒虹吸管的受力钢筋应尽可能采用电焊并在管模上进行。为确保钢筋保护层厚度，应在钢筋上放置砂浆垫块。

三、管道接头止水带的施工工艺

管道接头的止水设置，可以用塑料止水带或金属片止水带，此处仅介绍常用的几种止水带施工方法。

（一）金属片（紫铜片或白铁皮）止水带的加工工艺过程

1. 下料。

2. 利用杂木加工成弧面的鼻坎槽，将每块金属片按设计尺寸放于槽内加工成弧形鼻坎，并将止水片两侧沿环向打孔，以利于混凝土搭接牢靠。

3. 用铆钉连接成设计止水圆圈。

4. 在每个接头上再加锡焊，并注意将搭接缝隙及铆钉孔的焊缝用熔锡焊满，以防漏水。

（二）塑料止水带的加工工艺过程

塑料止水带的加工工艺主要是接头熔接，分叙如下：

1. 凸形电炉体的制作。凸形电炉体采用一份水泥、三份短纤维石棉，再加总用量25%左右的水搅拌均匀，压实在木盒内，这种石棉水泥制品压得愈密实愈不易烧裂。在凸形电炉体上部的两侧各压两条安装电炉丝的沟槽，可按照电炉丝的尺寸，选四根细钢筋，表面涂油，压在指定炉丝的位置，待石棉水泥达到一定强度后，拉出钢筋，槽即成型，石棉水泥电炉体做好后，放置10余天便可使用。

电炉丝一般用220V、2000W的两根并联，分四股置于凸形电炉体两侧的沟槽中。

2. 止水带的熔接。把待粘接的止水带两端切削齐整，不要沾油污土等杂物，熔接时，由2~3人操作，一人负责加热器加热，并协助熔接工作，两人各持止水带的一端进行烘烤，加热约3min(180~200℃)。当端头呈糊状黏液下垂时（避免烤焦），随即将两个端头置于刻有止水带形浅槽的木板上，使之对接吻合，再施加压力，静置冷却即成一整体。

（三）止水带安装

金属片、止水带或塑料止水带加工好后，擦洗干净，套在安装好的内模上，周围以架立钢筋固定位置，使其不致因浇筑混凝土而变位，浇筑混凝土时，应由专人负责，止水带周围混凝土必须密实均匀，混凝土浇完后，要使止水带的中线对准管道接头缝中线。

（四）沥青止水的施工方法

接头止水中有一层是沥青止水层，若采用灌注的方法不好施工，可以将沥青先做成凝固的软块，待第一节管道浇好后至第二节管模安装前，将预制好的沥青软块沿着已浇好管道的端壁从下至上一块一块粘贴，直至贴完一周为止。沥青软块应适当做厚一些，以便溶化后能填满缝隙。

软块制作过程是：

1. 溶化沥青使其成液态；

2. 将溶化的沥青倒入模内并抹平；

3. 随即将盛满沥青溶液的模子浸入冷水之中，沥青即降温凝固成软状预制块。

在使用塑料止水设施中不得使沥青玷污塑料袋，因为这样会大大加速塑料的老化进程，从而缩短使用寿命。

四、混凝土的浇筑

在灌区建筑物中，倒虹吸管混凝土对抗拉、抗渗要求比一般结构的混凝土要严格得多。要求混凝土的水灰比一般控制在 0.5~0.6 以下，有条件时可达 0.4 左右。坍落度机械振捣时为 4~6 cm，人工振捣不应大于 6~9 cm。含砂率常用值为 30%~38%，以采用偏低值为宜。为满足抗拉强度高和抗渗性强的要求，可加塑化剂、加气剂、活化剂等外加剂。

1. 浇筑顺序

为便于整个管道施工，可每次间隔一节进行浇筑，例如，先浇 1、3、5 管，再浇 2、4、6 管。

2. 浇筑方式

管道在完成浇筑前的检查以后，即可进行浇筑。

一般常见的倒虹吸管有卧式和立式两种。在卧式中，又可分平卧和斜卧，平卧大都是管道通过水平或缓坡地段所采用的一种方式，斜卧多用于进出口山坡陡峻地区；至于立式管道则多采用预制管安装。

（1）平卧式浇筑。此浇筑有两种方法，一种是浇筑层与管轴线平行，一般由中间向两端发展，以避免仓中积水，从而增大混凝土的水灰比。这种浇捣方式的缺点是混凝土浇筑接缝皆与管轴线平行，刚好和水压产生的拉力方向垂直，一旦发生冷缝，管道最易沿浇筑层（冷缝）产生纵向裂缝。为了克服这一缺点，采用斜向分层浇筑，以避免浇筑接缝与水压产生的拉力正交。当斜度较大时，浇筑接缝的长度可缩短，浇筑接缝的间歇时间也可缩短，但这样浇筑的混凝土都呈斜向增向，使砂浆和粗骨料分布不太均匀，加上振捣器都是斜向振捣，不如竖向振捣能保证质量。因此，两种浇筑方法各有利弊。

如果采用第一种浇筑方法，一定要做好浇筑前的施工组织工作，确保浇筑层的间歇时间不超过规范上的允许值。

（2）斜卧式浇筑。进出口山坡上常有斜卧式管道，混凝土浇筑时应由低处开始逐渐向高处浇筑，使每层混凝土浇筑层保持水平。

不论平卧还是斜卧，在浇筑时，都应注意两侧或周围进料均匀、快慢一致。否则，将产生模板位移，导致管壁厚薄不一，从而严重影响管道质量。

混凝土入仓时，若搅拌机至浇筑面距离较远，在仓前将混凝土先在拌和板上进行人工拌和一次，再用铁铲送入仓内。

3.混凝土的捣实

除满足一般混凝土捣实要求外，倒虹吸混凝土浇筑还需严格控制浇捣时间和间歇时间（自出料时算起，到上一层混凝土铺好时为止），不能超过规范允许值，以防出现冷缝，总的浇筑时间不能拖得过长。例如：一节内径 2 m、长 15 m，总方量为 50 m^3 的管道，浇筑时间不宜超过 8 h。

其他如混凝土质量的控制和检查，冬季、夏季施工应注意事项可参阅一般施工书籍。

五、混凝土的养护与拆模

1.养护

倒虹吸管的养护比一般混凝土的要求更高一些，养护要做到"早""勤""足"。"早"就是及时洒水，混凝土初凝后，即应洒水，在夏季混凝土浇筑后 2~3 h，即用草帘、麻袋等覆盖，进行洒水养护，夜间则揭开覆盖物散热；"勤"就是昼夜不间断地洒水，当气温低于 5℃ 时，不得洒水；"足"是指养护时间，压力管道至少养护 21 d。

2.拆模

拆模时间根据气温和模板承重情况而定。管座（若为混凝土时）、模板与管道外模为非承重模板可适当早拆，以利于养护和模板周转。管道内模为承重模板不宜早拆，一般要求在管壁混凝土强度达到 70% 后，方可拆除内模。

第三节　箱涵工程

钢筋混凝土箱涵，是一种常见重要的输水工程建筑物形式。它具有施工方便、结构简单、地基压应力均匀、整体性好、造价低、不影响河道泄洪和道路通行等优点，并且具有耐久性强、施工方便、变形小、糙率变化小等特点，在输水工程中广泛应用。

天津干线保定市 1 段 TJ2-5 标，位于河北省保定市容城县境内，全长 9.004km，有压输水箱涵，为 3 孔 4.4m×4.4m 钢筋混凝土箱涵，工程设计流量 50m^3/s，加大设计流量 60m^3/s，工程等别为 I 等，主要建筑物级别均为 1 级。工程洪水设计为 100 年一遇，校核洪水设计为 300 年一遇。箱涵标准段长度为每节 15m，每节平面尺寸 15.2m×15m（宽×长）。箱涵垫层混凝土强度等级为 C10，箱涵混凝土等级为 C30W6F150。止水带采用橡胶止水带，填缝材料为闭孔泡沫板，嵌缝材料为双组分聚硫密封胶。天津干线，天津市 2 段工程位于天津市城市防洪圈内，主要由输水箱涵和出口闸组成，为 2 孔 3.6m×3.6m 钢筋混凝土箱涵结构，全长 4.2km。工程设计流量 18m^3/s，加大设计流量 28m^3/s，工程等别为 I 等，主要建筑物级别均为 1 级。箱涵标准段长度为每节 15m，每节平面尺寸 15.2m×15m（宽×长）。箱涵垫层混凝土强度等级为 C10，箱涵混凝土等级为 C30W6F150。止水带采用橡胶止水带，填缝材料为闭孔泡沫板，嵌缝材料为双组分聚硫密封胶。设计洪水标准与天津市区一致，为 200 年一遇。

一、施工工艺流程

混凝土输水箱涵一体化施工技术工法一般分为两层浇筑法与三层浇筑法两种，其浇筑施工工艺流程见图 2-1。

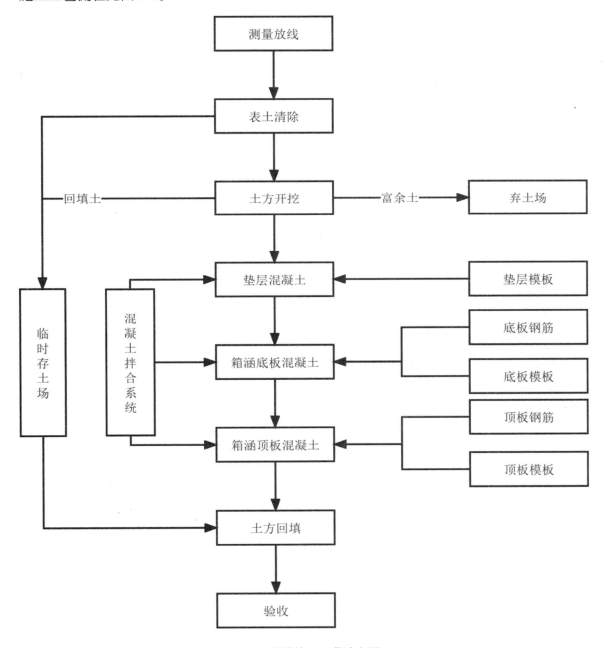

图 2-1 浇筑施工工艺流程图

二、箱涵钢筋混凝土施工

（一）垫层混凝土

垫层混凝土应在建基面隐蔽工程通过验收后，在建基面上利用槽钢、方木或其他材料将混凝土垫层分为若干个舱面，舱面宽度一般控制在3m左右，槽钢或方木应支立牢固（同时作为振捣梁的行走轨道），顶面高程应满足混凝土垫层设计要求，在浇筑混凝土之前，应采取措施保证建基面湿润。混凝土入仓宜利用布料机或混凝土输送泵等机械进行入仓，仓内人工摊平，混凝土摊铺厚度略高于轨道，采用振捣梁振捣，振捣梁行走匀速，振捣有序，对于边角部位利用小型振捣器振捣。振捣结束后，使用杠尺找平，保证垫层表面平整。在振捣完毕找平后及时取出轨道，补充混凝土并振捣。抹面采用抹面机辅以人工方式，待混凝土终凝后及时洒水养护。

（二）模板支立

1. 一般规定

输水箱涵模板安装采用两次支模施工时，第一次安装底板及下贴角以上不小于20cm模板，第二次安装涵身模板（墙体和顶板模板），为了施工便利及外观美观，涵身内、外模板采用整体式钢模台车，贴角模板、端头模板采用定型模板，弧形部位采用组合钢模板组装。模板的制作和安装应满足施工图纸要求的建筑物结构外形尺寸，其制作和安装允许偏差不应超过有关规范和合同要求规定。

模板作业施工前，应进行技术交底，明确施工技术要求。模板材料优先选用钢材，并应符合现行国家标准或行业标准。根据输水箱涵尺寸定制定型模板，模板的制作和安装应保证模板结构有足够的强度、刚度、稳定性和严密性，在施工过程中应及时进行检查维护。

2. 模板施工方法

（1）输水箱涵底板模板安装

外模板采用组装式定型模板（外模台车）。围檩采用槽钢、工字钢等，围檩型号、间距应经计算确定，并应满足规范要求，模板固定采用外撑（或外拉）与内拉结合的方法。

内模板根据结构尺寸悬空支立，贴角水平部位用钢筋架立固定，贴角以上模板采用带钢止水片的对拉螺栓与外模板水平对拉，内模板竖向围檩和横向围檩与外模板相对布置。对拉螺栓与模板接触面采用锥形套筒连接。

（2）输水箱涵墙体模板及顶板模板支立

输水箱涵外模板采用外模台车进行支立。台车由桁架和钢面板组成，面板与台车桁架用水平千斤顶连接，由千斤顶调整就位。外模台车加固时，底部采用带钢止水片的对拉螺栓加固，顶部由拉杆进行加固。拆模时借助台车上的千斤顶脱模，平移至下一舱面。输水箱涵外模台车结构示意图见图2-2。

根据输水箱涵断面尺寸，并考虑台车下部运送零星材料和通行方便确定内模。

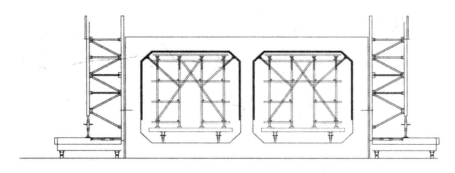

图 2-2 输水箱涵外模台车结构示意图

台车结构尺寸（宽度、高度、长度）。为适应输水箱涵的结构，可将内模台车加工为可调节式台车，能够满足输水箱涵的结构外形尺寸。内模台车主要由钢模面板、伸缩机构、台车架、行走机构组成，输水箱涵内模台车结构示意图见图 2-3。

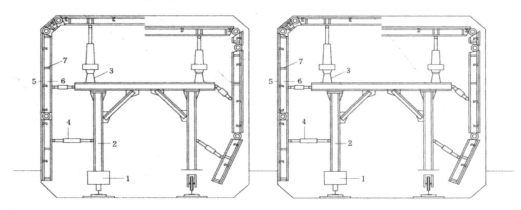

图 2-3 输水箱涵体内模台车结构示意图

1—驱动装置；2—台车架；3—垂直千斤顶；4—水平千斤顶；5—钢模；6—钢围檩；7—钢站杆

（3）输水箱涵端头模板支立

由于输水箱涵伸缩缝处设有橡胶止水带，因而制作端头模板时采用分区分块制作方式。为确保橡胶止水带安装位置和混凝土浇筑时橡胶止水带不发生位移，安装模板时，在模板边肋与橡胶止水带接触面上设置橡胶止水带限位条。模板纵、横向围檩支立加固时不得损坏橡胶止水带，端头模板配模布置示意图见图 2-4。

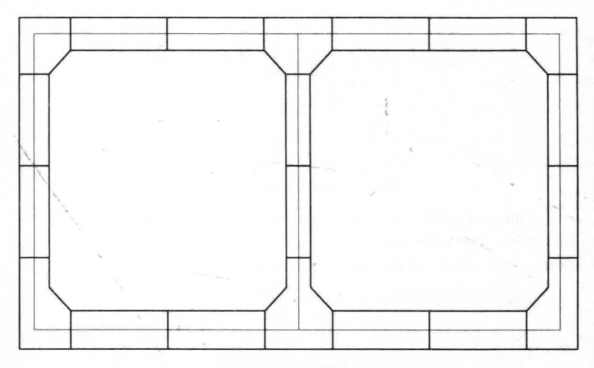

图 2-4 端头模板配模布置示意图

（4）弧形部位箱涵模板支立

1）底板模板。采用组合钢模板拼装，加固方式与标准段箱涵相同。

2）墙体模板。支立采用组合钢模板拼装，加固方式采用满堂脚手架支撑结合带钢止水片的螺栓对拉。

3）顶板模板。支立采用组合钢模板拼装，加固方式采用满堂脚手架支撑。

4）墙体及顶板模板。墙体模板支立采用组合钢模板拼装，墙体模板加固方式采用满堂脚手架支撑结合带钢止水片的螺栓对拉，顶板模板加固方式采用满堂脚手架支撑。弧形部位箱涵模板支立示意图见图 2-5。

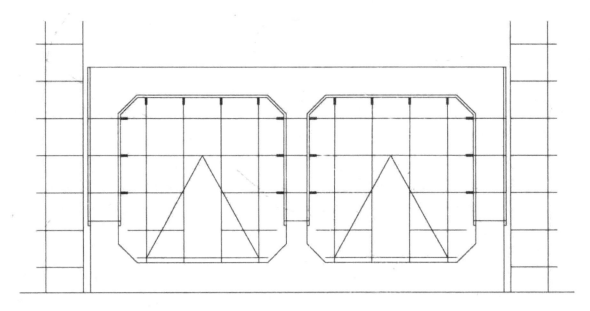

图 2-5 弧形部位箱涵模板支立示意图

（5）模板拆除时限

模板拆除时限应遵守《水电水利工程模板施工规范》及相关技术要求。

（6）模板施工细节控制

模板在每次使用前应清理整形，并用涂刷脱模剂，不得采用污染混凝土的油剂。墙体模板安装就位前，应将已凿毛的混凝土面清理干净，施工缝处墙面与模板搭接部位保证平直，以避免新老混凝土产生错台；在施工缝下约2cm的墙面设置止浆条，模板加固贴紧止浆条，以防漏浆。安装顶板钢筋时，应注意保护已涂刷脱模剂的顶板模板。

3. 质量控制与检验

模板工程质量控制与检验严格按照《水电水利工程模板施工规范》和《混凝土结构工程施工质量验收规范》及合同文件进行，检查内容主要有：检查模板缝偏差是否严密；检查模板的平整度是否有错台现象；检查是否光洁无杂物、是否涂刷脱模剂；检查模板与原混凝土面接合是否严密、加固牢靠、边角封堵模板是否平整。

（三）钢筋制作安装

1. 概述

钢筋选用国有大型钢铁厂的优质产品。钢筋工程采用钢筋加工厂集中机械加工、人工绑扎的施工方法。

2. 清污除锈

钢筋在使用前将表面油渍、漆污、锈皮、鳞锈等清除干净。钢筋除锈采用除锈机除锈为主，少量钢筋采用人工除锈。除锈后的钢筋应尽快使用，避免二次锈蚀。

3. 钢筋的端头及接头加工

（1）钢筋的端头加工

光圆钢筋的端头符合设计要求，当设计未做规定时，所有受拉钢筋的末端做 180° 的半圆弯钩。弯钩的内径大于 2.5d（d 为钢筋直径，下同）。I 级及其以上钢筋的端头，当设计要求弯转 90° 时，其最小弯转内径为：钢筋直径小于 16mm 时，最小弯转内直径为 5d；钢筋直径大于或等于 16mm 时，最小弯转内直径为 7d。

（2）钢筋的接头加工

钢筋的接头加工按所采用的钢筋接头方式要求进行。钢筋端部在加工后有弯曲时，进行矫直或割除（绑扎接头除外），端部轴线偏移小于 0.1d 并不大于 2mm，端头面整齐，与轴线垂直。

（3）钢筋接头的切制方式

采用绑扎接头、帮条焊、单面（双面）搭接焊的接头使用钢筋切断机切割；采用螺纹连接的机械连接钢筋端头采用砂轮锯或钢锯片切制；如切割后钢筋端头有毛边、弯折或纵肋尺寸过大者，用砂轮机修磨。冷挤压接头不得打磨钢筋横肋。

4. 钢筋的弯折加工

光圆钢筋（I 级钢筋）弯折 90° 以上，最小弯转内直径大于 2.5d；带肋钢筋（1 级钢筋以上）弯折 90°，其最小弯转内直径为 5~7d；弯起钢筋的圆弧内半径大于 12.5d。箍筋的加工按设计要求的形式进行。

5. 钢筋加工的允许偏差

钢筋的加工按照钢筋下料表要求的形式尺寸进行，加工后的允许偏差按表 2-1 要求规定，弯曲钢筋加工后无翘曲不平现象。

表 2-1 钢筋加工的允许偏差

偏差名称		允许偏差值
受力钢筋及锚筋全长净尺寸的偏差 /mm		±10
箍筋各部分长度的偏差 /mm		±5
钢筋弯起点位置的偏差 /mm	厂房构件	±20
	大体积混凝土	±30
钢筋转角的偏差 /（°）		±3
圆弧钢筋径向偏差 /mm	大体积混凝土	±25
	薄壁结构	±10

6. 成品钢筋的存放

加强钢筋的存放、加工安装的协作工作，尽量避免长期存放成品钢筋，经检验合格的成品钢筋尽快运往工地安装使用。冷拉调直的钢筋和已除锈的钢筋采用遮盖的方法防锈。成品钢筋的存放按工程部位、名称、编号、加工时间挂牌存放，不同型号的钢筋成品分别堆放，防止浑号和造成成品钢筋变形。成品钢筋的存放按当地气候情况采用有效的防锈措施，若存放过程中发生成品钢筋变形或锈蚀，矫正除锈后应重新鉴定，确定处理方法。

7. 钢筋接头的选择

在加工厂选择手工电弧焊和机械连接，钢筋的交叉连接采用接触点焊。在现场施工根据实际情况以直螺纹连接为主，辅以选择绑扎搭接、手动电弧焊。钢筋接头优先选用直螺纹连接接头和焊接接头，只有条件限制不能采用上述两种接头并且满足下面的条件时，使用绑扎接头。当设计有专门要求时，钢筋接头按设计要求进行。

8. 绑扎接头

钢筋采用绑扎搭接接头时，钢筋的接头搭接长度按受拉钢筋最小锚固长度控制。

9. 接头的分布要求

钢筋配料时，应设计钢筋接头位置，并分散布置。

10. 钢筋的绑扎

现场焊接或绑扎的钢筋网，其钢筋交叉点的连接按 50% 的间距绑扎。当钢筋直径小于 25mm 时，顶板和墙体的外围层钢筋网交叉点逐点绑扎，如果设计有规定时，按设计要求进行。

11. 保护层

钢筋安装时保证混凝土净保护层厚度。在钢筋与模板之间设置强度不低于该部位混凝土强度的垫块，用以保证钢筋保护层的厚度。垫块相互错开，分散布置。

12. 架立筋

架立筋选用直径不小于 18mm 的钢筋，安装后，保持足够的刚度和稳定性，以保证设计钢筋的位置准确。钢筋架设完毕后，按设计文件和规范的规定进行检查验收，做好记录，并及时浇筑混凝土。

（四）混凝土浇筑

1. 一般规定

混凝土配合比试验应选择具有相应资质且报监理工程师批准的试验室，根据设计提出的技术要求及相关规程、规范的规定，由试验室出具混凝土配合比。混凝土配合比应满足强度、耐久性和经济性等基本要求，经论证后方可使用。拌和站的生产能力应满足混凝土浇筑强度的要求，拌和站应有完整、合格的计量设施，并有减尘降噪等环境保护措施。

输水箱涵混凝土一般分两次浇筑完成，第一次浇筑底板及贴角以上不小于 20cm，第二次浇筑墙体和顶板，两次混凝土浇筑时间间隔不宜过长。混凝土布料机入仓坍落度宜控制在 5~9cm，混凝土输送泵入仓坍落度宜控制在 10~18cm，混凝土自由下落高度控制在 1.5m 之内。

在输水箱涵混凝土施工之前应编制作业指导书进行技术交底，在施工过程中，作业人员应职责分明、各负其责、协调工作。

2. 箱涵混凝土入仓系统

（1）布料机混凝土入仓方式

1）底板混凝土入仓方式。底板混凝土采用皮带布料机入仓，混凝土搅拌车将混凝土运至布料机受料口处卸料，由布料机皮带输送至缓降串筒（导管）下料入仓，入仓所用的缓降串筒布挂在布料机桁架上，缓降串筒要用保险绳串挂牢固，下料过程缓降串筒不能过度倾斜，避免混凝土下料不畅通造成堵塞。缓降串筒下端出口应有专人控制，使之均匀布料。

2）墙体顶板混凝土入仓方式。墙体混凝土入仓缓降串筒分为两部分，一部分挂设在布料机上可移动缓降串筒，另一部分挂设在墙体内的固定缓降串筒，墙体缓降串筒间距以能满足墙体均匀布料为宜，安装时应避开模板加固螺栓。各墙体均衡布料同时浇筑，并要与布料机桁架上的缓降串筒协调一致。顶板混凝土可利用布设在布料机上的缓降串筒直接入仓。

（2）混凝土输送泵车入仓方式

混凝土由输送泵车直接入仓。

3. 箱涵混凝土浇筑

（1）底板混凝土浇筑

1）混凝土铺料及分层。采用台阶浇筑法，每层铺筑厚度按 30~50cm 控制，台阶铺料明显，台阶铺料长度为 3~4m。混凝土结合层处覆盖时间应控制在混凝土初凝之前，混凝土覆盖间歇时间通过试验确定或按规范规定执行。

2）混凝土平仓振捣。混凝土平仓采用人工平仓，在模板边角和设有止水的部位进行人工补料，混凝土振捣采用插入式振捣器振捣。混凝土在平仓后按顺序依次振捣，振捣间距控制在振捣有效半径的 1.5 倍，并插入下层混凝土 5cm 左右。振捣时间以混凝土气泡排出、不再出现明显气泡和开始泛浆时为准。振捣器不得接触模板、钢筋、橡胶止水带和其他预埋件，在模板边角和橡胶止水带周围辅以人工捣实。混凝土浇筑过程中，模板、钢筋、橡胶止水带和预埋件要设专人值班，及时进行检查维护，防止出现变形、位移或破坏，发现问题及时处理。

3）底板面层施工。混凝土底板表面的找平和高程控制采用轨道和杠尺结合的方式进行控制，待找平后取出轨道，填充混凝土振捣密实后抹面。混凝土浇筑完毕后，采用杠尺找平，人工木抹子抹平出浆，人工铁抹子压光出面。在浇筑过程中操作人员不应踩踏加固模板的丝杠和拉筋，保证模板在浇筑过程中不发生变形。

4）底板贴角部位浇筑。贴角部位混凝土采用薄层混凝土铺设，每层混凝土铺设厚度控制在 10~20cm，要派专人观察已入贴角处的混凝土，避免出现骨料集中和骨料分离现象。振捣采用插入式振捣器，棒头应插入到贴角模板的底部，保证棒头距贴角离模板小于 20cm，第一层混凝土在振捣的作用下使贴角与底板上平面悬空处充分密实。在振捣过程中做到层次清晰有序，不漏振不过振。在仓内每铺设振捣完毕一层混凝土后，在贴角模板外利用木槌或橡胶锤等工具锤振模板，将混凝土与模板之间的气泡赶出。

5）止水槽施工。在墙体施工缝上如有止水凹槽设计要求时，采用尺寸合适的木条或方管等材料与墙体混凝土浇筑在一起成槽。在墙体混凝土浇筑到施工缝下面时，放置木条或方管顶面与施工缝齐平，在浇筑时防止上浮，浇筑完毕后用木抹子搓面找平，在混凝土终凝后取出。

（2）墙体、顶板混凝土浇筑

墙体混凝土浇筑采用平铺浇筑法，每层铺料厚度按 30~50cm 控制。箱涵各墙体混凝土均匀布料，均衡上升。在混凝土入仓之前应使原混凝土面湿润，但不得有明显积水，铺设 2cm 厚的砂浆增强新老混凝土接合面的强度。顶板混凝土的浇筑同底板施工方法一样。

（3）橡胶止水带周边混凝土浇筑

混凝土下料时不应直接冲击橡胶止水带。水平橡胶止水带周边混凝土浇筑时以橡胶止水带为基准线分上、下两层下料；竖向橡胶止水带周边混凝土浇筑时以橡胶止水带为中心分左、右两侧对称下料，保证橡胶止水带边翼平展。混凝土振捣密实且与橡胶止水带结合牢固。

（4）施工缝处理

施工缝混凝土在强度达到 2.5MPa 以后，采用人工凿毛并辅以风水枪将舱面清理干净。凿毛标准应达到表面无浮浆、无松动混凝土、石子微露，一般深度控制在 0.5~1cm。凿毛前可先在墙体施工缝处下沿弹一道水平墨线，用手提切割机沿墨线切出深 10mm 左右的缝，并剔除墨线以上的混凝土，以保证墙体浇筑完成后施工缝水平顺直。施工中注意避免施工机械油污对舱面的污染，保持舱面清洁。

（5）螺栓孔处理

在套筒拆卸后，先对螺栓孔洞壁进行凿毛清理，再使用丙乳基液涂抹孔壁，将预缩砂浆（预缩砂浆的强度高于原混凝土一个等级）分层填塞、捣实，用铁抹子将表面压平，最后采用宽胶带粘贴覆盖养护 28d。

（五）质量控制

1. 混凝土拌和的质量控制及检验

（1）试验人员应根据混凝土配合比和砂石骨料试验情况，出具混凝土施工配合比，并经审批后使用。拌和站操作人员应按试验人员提供的混凝土配料单配料，严禁擅自更改。每班称量前，应对称量设备进行零点校验。

（2）砂子、小石的含水量每 4h 检测 1 次，当出现气温变化较大或雨后骨料含水量突变的情况下，每 2h 检测 1 次；砂子的细度模数、天然砂的含泥量每天检测 1 次；粗骨料的含泥量每 8h 检测 1 次。当砂子细度模数超出控制中值 ±0.2、含水率变化超过 ±0.2% 时，需调整混凝土施工配合比。每月施工单位在拌和物取砂石骨料按《水工混凝土施工规范》规定进行一次检验。

（3）拌和过程中和停盘后应及时将拌和站打印的配料数据和误差与规范要求的允许误差进行比较与分析，与允许偏差原值比较分析，确保称量偏差在规范允许的范围内，否则找出存在问题，及时采取措施纠正，以保证拌和计量精度。

（4）混凝土拌和生产过程中质量控制和检测频率应执行《水工混凝土施工规范》有关规定，并做好记录，加强混凝土拌和及出机口质量控制，并做好原始记录。

2. 混凝土浇筑的质量控制与检验

（1）在浇筑过程中，原材料的温度、拌和物的入仓温度、浇筑温度、坍落度应 4h 检测 1 次，按《水工混凝土施工规范》规定进行均匀性检测。浇筑温度按每一浇筑层不少于 3 个测点均匀布置。

（2）浇筑过程施工单位设专职人员值班并做好记录。监理工程师对混凝土浇筑施工实施旁站监理，按合同及规范要求进行平行检测、跟踪检测，并对施工质量记录签字确认。

3. 成品混凝土的质量控制及检验

（1）输水箱涵混凝土质量检查以抗压强度为主，并以 150mm 立方体试件的抗压强度为标准。混凝土试件应在机口随机取样、成型，不得任意挑选，并宜在浇筑地点取一定组数的试件，1 组 3 个试件应取自同一盘混凝土中。

1）抗压强度的检测。同一等级混凝土的试样数量应以 28d 龄期的试件按每 200m³ 成型试件 1 组，并满足工程项目划分的单元评定要求。

2）抗拉强度的检测。同一等级混凝土的试样数量应以 28d 龄期的试件按每 2000m³ 成型试件 1 组。

3）抗冻强度的检测。同一等级混凝土的试样数量应以 28d 龄期的试件按每 15000m³ 成型试件 1 组。

4）抗渗强度的检测。同一等级混凝土的试样数量应以 28d 龄期的试件按每 15000m³ 成型试件 1 组。

（2）在施工过程中，施工单位应从原材料、拌和、运输、浇筑、养护等各个环节严格按规范及设计要求进行质量控制，避免箱涵混凝土出现裂缝、蜂窝、麻面、错台等质量缺陷，并在拆模后及时检查混凝土的外观质量。当发现有上述质量缺陷时，施工单位按《南水北调中线干线工程混凝土结构质量缺陷及裂缝处理技术规定》中的有关规定进行备案、报审、处理。

（3）混凝土浇筑及外观质量检验项目和评定标准见《南水北调中线一期天津干线箱涵工程施工质量评定验收标准》和《南水北调工程外观质量评定标准（试行）》。

三、变形缝施工及水密性试验

变形缝施工的主要内容包括：橡胶止水带安装、闭孔泡沫塑料板安装和聚硫密封胶填充，材料质量、形式、尺寸应符合设计及规范要求。变形缝施工前，应进行技术交底，明确施工技术要求。

（一）止水带的安装

1. 橡胶止水带安装

水平橡胶止水带安装时，宜先支立橡胶止水带底部模板，再安装橡胶止水带，最后安装上部模板；竖向橡胶止水带安装时，宜先支立橡胶止水带一侧模板，再安装橡胶止水带，最后进行另一侧模板的安装。橡胶止水带安装时，模板与橡胶止水带之间设限位条，并每隔 0.4m 左右用不小于 8m 钢筋对橡胶止水带进行架箍固定，以免在混凝土浇筑过程中橡胶止水带位移而影响止水效果。橡胶止水带安装过程中，要保证橡胶止水带的中心变形部分安装误差控制在 5mm 以内。

2. 橡胶止水带接头

橡胶止水带 T 形接头由厂家加工成型。橡胶止水带连接采用硫化热粘接，止水带接头抗拉强度不低于设计及规范要求。硫化过程中的接头在磨具加热关闭后停留大于 10min。接头逐个进行检查，不得有气泡、夹渣或假焊。橡胶止水带现场安装接头要进行第三方检验，确保接头质量合格。

3. 施工方法

橡胶止水带安装后，在其附近进行钢筋焊接等作业时，应对橡胶止水带进行覆盖保护，防止引燃橡胶止水带。橡胶止水带的膨胀胶条，安装前用透明胶带保护，防止清理及养护用水湿润膨胀胶条，避免膨胀胶条在埋设前发生膨胀，混凝土浇筑前将模板内侧膨胀胶条上的透明胶带拆除。混凝土浇筑至橡胶止水带周边时，人工清除其表面溅染的水泥浆等污垢，并用工具将下垂或弯折部分拉起，及时将该部分混凝土振捣密实，使橡胶止水带和混凝土紧密结合，保证止水效果。等混凝土浇筑完成后，外露橡胶止水带要加强保护，避免污染和暴晒，防止破坏和老化。

（二）填缝材料施工

箱涵混凝土填缝材料为闭孔泡沫塑料板，施工可采用先贴法，也可采用后贴法，在条件允许的情况下应以后贴法为主要选择。为方便闭孔泡沫塑料板的安装，在订货时可要求厂家按设计断面制作成型。

1. 先贴法施工

闭孔泡沫塑料板铺设在先浇筑块模板的内侧，用细铁丝固定在模板上，保证接缝部位连接严密。

2. 后贴法施工

安装时将闭孔泡沫塑料板贴于混凝土表面，充分压实后用钢钉固定，接缝严密。

（三）嵌缝材料施工

箱涵嵌缝材料施工主要以聚硫密封胶为主。

1. 密封胶槽成形

密封胶槽宜采用预留法成形。在进行闭孔泡沫板施工前，在需填充密封胶的部位按照设计深度断切，填充密封胶前将预留物取出即成密封胶槽。

2. 密封胶槽清理

密封胶槽采用钢丝刷、手提式砂轮机修整，用风枪将槽内的尘土与余渣吹净，确保涂胶面干燥、清洁、平整并露出坚硬的结构层。

3. 密封胶填充

（1）密封胶配制

聚硫密封胶由 A、B 两组分组成，施工时按厂家说明书进行配制与操作。使用前应做小样试验，施工中应注意施工环境和配制质量。

（2）涂胶施工

涂胶时，首先用毛刷在密封胶槽两侧均匀地刷涂一层底涂料，20~30min 后用刮刀向涂胶面上涂 3~5mm 厚的密封胶，并反复挤压，使密封胶与被黏结界面更好地结合。其次，用注胶枪向密封胶槽内注胶并压实，保证涂胶深度。为保证填充后的密封胶表面整齐美观，同时也防止施工中多余的密封胶把结构物表面弄脏，涂胶前可在变形缝两侧粘贴胶带，预贴的胶带在涂胶完毕后除去。

4. 施工方法

（1）密封胶槽应用手提砂轮机或钢丝刷进行表面处理，必要时用切割机切割处理，确保涂胶面干燥、清洁、平整，并露出坚硬的结构层。

（2）密封胶混合应完全充分，双组分混合至颜色均匀一致。密封胶应随配制使用，并在规定的时间内用完，严禁使用过期胶料。

（3）涂胶时应从一个方向进行，并保证胶层密实，避免出现气泡和缺胶现象。

（4）胶层未完全硫化前应注意养护，不得有直接踩踏、过车及其他破坏性行为。

（5）不同厂家生产的产品性能略有区别，对混凝土界面适应性和材料本身的控制条件环境也不尽相同，选定材料后应按照材料使用说明要求进行施工，并接受其技术指导。

（四）变形缝水密性试验

1. 变形缝水密性试验的目的

箱涵变形缝主要由止水带、填缝材料和嵌缝材料三部分组成，止水带为中埋式橡胶止水带，主要起内外双向上的止水作用，填缝材料为聚乙烯闭孔泡沫塑料板，厚度为 3cm，嵌缝材料为双组分聚硫密封胶，均布置在迎水侧，主要起内水方向上的止水作用。

检测止水带安装质量的原因，如果止水带安装错误，会发生明显渗漏和掉压情况，因此，水压大小的确定需照顾到"表面加固的承受能力"和"水压能涵盖整个变形缝区域"。根据设计水压标准，天津 2 段检测最高压力值不超过 0.19MPa。加压至标准压力下维持 5min 后进行测试，测试时间维持在 20min，在该测定时间内，压力下降超过 20% 时，为存在渗漏可能。此时，应在临近增加 1 条变形缝重新检测，如再次不合格以此类推。

所以，为确保南水北调中线输水箱涵安全、顺利通水，必须采用对箱涵关键部位变形缝水密性进行先加固后检验的技术方案。

2. 变形缝水密性试验方法和材料的选择

（1）变形缝水密性试验方法的选择

输水箱涵变形缝水密性检验加固采用涂刷型聚脲（手刮）或喷涂聚脲的方式均可。处理范围为变形缝两侧各 15cm，聚脲最小厚度不小于 3mm。

由于箱涵现场加固的变形缝位置距通风孔距离超过 1000m，没有电源，空间狭小，通风不畅，喷涂聚脲设备难以就位。因此，变形缝表面加固主要采用涂刷型聚脲加固方案。其主要优点是涂刷型聚脲材料施工工艺简便，不需要专门的施工设备，不需要固定电源，且可同时进行多个工作面的施工，能够提高施工效率，降低工程成本。

（2）施工主要材料的选择

SK 涂刷型聚脲是由含多异氰酸酯的高分子预聚体与经封端的多元胺（包括氨基聚醚）混合，并加入其他功能性助剂所构成。在无水状态下，体系稳定，储存期在 9 个月以上。一旦开桶施工，在空气中水分的作用下，迅速产生多元胺，多元胺迅速与异氰酸酯反应，整个过程没有二氧化碳产生，也就不会有气泡产生。SK 单组分聚脲材料防渗能力强、抗冲磨效果好且伸长率大，适用于处理混凝土伸缩缝、裂缝、抗渗及抗冲磨等方面的缺陷，该材料施工方便、不需要专门的施工设备。

SK 涂刷型聚脲材料主要特点为：材料为脂肪族，耐老化性能好，不变色；无毒，可用于饮用水工程，固化后无挥发性物质，固化物含量大于 80%；强度高、延伸率大，与基础混凝土粘接好，粘接强度干燥面能达到 2.5MPa，潮湿面能达到 2.0MPa；耐老化，抗冻效果好，耐化学腐蚀；断裂拉伸能达到 200% 以上；对混凝土裂缝及伸缩缝表面封闭时可以复合胎基布增强，避免出现裂缝处应力集中及涂层变薄的现象，不需要专用设备，施工灵活、方便。

3. 变形缝水密性试验施工

（1）施工准备

根据现场用电的实际情况，如不具备通电条件，施工打磨用电需采用小型汽油发电机提供，现场做好通风及安全防护措施，施工用水由水箱由外部运至工作面，施工平台采用简易组合脚手架搭设，箱涵洞内运输采用小型手推车。

（2）变形缝水密性试验施工步骤

箱涵变形缝加固以采用涂刷型聚脲材料进行加固封闭施工为主。主要工艺流程为：基面处理→涂刷界面剂→界面剂指触表干涂刷第一遍聚脲→涂刷第二遍聚脲（并复合胎基布）→分层均匀涂刷聚脲至设计厚度 3mm→自然养护。

首先用角磨机对混凝土基面进行打磨处理，除去混凝土表面的浮皮和污物，对基面个别不平整的部位打磨平顺，防渗范围边缘部位打磨成倒三角形，其深度约为 2~3mm；沿聚硫密封胶与混凝土黏结面切割深 3mm 左右；用风枪清理混凝土表面的灰尘、浮渣，至表面干净；用环氧腻子填补混凝土表面较大的孔洞；孔洞填补平整后，涂刷底涂界面剂

BE14，界面剂涂刷要求薄而均匀；待界面剂指触表干后，涂刮 SK 涂刷型聚脲防渗材料。

保证 SK 涂刷型聚脲作业时间在 2h 以内，涂刷第二遍聚脲时同时复合胎基布。待界面剂指触表干后再分层涂刷，缝上范围内聚脲厚度不大于 4mm，其他部位不小于 2mm，平均厚度 3mm，涂刷时厚度要均匀，一次成型；自然养护 7d，涂刷 28d 后可进行水密性试验。

（3）工程安全预案

由于箱涵内部没有电源，需要采用小型汽油发电机提供电源，因此，要采取通风措施，防止发生有害气体中毒事件；做好施工人员的劳动保护，配备防毒面具，并设置专门安全监护人员进行施工监护；施工时应设有足够的照明；电气设备需接零，非电气维护及操作人员禁止维修及操作电气设备。

（五）水密性试验

1. 检测目的

检测目的主要是检测止水带的安装质量，其中止水带安装不到位后形成的集中渗流通道则作为最重要环节。

2. 检测要求

聚脲加固变形缝验收合格后进行水密性检验。每个箱涵边壁都应经过加压检验。若变形缝存在不连通情况，各边壁分别进行加压检验。水压标准按照箱涵运行设计水头的 1.1 倍确定。若底板与顶板不连通，则对顶板和底板分别提出水压标准；若连通，则以底板压力标准为准。等水密性检测试验结束后，采用微膨胀 C30 水泥砂浆或其他性能更好的封孔专用材料进行封堵。

3. 检验方法

检测方法采用压水试验进行检测。将压力水注入嵌缝材料和止水带之间，利用嵌缝材料和止水带的封闭作用，通过观察压力变化测试止水效果。具体试验步骤如下：

（1）变形缝加固处理验收合格后，在箱涵变形缝的侧壁、底板、顶板的中间位置各打一个直径 8mm 的圆孔，孔深要求超过第二道止水的厚度，不能触及橡胶止水板，将长 15~25cm、直径 8mm 的连通铁管埋入孔中，每根铁管都安装阀门。

（2）用快速无毒密封材料将铁管固定在孔中，压水从底板开始，上部孔可作为排气孔，要求排气孔皆安装止水阀。

（3）接通电源，进行压力试验。加压分二级进行，第一级为设计压力标准值的 1/2，目的是检测加固效果及其他对进一步加压造成影响的因素；第一级加压结束后，进行标准压力测试。

（4）加压从底板开始，不能连通整个缝面时，在未到达的边壁单独进行打压试验。

（5）水密性检测试验结束后，采用微膨胀快速封堵胶凝材料进行封堵。

4. 检测仪器及辅助材料

混凝土箱涵检测采用数控压力测试仪、电钻、φ8 铁管、止水阀、刮刀、堵漏剂。检测结果分析以天津 2 段星光路公路涵 XW152+918.158 左孔变形缝为例。

（1）变形缝外观。加固处理后，聚脲涂刷均匀，未见破损、起鼓。

（2）连通性试验。钻孔埋管后，底板、侧墙及顶板分别注水至标准压力，其余出水孔未出水，变形缝整改缝面部连通。

（3）压力测试。压水试验从底板开始，边墙及顶板单独进行打压检测。测试结果见表2-2。

表 2-2 压水试验测试结果表

变形缝编号	XW152+918.158 左孔		试验日期		2013 年 5 月 10 日	
仪器设备	数控压力测试仪		变形缝贯通情况		不连通	
压水孔位置	一级加压			二级加压			
	测试压力 /kPa	稳压时间 /s	备注	测试压力 /kPa	稳压时间 /s	压力损失 /kPa	备注
底板	65	180	未见渗水、起鼓	130	600	16.9	未见渗水
左边墙	65	180	未见渗水、起鼓	130	600	14.2	未见渗水
右边墙	65	180	未见渗水、起鼓	130	600	19.1	未见渗水
顶板	40	180	未见渗水、起鼓	80	600	12.2	未见渗水

试验结果表明，实施一级加压 180s 后，底板、顶板及两侧壁加固效果良好，未见起鼓、渗水现象。二级加压 600s 后，压力损失均在设计压力 20% 以内，变形缝未见渗漏，两侧混凝土未渗水。其他剩余 9 条变形缝检测结果均未见渗漏、两侧边墙混凝土未渗水，因而满足设计要求。

5. 变形缝水密性试验施工质量检查

现场施工完成后应进行涂层厚度检测，在被刮涂部位放置试件，按现场相同的施工工艺刮涂，采用扎针的方法检测其厚度。

刮涂完成 12h 以后就可以进行厚度检测，每 100m² 为一个抽检单元，小于 100m² 按100m² 计。每 100m² 抽检 3 点，抽检位置由检验人员随机抽取，抽检点间距应大于 2m，3 个试样的平均厚度应满足设计要求。

6. 水密性试验质量控制

为保证水密性试验的准确性和真实性，必须严格按照设计要求执行，注水嘴的产品质量一定要符合压力要求，注水嘴安装时一定要安装牢固，密封性能好，压力试验机须经有关部门确定，以保证实验数据的准确。

第三章 风险管理理论概述

在建设过程中出现的不确定性因素很可能被忽视，进而发展成为质量、安全问题，导致项目无法依照合同要求完成。本章将对风险管理理论进行概述。

第一节 风险

一、风险的认识

由于风险的应用领域非常广泛，从不同的领域、不同的角度、不同的时段对风险的认识存在不同的解释，在风险管理的探索过程中，学者们对风险概念的理解可以归纳为以下几种代表性观点。

1. 风险是事件未来可能结果发生的不确定性。A·H.Mowbray 称风险为不确定性。C·A. Williams 将风险定义为在给定的条件和某一特定的时期，未来结果的变动。March&Shapira 认为风险是事物可能结果的不确定性，可由收益分布的方差测度。Brnmiley 认为风险是公司收入流的不确定性。Markowitz 和 Sharp 等将证券投资的风险定义为该证券资产的各种可能收益率的变动程度，并用收益率的方差来度量证券投资的风险，通过量化风险的概念改变了投资大众对风险的认识，由于方差计算的方便性，因而风险的这种定义在实际中得到了广泛的应用。

2. 风险是损失发生的不确定性。J·S.Rosenb 将风险定义为损失的不确定性。F·G. Crane 认为风险意味着未来损失的不确定性。Ruefli 等将风险定义为不利事件或事件集发生的机会。这种观点又分为主观学说和客观学说两类。主观学说认为不确定性是主观的、个人的和心理上的一种观念，是个人对客观事物的主观估计，而不能以客观的尺度予以衡量，不确定性的范围包括发生与否的不确定性、发生时间的不确定性、发生状况的不确定性以及发生结果严重程度的不确定性。客观学说则是以风险客观存在为前提，以风险事故观察为基础，用数学和统计学观点加以定义，认为风险可用客观的尺度来衡量。例如，Peffer 将风险定义为风险是可测度的客观概率的大小。F·H.Net 认为风险是可测定的不确定性。

3. 风险是可能发生损失的损害程度的大小。风险可以引申定义为预期损失的不利偏差，这里所谓的不利是指对保险公司或被保险企业而言的。例如，若实际损失率大于预期损失率，则此正偏差对保险公司而言即为不利偏差，也就是保险公司所面临的风险。在别人质疑的基础上，排除可能收益率高于期望收益率的情况，提出了下方风险的概念，即实现的收益率低于期望收益率的风险，并用半方差来计量下方风险。

4. 风险是损失的大小和发生的可能性。朱淑珍在总结各种风险描述的基础上，把风险定义为：在一定条件下和一定时期内，由于各种结果发生的不确定性而导致行为主体遭受损失的大小以及这种损失发生可能性的大小。风险是一个二位概念，风险以损失发生的大小与损失发生的概率两个指标进行衡量。在总结各种风险描述的基础上，把风险定义为：在决策过程中，由于各种不确定性因素的作用，因此决策方案在一定时间内出现不利结果的可能性以及可能损失的程度。它包括损失的概率、可能损失的数量以及损失的易变性三方面内容，其中可能损失的程度处于最重要的位置。

5. 风险是由风险构成要素相互作用的结果。风险因素、风险事件和风险结果是风险的基本构成要素。风险因素是风险形成的必要条件，是风险产生和存在的前提。风险事件是外界环境变量发生始料未及的变动从而导致风险结果的事件，它是风险存在的充分条件，在整个风险中占据核心地位。风险事件是连接风险因素与风险结果的桥梁，是风险由可能性转化为现实性的媒介。根据风险的形成机理，郭晓亭、蒲勇健等将风险定义为：在一定时间内，以相应的风险因素为必要条件，以相应的风险事件为充分条件，有关行为主体承受相应的风险结果的可能性。叶青、易丹辉认为，风险的内涵在于它是在一定时间内，由风险因素、风险事故和风险结果递进联系而呈现的可能性。

6. 利用对波动的标准统计方法定义风险。1993 年发表的 30 国集团《衍生证券的实践与原则》报告中，对已知的头寸或组合的市场风险定义为“经过某一时间间隔，具有一定工信区间的最大可能损失”，并将这种方法命名为 Valueat Risk，简称 VaR 法，竭力推荐各国银行使用这种方法。国际清算银行在《巴塞尔协议修正案》中也已允许各国银行使用自己内部的风险估值模型去设立对付市场风险的资本金；P·Jorion 在研究金融风险时，利用“在正常的市场环境下，给定一定的时间区间和置信度水平，预期最大损失（或最坏情况下的损失）”的测度方法来定义和度量金融风险，也将这种方法简称为 VaR 法。

7. 利用不确定性的随机性特征来定义风险。风险的不确定性包括模糊性与随机性两类。模糊性的不确定性，主要取决于风险本身所固有的模糊属性，要采用模糊数学的方法来刻画与研究；而随机性的不确定性，主要是由于风险外部的多因性（即各种随机因素的影响）造成的必然反映，要采用概率论与数理统计的方法来刻画与研究。

根据不确定性的随机性特征，为了衡量某风险单位的相对风险程度，胡宜达、沈厚才等提出了风险度的概念，即在特定的客观条件下、特定的时间内，实际损失与预测损失之间的均方误差与预测损失的数学期望之比。它表示风险损失的相对变异程度（即不可预测程度）的一个无量纲（或以百分比表示）的量。

二、风险的内涵

不同时期、不同领域的学者们对风险的认识存在一定的差别，许多学者都将风险与不确定性联系在一起。随着认识地深入以及学术体系的逐步完善，风险和不确定性已经被界定为两个不同的概念。不确定性指经济行为者事先不能准确地知道某种决策的结果。风险来源于不确定性，但又不同于不确定性。

1. 不确定性是风险的起因。由于人们对未来事物的认识存在局限性，对信息获得的不完备性以及事物本身的不确定性，使得实际结果不能按照预期目标实现，可能优于设定目标，也可能劣于设定目标，从而导致活动存在风险。

2. 不确定性与风险的区别。不确定性的结果可能优于预期，也可能劣于预期。普遍的认识是将结果劣于预期的不确定性称为风险。从定量的角度来看，当不能定量分析发生的可能性时，称为不确定性；当可以定量分析发生的可能性和后果时，就称为风险。

3. 不确定性分析和风险分析。不确定性分析只是对各种不确定性因素的影响进行分析，并不知道这些不确定性因素可能出现的各种状况及其产生影响发生的可能性。风险分析则要通过预估不确定性因素可能出现的各种状况发生的可能性，定量分析对项目影响的后果，进而对风险程度进行判断。

不确定性强调的是可能性，而风险则既包含可能性，又包含后果。风险分析需要回答三方面问题：会发生什么后果；后果发生的可能性有多大；后果的严重程度。

建设项目评价方法与参数给出风险的一般定义：风险是某一特定危险情况发生的可能性和后果的组合。

从风险的定义我们可以归纳出风险的特征：

（1）风险的客观性。风险的存在是不以人们的意志为转移的。这是因为决定风险的各种因素对风险主体来说是独立存在的，不论风险主体是否意识到风险的存在，只要风险诱因存在，一旦条件形成，就会导致损失。

（2）风险的不确定性。风险是客观存在的，但并不是任何一个风险因素最终都会演变为风险事件，风险事件的发生具有随机性、偶然性，有时需要一定的时间和诱因。风险事件是否发生、风险的程度有多大、风险发生之后会造成什么样的后果，这些都是不确定的。

（3）风险的可测性。随着计算机的应用以及评价技术的革新和完善，以往难以定量评价的风险事件，现在可以应用现代技术手段对其发生的概率进行分析，并可以评估其发生的影响，同时利用这些分析预测的结果为决策服务。

三、风险的分类

（一）按风险损害的对象分类

1. 财产风险。财产风险是导致财产发生毁损、灭失或贬值的风险。如房屋有遭受火灾、地震的风险，机动车有发生车祸的风险，财产价值因经济因素有贬值的风险。

2.人身风险。人身风险是指因生、老、病、死、残等原因而导致经济损失的风险。例如，因为年老而丧失劳动能力或由于疾病、伤残、死亡、失业等导致个人、家庭经济收入减少，造成经济困难。生、老、病、死虽然是人生的必然现象，但在何时发生并不确定，一旦发生，将给其本人或家属在精神和经济生活上造成困难。

3.责任风险。责任风险是指因侵权或违约，依法对他人遭受的人身伤亡或财产损失担负赔偿责任的风险。例如，汽车撞伤了行人，如果属于驾驶员的过失，那么按照法律责任规定，就须对受害人或家属给付赔偿金。又如，根据合同、法律规定，雇主对其雇员在从事工作范围内的活动中，造成身体伤害所承担的经济给付责任。

4.信用风险。信用风险是指在经济交往中，权利人与义务人之间由于一方违约或犯罪而造成对方经济损失的风险。

（二）按风险的性质分类

1.纯粹风险。纯粹风险是指只有损失可能而无获利机会的风险，即造成损害可能性的风险。其所致结果有两种，即损失和无损失。例如，交通事故只有可能给人民的生命财产带来危害，而决不会有利益可得。在现实生活中，纯粹风险是普遍存在的，如水灾、火灾、疾病、意外事故等都可能导致巨大损害。但是，这种灾害事故何时发生，损害后果多大，往往无法事先确定，于是，它就成为保险的主要对象。人们通常所称的"危险"，也就是指这种纯粹风险。

2.投机风险。投机风险是指既可能造成损害，也可能产生收益的风险。其所致结果有三种：损失、无损失和盈利。例如，有价证券，证券价格的下跌可使投资者蒙受损失，证券价格不变则无损失，但是证券价格的上涨却可使投资者获得利益。又如赌博、市场风险等，这种风险都带有一定的诱惑性，可以促使某些人为了获利而甘冒这种损失的风险。在保险业务中，投机风险一般是不能列入可保风险之列的。

3.收益风险。收益风险是指只会产生收益而不会导致损失的风险。例如，接受教育可使人终身受益，但教育对受教育者的得益程度是无法进行精确计算的，而且，这也与不同的个人因素、客观条件和机遇有密切关系。对不同的个人来说，虽然付出的代价是相同的，但其收益可能是大相径庭的，这也可以说是一种风险。有人称之为收益风险，这种风险当然也不能成为保险的对象。

（三）按损失的原因分类

1.自然风险。自然风险是指由于自然现象或物理现象所导致的风险。如洪水、地震、风暴、火灾、泥石流等所致的人身伤亡或财产损失的风险。

2.社会风险。社会风险是由于个人行为反常或不可预测的团体的过失、疏忽、侥幸、恶意等不当行为所致的损害风险。如盗窃、抢劫、罢工、暴动等。

3.经济风险。经济风险是指在产销过程中，由于有关因素变动或估计错误而导致的产量减少或价格涨跌的风险等。如市场预期失误、经营管理不善、消费需求变化、通货膨胀、汇率变动等所致经济损失的风险等。

4. 技术风险。技术风险是指伴随着科学技术的发展、生产方式的改变而发生的风险。如核辐射、空气污染、噪声等风险。

5. 政治风险。政治风险是指由于政治原因，如政局的变化、政权的更替、政府法令和决定的颁布实施，以及种族和宗教冲突、叛乱、战争等引起社会动荡而造成损害的风险。

6. 法律风险。法律风险是指由于颁布新的法律和对原有法律进行修改等原因而导致经济损失的风险。

（四）按风险涉及的范围分类

1. 特定风险。特定风险是指与特定的人有因果关系的风险。即由特定的人所引起而且损失仅涉及个人的风险。例如，盗窃、火灾等都属于特定风险。

2. 基本风险。基本风险是指其损害波及社会的风险。基本风险的起因及影响都不与特定的人有关，至少是个人所不能阻止的风险。例如，与社会或政治有关的风险，与自然灾害有关的风险，都属于基本风险。

特定风险和基本风险的界限，对某些风险来说，会因时代背景和人们观念的改变而有所不同。如失业，过去被认为是特定风险，而现在认为是基本风险。

第二节　风险管理过程

风险管理是对项目可能产生影响的各种风险因素进行识别、分析，对风险后果进行衡量、评价，并适时采取及时有效的方法进行防范和控制，用最经济合理的方法来综合处理风险，以实现最大安全保障的一种科学管理方法。

项目存在着各种各样的风险，在项目的不同阶段涉及的风险也会有所不同，风险管理主要是围绕项目各个阶段所涉及的风险进行分析、评估，并提出合理的应对措施。风险管理主要包括风险识别、风险评价以及风险对策三方面内容。首先，要从认识风险特征入手去识别风险因素，从诸多因素中找出对项目具有显著影响的因子；其次，根据需要和可行性选择适当的方法定量评价风险后果的严重程度，可以只对单个风险因素的风险程度进行估计，也可以对整体风险进行估计；然后提出针对性的风险对策；最后将风险进行归纳，提出风险严重程度的结论。

一、风险识别

风险识别首先要认识和确认哪些风险因素可能给项目带来危害，如何产生危害？这些风险因素的危害后果是什么？同时结合相关方法和手段，确定主要风险因素是什么。

（一）项目风险特征和识别原则

1. 风险的最基本特征是具有不确定性，风险因素不会必然导致风险后果，但却具有潜在的可能。因此，识别风险因素时需要尽可能将影响项目的因素考虑进来，避免通过主观判断随意排除风险因素。

2. 项目的风险具有阶段性，在项目的不同阶段存在的主要风险有所不同，识别风险因素要考虑阶段性。

3. 不同领域、不同行业的风险具有特殊性，因此，风险因素的识别要有针对性，强调具体项目具体分析。

4. 项目风险具有相对性，对于项目的各利益相关方（不同的风险管理主体）可能会有不同的风险，或者同样的风险因素对不同方面体现出的影响大小不同。因此识别风险时要注意其相对性。

（二）项目风险因素识别的思路和方法

在对风险特征充分认识的基础上识别项目潜在的风险后果和影响这些风险的具体风险因素，只有把项目的主要风险因素揭示出来，才能进一步通过风险评估确定损失程度和发生的可能性，进而找出关键风险因素，提出风险对策。

风险因素的识别应注意借鉴历史经验，特别是后评价的经验，同时可运用逆向思维的方法来审视项目，寻找可能导致项目不可行的因素，以充分揭示项目的风险来源。风险识别要采用分析和分解方法，把综合性的风险问题分解为多层次的风险因素。常用的方法主要有专家分析法、故障树分析法、流程图法、幕景分析法和类推比较法等。

1. 专家分析法。专家分析法是以专家为索取信息的重要对象，各领域的专家运用专业方面的理论与丰富经验找出各种潜在的风险并对其后果做出分析与估计。这种方法的优点是在缺乏足够统计数据和原始资料的情况下，做出定量的估计；缺点主要表现在易受心理因素的影响。

2. 故障树分析法。故障树分析法（FTA 法）是美国贝尔实验室对导弹发射系统进行安全分析时，由瓦森特提出的。该方法是利用图解的形式，将大故障分解成各种小故障，或对各种引起故障的原因进行分析。故障树分析法实际上是借用可靠性工程中的失效树形式对引起风险的各种因素进行分层次的辨识。进行故障树分析的一般步骤如下：

（1）定义项目的目标，此时应将影响项目目标的各种风险因素予以充分的考虑。

（2）做出风险因果图（失效逻辑图）。首先选择顶事件。如果要分析已经发生的风险的原因，则已发生的风险就是顶事件，无须选择；而故障树分析更多地用于预测项目可能发生的风险并分析其原因，这就存在一个正确选择顶事件的问题。由于工程项目的复杂性，顶事件一般不只一个。可以把项目中可能发生的重大问题分类排队，并依据其因果关系从中筛选出那些主要的、可能性大的或最不希望发生的状态作为顶事件。其次构建故障树。顶事件确定后，向下循序渐进地寻找每一层风险发生的所有可能的直接原因，一直分解到基本事件为止。最后找出项目系统内可能存在的缘于自然力作用、社会控制、环境影响、人的行为等的各种风险因素，并利用各级逻辑门连成一个倒立的树状图形，即故障树。

（3）全面考虑各风险因素之间的相互关系，从而研究对工程项目风险所应采取的对策或行动方案。

3.流程图法。流程图是流经一个系统的信息流、观点流或部件流的图形代表。流程图法最初用于军事目标分析，后为经济与管理学所应用。其特点是图的性质由目标、任务及生产过程所决定，如按生产、管理及工艺技术的不同目标，分别构成特点各异的生产流程图、管理流程图和工艺技术流程图等。它可以分析任何有序过程的目标，包括实现目的所可供选择的路线、顺序，以及通过这些路线或顺序探讨完成任务的捷径。流程图法用于风险评价，是通过详细划分实现项目目标的流程图，分析各个环节可能存在的风险隐患，对项目存在的风险做出判断。作为诊断工具，它能够辅助决策制定，让管理者清楚地知道风险可能出在什么地方，从而确定出可供选择的行动方案。

4.幕景分析法。幕景分析法是一种能够分析引起风险的关键因素及其影响程度的方法。一个幕景就是对一事件未来某种状态的描述，它可以采用图表或曲线等形式来描述当影响项目的某种因素作各种变化时，整个项目情况的变化及其后果，供人们进行比较研究。幕景分析的结果是以易懂的方式表示出来，大致可以分为两类：一类是对未来某种状态的描述，另一类是对一个发展过程的描述。

幕景分析法研究的重点是：当引发风险的条件和因素发生变化时，会产生什么样的风险，导致什么样的后果等。幕景分析法既注意描述未来的状态，又注重描述未来某种情况发展变化的过程。幕景分析法主要适用于以下范围：提醒决策者注意某种措施可能引起的风险，需要进行监视的风险范围，关键因素对未来的影响，新生技术对未来的影响，等等。

幕景分析可以扩展决策者的视野，增强分析未来的能力。在具体应用中，还用到筛选、监测和诊断过程。其中，筛选是用某种程序将具有潜在危险的产品、过程、现象和个人进行分类选择的风险辨识过程，如哪些因素非常重要而必须加以考虑，哪些因素又明显地不重要；监测是观测、记录和分析险情及其后果对产品、过程、现象或个人影响的重复过程；诊断是根据症状或其后果与可能的原因关系进行评价和判断，以找出可能的起因并进行仔细检查，并且做出今后避免风险带来损失的方案。

5.类推比较方法。任何新系统不能完全脱离所有现实事物而孤立存在，因此，可以从原有类似系统的风险来推断新系统的可能风险源。这种方法的主要任务是寻求类似的系统，对其进行数据采集并分析所得的数据，以论证新系统是否具有原系统的风险。

（三）常见风险因素的归纳和分解

对于投资性项目，常见的风险因素主要包括以下几类：

1.市场方面的风险因素。市场风险是竞争性项目常遇到的重要风险。市场风险的损失主要表现在产品销路不畅、产品价格低迷等，导致产量和销售收入达不到预期的目标。市场方面涉及的风险因素较多，可分层次予以识别。通常市场风险主要来自三方面：市场供求总量的实际情况与预测值有偏差；项目产品缺乏市场竞争力；实际价格与预期价格存在偏差。这三个方面可作为市场风险因素的第二个层次。根据需要可进一步分解为第三层次和第四层次。

2. 技术方面的风险因素。在项目的决策分析和评价中，虽然对拟采用技术的先进性、可靠性、适用性和可得性进行了必要的论证分析，选定了适合的技术。但是，由于各种主观和客观原因，仍然可能会发生预想不到的问题，使项目遭受风险损失。项目决策分析与评价阶段应考虑的技术方面的风险因素主要有：对技术的先进性、适用性和可靠性认识不足，实施后达不到预期目标，诸如质量、能耗、产能等指标。对高新技术开发项目，还要考虑技术的成熟度以及技术的更新速度，因此高新技术项目面临的技术风险要高于一般项目。

3. 资源方面的风险因素。在项目决策阶段，虽然对资源的存量、规模、来源、供给能力等方面进行了分析，但是由于技术能力以及信息的局限性，因而不免存在认识的不足，称为项目的风险源。主要可分为以下几个类别：

（1）对于矿山、煤炭、油气开采等资源开发性项目，资源因素是重要的风险因素。在项目决策阶段，矿山、煤炭以及油气开采等项目的设计规模一般是根据国家相关标准设计的，对地质结构比较复杂的地区，受勘探技术、时间和资金的限制，估计储量和实际储量存在较大的差距，致使项目产量低于预期、开采成本较高或寿命期短，造成经济损失。

（2）对于在水资源短缺地区建设的项目，由于对预期水资源需求状况估计不足，或者对水资源变化条件判断不充分，可能会造成水资源不能满足项目需水要求，导致项目遭受损失。

（3）对于制造业或某些基础设施项目，外购原材料和燃料的来源存在可靠性风险问题，主要是供应量和价格两方面，特别是对于大宗原材料和燃料，这种影响更为重要。同时对于大宗原材料和燃料，运输条件的保障程度也是重要的风险因素之一。

4. 工程方面的风险因素。对于矿山、铁路、港口、水库、调水工程以及大型基础设施建设项目，工程地质和水文地质状况十分重要。但限于技术水平和资金条件，致使项目在生产运行甚至建设实施过程中出现问题，造成经济损失。因此，在地质情况复杂的地区，应慎重对待工程方面的风险因素。

5. 投资方面的风险因素。投资项目的经济效益与投资大小密切相关，投资方面的风险因素对项目至关重要。这方面的风险因素可以细分为：由于工程量预计不足、设备材料价格上升等导致投资估算不符需求；由于计划不周密或外部条件等因素导致建设工期拖延；外汇汇率不利变化导致投资增加等。

6. 融资方面的风险因素。投资项目的经济效益与项目的融资成本有关，凡影响融资成本的因素都应仔细识别，例如贷款利率升高或融资结构未能如愿导致融资成本升高等。资金来源的可靠性、充分性和及时性，也是应予考虑的因素。

7. 配套条件的风险因素。投资项目需要的外部配套设施，如供水排水、供电、公路铁路、港口码头以及上下游配套等，在投资项目决策分析与评价中虽然都做了考虑，但是，实际上仍然可能存在外部配套设施没有如期落实的问题，致使投资项目不能发挥应有效益，从而带来风险。

8.外部环境风险因素。对于某些项目，外部环境因素也是风险因素之一，包括自然环境、经济环境和社会环境因素的影响。个别项目还涉及政策因素和政治因素，例如，向海外某些发展中国家投资的项目就应重视政治风险因素。

9.其他风险因素。对于某些项目，还要考虑其特有的风险因素。例如，对于中外合资项目，要考虑合资对象的法人资格和资信问题，还有合作的协调性问题；对于农业投资项目，还要考虑因气候、土壤、水利等条件的变化对收成造成不利影响的风险因素等。

二、风险评价

风险评价也称风险评估或风险估计，包括风险损失程度的判别和发生可能性的估计两个方面。一般的做法是先对风险程度进行等级划分，然后根据需要和可能，选用适宜的方法对单个风险因素或项目整体风险的程度进行估计。

（一）风险程度的等级分类

为了评估风险的大小，一般都要对风险进行分级。风险程度包括风险损失的大小和发生可能性两个方面。可以综合考虑这两个方面的大小对项目风险程度进行分类。不同的偏好会导致不同的分类。《投资项目可行性研究指南》推荐按照风险因素对项目影响的程度和风险发生的可能性大小进行划分，可分为一般风险、较大风险、严重风险和灾难性风险。

1.一般风险。风险发生的可能性不大，或者即使发生，造成的损失较小，一般不影响项目的可行性。

2.较大风险。风险发生的可能性较大，或者发生后造成的损失较大，但造成的损失程度是项目可以接受的。

3.严重风险。有两种情况：风险发生的可能性大，风险造成的损失大，使项目由可行变为不可行；风险发生后造成的损失严重，但风险发生的概率很小，采取有效的方法措施，项目仍然可以正常实施。

4.灾难性风险。风险发生的可能性很大，一旦发生将产生灾难性后果，项目无法承受。

（二）风险评价方法

风险因素的识别与风险评价相结合，才能得知风险程度。投资项目涉及的风险因素有些是可以量化的，可以通过定量分析方法对他们进行估计和分析；同时客观上也存在着许多不可量化的风险因素，它们有可能给项目带来更大的风险。有必要对不可量化的风险因素进行定性描述。因此，风险评价应采取定性描述和定量分析相结合的方法，从而对项目面临的风险做出全面的估计。需要注意的是，定性和定量不是绝对的，在深入研究和分解之后，有些定性因素可以转化为定量因素。

投资项目风险评价可以根据具体情况和要求选用不同的方式和方法。既可以针对单个风险因素进行分析，也可以对项目整体进行风险分析，还可以两者兼而有之。

风险评价常用的方法包括图示评审法、风险评审法、模糊影像图法、控制区间和记忆模型法、概率树分析法、蒙特卡洛模拟评价法等。

1. 图示评审法。图示评审法（GERT）是随着实际需要、计算机速度的提高和模拟技术的发展而产生的以模拟法求解的随机网络模型。它通过随机抽样来产生网络系统的传递关系、状态和时间参数。模拟过程建立在对网络中逻辑节点和箭线的处理及相应运算规则的基础上，并按照活动的逻辑关系（或按时钟推进）对网络进行仿真推算，直至网络终节点实现为止，完成一次对网络的随机模拟运算。同时可获得所需要的统计参数的随机样本值。图示评审法中就需要用到随机网络来进行描述，在随机网络的基础上用解析法或模拟法进行。

2. 风险评审法。风险评审法（VERT）是由 Moeller G·L 提出的。它是一种全新的计算机模拟风险决策网络技术，不仅能分析完成计划的程度，显示各项指标的范围、性能和费用水平，同时还能突出显示关键的最优线路，提供成功的可能性和失败的风险度。该技术是以管理系统为对象、以随机网络仿真为手段的风险定量分析技术。在项目决策过程中，管理部门经常要在外部环境不确定和信息不完备的条件下，对一些可能的方案做出决策，于是决策往往带有一定的风险性。这种风险决策通常涉及三个方面，即时间（进度）、费用（投资和运行成本）和性能（技术参数或投资效益）。这不仅包含着因不确定性和信息不足所造成的决策偏差，而且也包含着决策的错误。

VERT 正是适应某些高度不确定性和风险性的决策问题而开发的一种网络仿真系统。VERT 首先在美国大型系统研制计划和评估中得到应用。VERT 在本质上仍属于随机网络仿真技术，按照工程项目和研制项目的实施过程，建立随机网络模型。根据每项活动或任务的性质，在网络节点上设置多种输入和输出逻辑功能，使网络模型能够充分反映实际过程的逻辑关系和随机约束。同时，VERT 还在每项活动上提供多种赋值功能，建模人员可对该项活动赋给时间周期、费用和性能指标，并且能够同时对这三项指标进行仿真运行。因此，VERT 仿真可以给出在不同性能指标下，相应时间周期和费用的概率分布、项目在技术上获得成功或失败的概率等。这种技术能将时间、费用、性能（简称 T、C、P）联系起来进行综合性仿真，为多目标决策提供强有力的工具。

3. 模糊影像图法。模糊影像图法（FID）是由 Howard 和 Matheson 提出的，它是概率估计和决策分析的图形表现，是将贝叶斯条件概率定理应用于图论的结果。作为一种理论方法与图示工具影像图能够传递决策者和专家对问题的看法，帮助决策者了解和构造不确定性环境中复杂决策问题的结构及变量间的相互关系，通过不确定性推理来求得问题的答案。

在求解影像图时最困难的就是建立每个节点的边缘概率和节点间的条件概率。由于项目过程的不可逆性和不可重复性，很难得到统计上所要求的样本，因此，概率分布往往是根据经验从以前类似的问题中推测出来或是主观估计，难以确切给出变量自身的概率和变量间的条件概率。模糊集理论通过允许模糊集间的交叠可以克服这一缺点。

模糊影像图法将模糊变换原理与影像图理论相结合用于项目风险分析，既能克服传统风险分析方法建模上的缺陷，又能克服工程背景下影像图结构中概率获取上的困难，在项目风险分析与评价上有较大应用前景。

4. 控制区间和记忆模型法。控制区间和记忆模型（CIM 模型）是进行概率分布叠加的有效方法之一。其特点是：用直方图表示变量的概率分布，用和代替概率函数的积分，并按串联或并联相应模型进行概率叠加。直方图具有相同宽度的区间，而 CIM 模型正是利用相等区间直方图进行叠加计算，使概率分布的叠加得以简化和普遍化。

5. 概率树分析法。如果风险变量之间是相互独立的，可以通过对每个风险变量各种状态取值的不同组合计算项目的评价指标，投资项目一般以内部收益率或净现值等指标来评价。根据每个风险变量状态的组合计算得到的内部收益率或净现值的概率作为每个风险变量所处状态的联合概率，即各风险变量所处状态发生概率的乘积。

概率树分析法适用于风险因子数量和每个风险因子的状态数较少的情形。当风险因子和每个因子的状态超过三个时，这时状态组合过多，一般就不适用概率树方法。同时若各风险因子之间相互不独立，而是存在相关关联，也不适用概率树分析法。

6. 蒙特卡罗模拟评价法。蒙特卡罗模拟评价法是一种随机模拟方法。这种方法的基本思想是人为地造出一种概率模型，使它的某些参数恰好重合于所需计算的量，又可以通过实验，用统计方法求出这些参数的估值，把这些估值作为需求的量的近似值。随着计算机技术的发展，借助计算机的高速运转能力，使得原本费时费力的实验过程，变成了快速和轻而易举的事情。

项目管理中，常常用到的随机变量是与成本和进度有关的变量。这些变量服从某些模型。现代统计数学则提供了把这些离散型的随机分布转换为预期的连续型分布的可能。

三、风险对策

（一）风险对策研究的作用和要求

投资项目可能会面临各种各样的风险，为了将风险损失控制在最小的范围内，促使项目获得成功，在项目的决策、实施和经营的全过程中实施风险管理是十分必要的。在投资项目周期的不同阶段，风险管理具有不同的内容。决策分析与评价阶段的风险对策研究是整个项目风险管理的重要组成部分。

投资项目的建设是一种大量消耗资源的经济活动，投资决策的失误将引起不可挽回的损失。在投资项目决策前的分析与评价中，不仅要了解项目可能面临的风险，而且要提出针对性的风险对策，避免风险的发生或将风险损失减少到最小，才能有助于提高投资的安全性，促使项目获得成功。

同时，可行性研究阶段的风险对策研究可为投资项目实施过程的风险监督与管理提供依据。

另外，风险对策研究的结果应及时反馈到决策分析与评价的各个方面，并据此修改部分数据或调整方案，进行项目方案的再设计。

（二）常用的风险对策

任何经济活动都可能有风险，面对风险人们的选择可能不同。归纳起来主要有三种：一是不提风险，冒风险行事，因为高风险通常意味着高回报；二是回避风险，不进行有风险的活动，这也就意味着失去了获取回报的机会；三是客观地面对风险，设法采取措施以降低、规避、分散或防范风险。即使做出第一种选择，也要尽可能采取降低、规避、分散或防范风险的措施。这项工作应从经济活动实施前就开始进行，这样才能起到事半功倍的效果。就投资项目而言，决策分析与评价进行的风险对策研究可以起到这样的作用。投资项目决策分析与评价阶段应考虑的风险对策主要有以下几种。

1. 风险回避。风险回避是指当某个方案潜在的风险发生的可能性大，不利后果也很严重，又无其他策略来减轻时，主动放弃或改变该方案的目标与行动，从而免除可能产生风险损失的一种控制风险方式。

风险回避是一种最彻底的、最有力的控制风险技术，即从根本断绝风险的来源。它可以消除人们精神上对可能造成的人员伤亡、物质毁损的忧虑，并将损失出现的概率保持在零的水平。对投资项目决策分析与评价而言，这意味着提出推迟或否决项目的建议。在决策分析与评价过程中通过信息反馈彻底改变原有方案的做法也属于风险回避方式。例如，风险分析显示投资项目在融资结构方面存在严重风险，若采取回避风险的对策，就会做出延迟或放弃项目的决策。这样固然避免了可能遭受损失的风险，但同时也放弃了投资获利的可能，因此，采用风险回避对策一般都是很谨慎的。只有在对风险的存在与发生、对风险损失的严重性有把握的情况下才有积极意义。所以风险回避一般适用于以下两种情况：某种风险可能造成相当大的损失，且发生的频率较高；应用其他的风险对策防范代价很高，会造成得不偿失的后果。

2. 风险控制。风险控制是针对可控性风险采取的防止风险发生、减少风险损失的对策，也是应用较广的主要风险对策。决策分析与评价中的风险对策应十分重视风险控制措施的研究，应就识别出的关键风险因素逐一提出技术上可行、经济上合理的预防措施。以尽可能低的风险成本来降低风险发生的可能性并将风险损失控制在最低程度。在决策分析与评价过程中所作的风险对策研究，可提出风险控制措施以运用于方案的再设计，在决策分析与评价完成之时的风险对策研究，可针对对策设计和实施阶段提出不同的风险控制措施，以防患于未然。

风险控制措施必须针对项目具体情况提出。既可以是项目内部采取的技术措施，工程措施和管理措施等，也可以采取向外分散的方式来减少项目承担的风险。例如银行为了减少自己的风险，只贷给投资项目所需资金的一部分，让其他银行和投资者共同承担风险。

项目发起人在资本筹集中采用多方出资的方式也是风险分散的一种方法。

3. 风险转移。风险转移是指为了避免承担风险损失，有意识地将可能产生损失的项目或与损失有关的财物后果转嫁给另一些单位或个人去承担的一种风险处理办法。风险转移是项目管理中非常重要而且广泛应用的一种对策。风险转移有两种方式：将风险源转移出去；只把部分或全部风险损失转移出去。

就投资项目而言，第一种风险转移方式是风险回避的一种特殊形式。例如将已经做完前期工作的项目转移给其他人投资，或将其中风险大的部分转给他人承包建设或经营。

第二种风险转移方式又可细分为保险转移方式和非保险转移方式两种。保险转移方式是采取向保险公司投保的方式将项目风险损失转嫁给保险公司承担，例如对某些人力难以控制的灾害性风险就可以采取保险转移方式。非保险转移方式是项目前期工作涉及较多的风险对策。如采用新技术可能面临较大的风险，决策分析和评价时可以提出在技术合同谈判中注意加上保证性条款，如达不到设计能力或设计消耗指标时的赔偿条款等，以将风险损失全部或部分转移给技术转让方。在设备采购合同和施工合同中也可以采用转嫁部分风险的条款。

4. 风险自担。风险自担就是将风险损失留给项目业主自己承担。这适用于两种情况，一种情况是已知有风险但由于可能获利而需要冒险时，必须保留和承担这种风险，例如资源开发项目和其他风险投资项目；另一种情况是已知有风险，但若采取某种风险控制措施，其费用支出大于自担风险的损失时，常常自动自担风险。风险自担适用于风险损失小、发生频率高的风险。

上述风险对策不是互斥的，实践中常常组合使用。比如在采取措施降低风险的同时并不排斥其他的风险对策，例如向保险公司投保。决策分析与评价中应结合项目的实际情况，研究并选用相应的风险对策。

（三）风险对策研究的要点

1. 风险对策研究应贯穿于决策分析与评价的全过程。风险分析与评价是一项复杂的系统工程，风险因素又可能存在于技术、市场、工程、经济等各个方面。在正确识别出投资项目各方面的因素之后，应在方案设计上就采取规避风险的措施。因此风险对策研究应贯穿于决策分析与评价的全过程。

2. 风险对策应具有针对性。投资项目可能涉及各种各样的风险因素，且各个投资项目又不尽相同。风险对策研究应有很强的针对性，应结合投资项目特点，针对待定项目主要或关键的风险因素提出必要的措施，将其影响降低到最小。

3. 风险对策应具有可行性。决策分析与评价阶段所进行的风险对策应立足于现实客观的基础之上，提出的风险对策应是切实可行的。所谓可行，不仅指技术上可行，且从财力、人力和物力方面也是可行的。

4. 风险对策必须具备经济性。规避风险必然需要付出代价。如果提出的风险对策所花费的费用远大于可能造成的风险损失，该对策将毫无意义。在风险对策研究中应将规避风险措施所付出的代价与该风险可能造成的损失进行权衡，旨在寻求以最少的费用获取最大的风险收益。

5.风险对策研究是项目有关各方的共同任务。风险对策研究不仅有助于避免决策失误，而且是投资项目以后风险管理的基础。因此，它应是投资项目有关各方的共同任务。项目发起人和投资者应积极参与和协助进行风险对策研究，并真正重视风险对策研究的结果。

第三节　调水工程经济风险管理

调水工程是保证受水地区国民经济持续发展、人民生活安定以及改善地区水生态问题的基础性、公益性设施。工程建设及运行对改善受水区人民的生存环境和用水条件，促进当地国民经济发展和社会稳定发挥了巨大作用，取得了良好的经济效益、社会效益和生态环境效益。

从全局来看，调水工程对受水区的作用明显，工程建设十分必要，但是从工程本身来看，却存在诸多问题，从表象上来看主要表现为售水量低于预期目标、售水水价偏低、售水收入偏低、财务指标偏低等，造成工程社会效益显著与本身经济效益低下并存的局面。

目前调水工程运行管理一般实施企业化管理，售水收入是工程收益的主要甚至唯一来源。工程的社会效益和环境效益并不能转换为工程的经济效益，从工程管理角度来看，调水工程合理的收益才是保障工程良好运行的首要基础。调水工程经济风险管理的目标就是要从源头做起，避免和控制影响项目收益的风险发生，并提出风险发生后果的保障措施，提高项目的经济效益。

综合风险概念及分类，结合调水工程特点，总结得出调水工程经济风险的定义：调水工程运行的经济风险是指在调水工程运行管理过程中，由于市场预测、经营管理、消费需求、通货膨胀、汇率及利率等方面因素变动或估计错误而导致调水工程预期财务收益目标变化的风险。调水工程经济风险管理则是围绕工程风险过程开展的一系列风险识别、风险评价以及风险对策等管理工作，以避免和降低调水工程的风险损失，提高项目的经济效益以及综合的社会效益和生态环境效益。

调水工程属于投资性项目，其经济风险管理过程与一般投资性项目类似。需要通过风险识别、风险评价以及风险对策等过程对项目的风险来源及成因、风险影响程度及后果进行分析，并最终提出风险控制措施，降低风险发生概率、减少风险损失，为项目的运行管理提供决策依据。

通过对现有调水工程的分析，调水工程经济风险管理可细分为五个步骤，分别是风险识别、风险估计、风险评价、风险对策和风险控制。

风险识别是开展经济风险管理的基本内容。调水工程一般具有相似性，已有工程已发生的风险是对评价项目最好的借鉴。在此基础上，进一步结合项目本身的特点，通过系统分析过程，辅以专家决策，对评价项目的经济风险进行系统识别。由于调水工程空间跨度较大、涉及部门较多，经济风险因素的来源也具有多样性，一般应包括水源区水文条件和水源条件带来的风险、工程建设本身所存在缺陷带来的风险、工程管理部门工作失误带来的风险以及受水区经济条件变化带来的风险等。

对项目经济风险进行识别之后，第二步是开展风险估计，对各类经济风险因子的作用机理进行分析，明确风险的作用过程以及后果，对单个风险因子发生的概率及可能结果进行定量评价。从全局出发，分析风险事件造成的后果，明确项目风险管理的目标和风险控制指标。

第三步是开展风险评价工作。风险评价采用适当的方法，分析各类风险因子组合对项目目标造成的风险后果。该过程包括两个方面：一方面要分析各类风险因子的组合概率，如果各类风险因子彼此是独立的，那么概率分布就是各类风险因子的重复组合，如果各类风险因子存在相关性，那么需要确定变量之间的相关性，建立函数关系；另一方面是分析各类风险因子组合带来的风险后果，确定风险评价的指标。通过计算评价指标的结果确定风险后果。在上述两个过程的基础上，绘制项目经济风险的概率分布图，对项目风险程度进行定量和定性评价。

第四步是开展风险对策。针对影响项目的各类风险因子和可能发生的风险后果制定明确的应对措施，包括风险回避、风险控制、风险转移和风险自担措施，降低项目的风险。

第五步是风险控制。对项目的风险状况实施监控，根据发生的风险执行风险对策，并在项目生命周期结束后对调水工程的经济风险进行总结，形成调水工程经济风险评价的案例库，供类似项目借鉴和参考。

由于调水工程的特殊性，其风险来源及风险成因与一般投资项目存在差异，在进行风险识别时需要注意以下几个方面：调水工程建设空间跨度较大，一般涉及两个以上地区，水源区和受水区是利益共同体，同时也是利益争执的双方，区域间也会因为地位不同而产生矛盾，这给项目的协调、管理带来了一定的难度；调水工程受自然因素影响较大，同时受水源区和受水区水文情势影响，水源区和受水区同枯、同丰或者水源区枯而受水区丰都会对售水量造成负面影响，只有水源区和受水区同时枯的年份才能保证合理的售水量；调水工程在一定程度上受到政府的影响，调水工程具有较强的公益性特征，必须考虑到项目的社会效益和环境效益。经济效益只是其综合效益的一个方面，如何在三者之间取得平衡是一个难题，同时调水价格也会在一定程度上受到政府的干预，造成实际水价低于成本水价的状况；工程条块管理不利于统一调度和协调，调水工程空间跨度较大，一般会涉及多方管理，如果管理体制没有理顺，就会造成条块分割、管理混乱等问题。在风险评价方面，调水工程经济风险涉及投资、收益、水价、水量等经济指标，这些都是可以量化的指标，因此在评价手段方面应采用定量评价方法，对风险发生的概率和后果进行分析、评估，对风险后果进行确定性分析。在评价方法的选择上，由于调水工程涉及诸多的风险因素，一般需要计算机来进行分析。《现代咨询方法与实务》和《建设项目经济评价方法与参数》推荐使用蒙特卡洛法进行评价。

在风险对策方面，调水工程的主要目的是最大可能按照预期的价格售出规划水量，避免或降低项目的经济损失，需要从事先预防、事中控制和事后补救全方位进行综合管理。尽可能使调水工程的经济风险降到最低，使项目风险损失降到最小，以达到风险管理的目的。

第四章 调水工程水源区供水水文风险评估

调水工程水源区供水状况是影响整个调水工程能否正常运行的决定性因素。本章以南水北调中线工程水源区为例，通过贝叶斯网络模型分析各风险因子发生的概率及影响，并采用分布式水文模型模拟分析现状及未来多情景条件下水源地河川径流与入库水量的变化，分析这些变化对中线水源区供水水文风险的影响。

第一节 水源区供水水文风险因子分析

一、南水北调中线水源区概况

（一）自然地理

南水北调中线水源区为汉江流域丹江口水库及其上游地区。汉江是长江第二大支流，发源于秦岭南麓，干流全长 1570km，流域总面积 15.9 万 km²。丹江口水库是汉江最大水库，位于中游和上游分界处，上游汉江长为 925km。

丹江口水库上游地区平均海拔为 1013m，区域地势西北高、东南低，干流上游的地质构造走向与河流流向一致，呈东西向；中下游则呈现出西北—东南走向。丹江口水库库区北、西、南三面环山，北依秦岭，南接大巴山、米仓山，西部与嘉陵江为邻，东面为开阔平地，呈现出马蹄形地貌态势。汉江在丹江口以上穿行于秦岭、大巴山之间的高山深谷，两岸坡陡河深，只有少数盆地稍为开阔。从地貌类型的分布来看，丹江口水库库区可划分为三个地貌单元，即北部的秦岭山地、南部的大巴山以及中部的河谷盆地与丘陵。其中，山地面积占 92.4%、丘陵占 5.5%、平原占 2.1%。

丹江口水库上游地区的地层，从前震旦系（Z）到近代均有出露，以古代的变质岩系分布最广，其次为新生态的红色岩系和第四纪（Q）的松散沉积物，中生代的地层面积最小，主要为侏罗纪棕色粗砂岩与页岩及三叠纪（T）的页岩与灰岩。丹江口水库库区的岩性大致为谷城—房山—岚皋—勉县一线以北为变质岩、岩浆岩区，其余地区为沉积岩区，上游区基本上由变质岩和岩浆岩组成，中下游河谷镶嵌在沉积岩层和松散沉积物中。从时代上看，古生代以前地层主要分布在上游，是构成秦岭、大巴山等山脉的主要地层，新生代、中生代地层多分布于山间盆地和地堑。

丹江口水库库区的地带性土壤为黄棕壤，既有北方土壤的淋溶和黏化作用，又有南方土壤的富铝化作用。由于丹江口水库库区地貌类型多样，成土母质、水土条件、水热条件差异显著，因而导致土壤、植被的区域差异和垂直变化，形成多种土壤类型。在耕作历史很长的山地上，由于侵蚀形成了熟化层很薄的黄泥巴和山地石骨土。在山间盆地、河谷平原地带，由于持续的人类改造形成了水稻土。在地山丘陵的河谷地区，受到母质和流水作用的影响，土壤分布与地形、水系的形态基本一致，沿河谷呈树枝状伸展。

丹江口水库库区的地带性植被为常绿阔叶、落叶阔叶针叶混交林。优势植物为马尾松、栎树、桦树等。受地势、气候条件的制约，在山地有垂直分异。丹江口水库库区的栽培作物也比较多，其中，上游区以小麦、水稻和杂粮为主，中下游区以水稻、小麦、棉花及水生植物为主。

（二）气候条件

丹江口水库上游地区属于北亚热带季风气候区，主要受到东南季风的控制，同时也受到西南季风的影响。气候具有四季温暖、雨量充沛、干湿分明的特点。多年平均气温12~16℃，极端最高气温42℃，极端最低气温 -13℃；多年平均相对湿度74%；最大风速2.1m/s；多年平均蒸发量为848mm。

（三）河流水系

丹江口水库上游水系由汉江上游水系和丹江水系两大部分组成。汉江发源于秦岭南麓，水系呈不对称的树枝状，左侧支流主要有沮水河、褒河、渭水河、西水河、子午河、池河、淘河、夹河、天河；右侧支流主要有玉带河、冷水河、牧马河、任河、堵水河。丹江水系呈树枝状，主要支流有滔河、武关河、淇河、老灌河；同时，还有一些小的河流直接汇入水库中。

（四）社会经济

1. 行政区划。丹江口水库上游地区涉及甘肃、陕西、河南、湖北、重庆、四川等6省（市）。其中，在陕西省境内的分布范围最大，占总面积的66.44%；在湖北省和河南省境内的分布面积分别为22.67% 和7.62%；在四川、重庆和甘肃三省（市）内的分布面积较小，分别为0.53%、2.54% 和0.18%。

2. 人口分布。丹江口水库上游地区总人口为1253 万人，人口密度为 133 人 /km²，与全国人口分布密度（132 人 /km²，第五次全国人口普查数据）大致相当。人口居住地主要分布在汉江两侧，其中以汉中市和十堰市的人口密度最大，而秦岭南楚和大巴山北麓的人口分布较为稀疏。丹江口上游地区城镇人口为180.4 万人，城镇化率为14.4%，仅为全国平均水平的40%，城市化程度较低，且空间分布不均匀。

3. 经济发展水平。丹江口水库上游地区 GDP 产值约为 1136.5 亿元，人均 GDP 为 9070 元，工业总产值 915.5 亿元，人均 7306.6 元，区域经济在全国相对落后。经济发展相对较好的地区与人口分布基本一致，主要集中在湖北十堰及陕西汉中地区。

二、水源区供水水文风险因子变化分析

（一）降水

降水是影响入库流量最重要的因素。降水的时空分布规律对河川径流的形成有着直接的影响。丹江口水库上游地区位于北太平洋副热带高压的西北部，受到东南季风的影响显著，同时丹江口水库库区的上游还受到西南季风的影响。在副热带高压的驱使下，季风携带大量的湿热水汽进入丹江口水库库区，使该区降水较为丰沛。

受大季风气候影响，丹江口水库上游地区年内雨旱两季较为分明，降水的季节性特征十分显著，降水量最大的 4 个月（6~9 月）降水占全年的 61% 左右，而其余 8 个月的总降水量不足 40%。

在空间分布上，受到水汽来源、地形和空气动力的综合影响，丹江口水库上游地区的降水量具有显著的空间分异特征。采用修正 IDW 结合 DEM 高程的方法对丹江口以上地区进行降雨量空间插值，整体上看，丹江口水库上游地区的降水量表现为"西多东少、南多北少"的空间分异态势，从西南向东北逐渐递减。在西南部汉中、紫阳、城口等地，形成了库区降水的几个高值中心，而在西北方向的丹凤、郧西、郧县等地，则形成了库区降水的几个低值中心。

（二）蒸散发

1. 水面蒸发。水面蒸发反映了在充分供水条件下的蒸发能力，其值大小主要取决于当地气温、饱和差、风速等气象因素。它在时间上的变化不大，而在空间上的变化较显著。其地区分布大致与降水相反，研究区 E601 的水面蒸发变化在 700~1100mm 之间，其空间分布趋势大致由西南向东北递增。其中秦巴山地为水面蒸发小于 800mm 的低值带，其余大部分地区水面蒸发的变化在 900~1000mm 之间，丹江上游为水面蒸发大于 1000mm 的高值区。水面蒸发的年内分配，以 1 月或 12 月最小，如安康多年平均 12 月 E601 水面蒸发仅 14.6mm；以 6 月、7 月最大，丹江口水库下游的吕堰驿站 6 月 E601 水面蒸发高达 256.8mm。

2. 陆地蒸发。陆地蒸发是指地面实际蒸发的水量，它是裸地、水体蒸发和植物蒸腾量的总和。研究区陆面蒸发量为 400~700mm，空间上呈现出山区小、河谷平原区大的分布规律，秦巴山地、研究区北部陕鄂交界处的甲河和丹江区部分地区为陆地蒸散发量小于 500mm 的低值带，其中大巴山的陆地蒸发量仅为 400mm。丹江口水库库区的陆地蒸发量受降水和温度两方面因素影响，年内分布更为集中，6、7 月达到最大值，1 月和 12 月最小。

（三）土地利用

影响丹江口入库流量的另外一个重要因素是流域下垫面条件的改变，即土地利用类型发生变化。概括来说，流域下垫面改变对径流形成有两种影响：一种是增加地表径流的形成，如城市下垫面的扩大，将提高径流形成率；另外一种是减少地表径流的形成，如水土保持工程、集雨工程、坡改梯和兴修水利工程等。

根据 TM 遥感影像解译出来的丹江口水库上游地区的现状下垫面格局，从土地利用结构来看，丹江口水库上游地区林地和草地分布面积最大，分别占研究区总面积的 45.90% 和 30.41%；耕地面积仅次于林地和草地，占研究区总面积的 22.34%；其他几种类型不足 2%。

根据 TM 遥感影像解译出来的丹江口水库上游地区历史下垫面土地利用格局，从下垫面统计结果来看，丹江口水库上游地区水田、旱田、林地、草地、水域和未利用土地面积分别占全流域的 8.74%、13.38%、46.42%、30.07%、0.92%、0.47% 和 0.01%。将研究区土地利用分布进行比较可以发现，土地利用总体变化不大。通过地理信息图像处理工具对土地利用空间信息的转化情况进行解析，建立土地利用转移矩阵。

（四）社会经济用水

丹江口水库上游地区分布着大量的水资源开发利用工程，但以小型水库、塘坝为主，大中型水库不多，主要有黄龙滩水库、石泉水库、安康水库，主要集中在陕西省境内。

平水偏丰年，丹江口上游地区供用水总量为 47.89 亿 m^3，其中生活、农业、工业用水分别为 1.99 亿 m^3、35.21 亿 m^3 和 10.69 亿 m^3，生活用水、农业用水和工业用水比例为 4.16∶73.5∶22.34，以农业用水为主。

根据丹江口以上地区农业种植结构、用水效率和用水水平，并参考国内其他相关地区农业耗水率，可以计算出农业耗水量。根据主要工业行业、用水结构和用水水平，并参考国内其他相关地区工业耗水率，可以计算出工业耗水量。生活用水分为农村生活用水和城镇生活用水两种情况，农村生活用水由于没有排水设施，全部作为不回归项，而城镇生活用水则根据集中排水设施的完备程度，同时参照国内其他相关地区进行耗水率计算。总的来说，丹江口以上地区水资源利用开发程度不高，现状水平约占多年平均水资源的 12%，尚有较大开发潜力和向外调水的条件。

第二节　基于贝叶斯网络的水源区供水水文风险概率

一、供水水文风险的贝叶斯网络模型构建

（一）网络节点的选择

以可能引起供水水文风险的事件或指标作为贝叶斯网络模型的变量节点，构建供水水文风险的贝叶斯网络拓扑关系图。通过查阅相关资料及研究成果，初步确定的变量节点分别是降水、气温、土壤、季节、土地利用、有效灌溉面积、人口增长率、工业增长率、城市化率、水库调度、其他调水工程、径流、农村取用水、城镇取用水和供水水文风险，见表4-1。

表4-1 供水水文风险的贝叶斯网络节点及其变量符号说明

变量	符号	变量	符号	变量	符号
降水	PCP	有效灌溉面积	EIA	其他调水工程	TWP
气温	TMP	人口增长率	PR	径流	HR
土壤	SOL	工业增长率	IR	农村取用水	CW
季节	S	城市化率	CR	城镇取用水	TW
土地利用	LUCC	水库调度	RAT	供水水文风险	WSR

（二）网络拓扑结构的确定

根据所选变量之间的直接影响关系来确定该贝叶斯网络的拓扑结构。通过对南水北调中线工程水源区的供水影响因素分析，选择径流、农村取用水、城镇取用水、水库调度和其他调水工程作为供水水文风险的根节点，如水源区的径流丰枯情况将会直接影响到可供水量及供水保证率。对径流产生直接影响的因素一般包括降水、气温、土壤、季节和土地利用等，而对农村取用水情况产生影响的因素除了降水、季节、土地利用之外，还和水源区的有效灌溉面积及其变化情况有关，城镇取用水的保证情况则可以通过该区域的人口增长率、工业增长率和城市化水平来进行衡量。

（三）网络各节点条件概率表的确定

确定了贝叶斯网络拓扑结构之后，还需要确定网络各个节点的条件概率（CPT）。CPT可根据专家的知识、实际调查和历史数据等资料来确定。PCP、TMP、SOL、SLUCC、EIA、PR、IR、CR、RAT、TWP是网络的根节点。根据对汉江丹江口水库以上流域近531年旱涝等级资料的分析，将PCP分为丰（F）、平（P）、枯（K）三种状态。对汉江流域气温变化趋势进行了分析，结果表明，20世纪80年代平均气温比多年平均气温低了0.2℃，而90年代平均气温比多年平均高0.3℃。以此为依据，将TMP分为高于正常气温（H）、

正常气温（N）和低于正常气温（L）三种情况。根据丹江口以上地区 2000 年 TM 影像图的解析结果，将 LUCC 分为森林草地（WGL）、耕地（FL）、城镇用地（TL）。

据相关研究成果，丹江口以上地区 1999 年有效灌溉面积为 420 万亩，2010、2030 水平年有效灌溉面积均为 430 万亩；1999-2010 年，人口增长率维持在 8‰～9‰，城市化率约为 37.8%，工业年均增长率为 7%；2010-2030 年，人口增长率平均维持在 5‰左右，城市化率在 2030 年将达到 50%，年均工业增长率为 5%。因此，可将 EIA 分为大于 430 万亩（A1）和小于等于 430 万亩（A2），将 PR 分为大于 5‰（B1）和小于等于 5‰（B2），IR 分为大于 5%（C）和小于等于 5%（C2），城市化率 CR 分为大于 37.8%（D1）和小于等于 37.8%（D2）。

根据降水及农业灌溉用水特点将 S 分为冬春（WS）和夏秋（SA）两个时段，SOL 则根据土壤含水率情况分为饱和（ST）、不饱和（NST）两种状况，RAT 分为可靠（R）、不可靠（UR），TWP 分为调水量占可调水量之比大于 10%（E1），调水量占可调水量之比小于等于 10%（E2）。

除此之外，还需要确定 HR、CW、TW 和 WSR 这四个节点的条件概率。以 TW 为例，TW 共有 3 个根节点，分别是 PR、IR 和 CR，则其 CPT 的形式为 P（PR，IR，CR），共有 $2 \times 2 \times 2 = 8$ 种组合情况，另外，TW 本身也有两种情况。如果在给定 PR=B1、IR=C1、CR=D1 的条件下，根据专家知识及数据资料，TW 评价级别按照城市供水特点分为"供水保证率 ≥95%（GR3）"和"供水保证率 <95%（GR4）"的条件概率是 0.5 和 0.5。其他组合情况以此类推。

至此，基于贝叶斯网络的供水水文风险概率计算模型已经建成，接下来就可以利用这个网络模型及相应的条件概率表计算各种风险因子及其组合下的供水水文风险概率。

二、水源区供水水文风险概率分析

（一）单因子对供水水文风险概率的影响

在对目标供水水文风险问题已有的认识条件下，降水是供水水文风险最显著的影响因子，降水为枯水年的情况下，供水水文风险发生的概率为 29.87%，而平水年和丰水年则分别为 6.54% 和 0.19%，风险相对要小得多。在水库调度不可靠的情况下，风险概率为 13.54%，高出调度可靠情况 4.11%；其他外调水工程对供水水文风险的影响，根据调水规模，大于和小于可调水量 10% 的情况对应的风险概率分别为 13.7% 和 8.92%。可见，水库调度和其他调水工程调水对南水北调中线水源区的供水水文风险的影响也很明显。其他风险因子的不同状况所引起供水水文风险的变化则不超过 1%，影响不是很明显。

通过以上分析可以发现，降水、水库调度和其他调水工程对供水水文风险的影响最为显著，尤其是降水为枯、水库调度不可靠以及其他调水工程的调水量超过可调水量 10% 以上的情况下，供水水文风险发生的可能性最大。

（二）已知供水水文风险状况发生情况下各风险因子发生的概率

在已知发生了供水水文风险的情况下，降水处于丰、平、枯的概率分别为0.62%、31.2%、68.18%，这也说明了降水少是供水水文风险发生的主要因素。另外，推断出土壤处于ST、NST的概率为23.5%、76.5%，其他调水工程调水量占可调水量的比例大于和小于10%的概率分别为21.32%、78.68%，与其各自的初始先验概率相差6%~8.5%左右；水库调度可靠与不可靠的概率分别为92.97%、7.03%，不可靠度增加2.03%；可见，供水水文风险对土壤含水率和其他调水工程这两个因子较敏感，水库调度的敏感度稍低一些。相比之下，推断出的其他七个因子的概率则与其各自的先验概率相差非常小，说明这些因子对供水水文风险的敏感度较低。通过反推各因子在风险发生前提下发生的概率，可以找出对目标问题比较敏感的因子，这也是利用贝叶斯网络进行风险因子识别的一项优点。

（三）多因子联合影响下的供水水文风险概率

供水水文风险的发生是多个因子联合作用的结果。以降水和其他调水工程的情况为例，值得注意的是，与降水和其他调水工程各自单因素作用相比，降水为枯与调水量超过可调水量的10%两个条件共同作用下的供水水文风险概率都有所增加，达到了34.14%，说明不利状况的组合将会增加供水水文风险发生的概率，与单因子中风险较高的组合进行比较，其他五种组合的风险概率则变化不大。

第三节 水源区供水水文风险多情景模拟分析

一、SWAT模型概述

（一）SWAT模型发展及应用概况

SWAT模型是由美国农业部农业研究局开发的流域尺度水文模型，可用于模拟地表水、地下水水量和水质，预测土地管理措施对不同土壤类型、土地利用方式和管理条件的大尺度复杂流域的水文、泥沙和农业化学物质的影响。SWAT模型的特点是具有较强的物理机制，能够以日为时间步长，对流域尺度水文循环及其伴生过程进行连续长时段地模拟分析。目前，利用SWAT模型的水文组件进行径流模拟已经从最初的单一水文模拟发展到研究气候变化、土地利用、覆被变化、人类活动影响等各种影响因素对径流过程、水质等方面的影响。

SWAT模型自正式发布以来，在美国多个流域或区域的农业生产过程和环境影响评价项目中都有广泛的应用。在径流模拟中，SWAT模型表现出很强的适应性，并在国家尺度、流域尺度以及小流域尺度的应用中得到验证。其中，利用SWAT模型的水文组件进行径流模拟是其应用最广的方向之一。Arnold 等通过模拟土地利用变化来检验 SWAT 模型的水文组件，包括地表径流、地下径流、蒸散发以及地下水补给和地下水水位的变化，比较并验证了模拟结果，结果表明地表水模拟的相关系数达到 0.79~0.94。由于 SWAT 模型能够很好地融合各研究区域的特点，因此，在加拿大、澳大利亚、欧洲及亚洲地区也得到了广泛的应用，并在应用过程中得到进一步发展和完善。

（二）SWAT 模型原理

1.SWAT 模型框架结构

在结构上，SWAT 模型是一类比较典型的分布式水文模型，即首先根据下垫面和气候因素将研究区域细分为若干个子流域或网格单元，然后在每一个子流域上应用传统的概念性模型来推求净雨，再进行汇流计算，最后求得流域出口断面的流量。

SWAT 模型的水文循环过程，包含了从降雨到径流的各个重要环节。其基本框架是将研究流域划分为若干个单元，在每个计算单元上建立水文物理概念模型，先进行水文单元的坡面产汇流计算，最后通过汇流网络将单元流域连接起来。

SWAT 模型将流域水文过程分为陆面和水面两个部分。水循环的陆面部分即产流和坡面汇流，控制着每个子流域内主河道的水、沙、营养物质和化学物质等输入量。其中，在产流计算中，SWAT 引入了水文响应单元（HRU）的概念，来反映植被覆盖和土壤类型的变化对产流及蒸发的影响。在每个 HRU 内单独计算径流量，然后演算得到流域总径流量。水循环的陆面过程还可以考虑气候、水文、植被覆盖、水土流失及管理等方面因素的影响。水面部分即河网汇流过程，决定了水、沙等物质从河网向流域出口的输移过程，主要包括主河道以及水库的汇流计算。其中，主河道的演算分为水、泥沙、营养物和有机化学物质四部分。在进行洪水演算时，水流向下游，其一部分蒸发和通过河床流失，另一部分被人类取用，补充的来源为直接降雨或点源输入。河道水流演算多采用变动存储系数模型或 Muskingum 方法。

2.SWAT 模型的水文循环过程模报方程式

根据水文循环原理，SWAT 采用的水量平衡方程为：

$$SW_t = SW_0 + \sum_{i=1}^{t} \left(R_{day,1} - Q_{surf,i} - E_{a,i} - W_{seep,i} - Q_{gw,i} \right)$$

式中：SW_t 为时段末土壤含水量，mm；SW_0 为时段初土壤含水量，mm；t 为计算时段；$R_{day,1}$ 为第 i 天的降雨量，mm；$Q_{surf,i}$ 为第 i 天的地表径流量，mm；$E_{a,i}$ 为第 i 天的蒸发量，mm；$W_{seep,i}$ 为第 i 天的渗透量，mm；$Q_{gw,i}$ 为第 i 天的地下径流量，mm。

（1）地表径流。地表径流过程模拟主要包括地表产流、地表汇流和河道汇流三大部分。其中，SWAT 模型的产流计算可采用 SCS 曲线法和 Green-Ampt 模型。其中，SCS 曲线法使用较多，该模型有以下基本假定：实际蓄水量 F 与最大蓄水量 S 之间的比值等于径流量 Q 与降雨量 P 和初损差值的比值；和 S 之间满足线性关系，见式：

$$\frac{F}{S} = \frac{Q}{P - I_a}$$

式中：P 为一次性降雨总量，mm；Q 为地表径流量，mm；I_a 为初损，即产生地表径流之前的降雨损失，mm；F 为后损，即产生地表径流之后的降雨损失，mm；S 为流域当时的可能最大滞留量，是后损 F 的上限，mm；a 为常数，在 SCS 模型中一般取 0.2。根据水量平衡原理，可得

$$F = P - I_a - Q$$

其中，

$$Q = \frac{(P - I_a)}{P - I_a + S}$$

$$S = \frac{25400}{CN} - 254$$

式中：CN 值可以针对不同的土壤类型、土地利用和植被覆盖的组合查表获得，CN 值无量纲，是反映降水前期流域特征的一个综合参数，将前期土壤湿度、坡度、土地利用方式和土壤类型状况等因素综合在一起。

汇流过程的计算主要是针对 HRU 计算汇流时间，包括河道汇流时间和坡面汇流时间。河道汇流时间计算如下：

$$ct = \frac{0.62 Ln^{0.75}}{A^{0.125} cs^{0.375}}$$

式中：ct 为河道汇流时间，h；L 为河道长度，km；n 为曼宁系数；A 为 HRU 的面积，k ㎡；cs 为河道坡度，m/m。

坡面汇流时间用下式计算：

$$ot = \frac{0.0556(sln)^{0.6}}{s^{0.3}}$$

式中：ot 为坡面汇流时间，h；sl 为子流域平均坡长，m；n 为 HRU 坡面曼宁系数；s 为坡面坡度，m/m。

（2）蒸散发。蒸散发包括冠层截留水蒸发、蒸腾、升华及土壤水的蒸发。蒸散发是水分转移出流域的主要途径，在许多流域与大陆（南极洲除外），蒸发量都大于径流量。准确地评价蒸散发量是估算水资源量的关键，也是研究气候和土壤覆被变化对河川径流影响的关键问题。

潜在蒸发能力的模拟计算。SWAT 模型提供了 Penman-Monteith、Priestly Tay-lor、Hargreaves 三种方法，另外还可以使用实测资料或计算好的逐日潜在蒸散发资料。

Penman-Monteith 公式。采用该公式计算潜在蒸发量，需要输入的资料包括辐射、气温、风速和相对湿度，具体计算公式如下：

$$ET_0 = \frac{\Delta(R_n - G) + 86.7\rho D / ra}{L(\Delta + \gamma)}$$

式中：ET_0 为蒸散发能力，mm；Δ 为饱和水汽压斜率，kPa/℃；R_n 为净辐射量，MJ/m²G 为土壤热通量，MJ/m²；为空气密度，g/m³；D 为饱和水气压差，kPa；ra 为边界层阻力，s/m；L 为汽化潜热，MJ/kg；γ 为湿度计常数。

二、中线水源区 SWAT 模型构建

建立 SWAT 模型需要的基础数据包括研究区的数字高程模型（DEM）、土地利用类型及其分布（LUCC）、土壤空间分布及土壤属性数据库、气象站点的空间分布及实测日气象资料、流域控制站点的流量资料等，见表 4-2。根据模型输入要求，需要对一些基础数据进行相应的预处理，研究中应用 ArcGIS、ArcView、Excel 等软件工具进行模型输入数据地生成、格式转换及参数计算等。

表 4-2 SWAT 模型的输入数据

数据	数据项	说明
空间数据	DEM	90m 分辨率
	土地利用图	1km 分辨率
	土壤分布图	
气象观测数据	降水、气温、太阳辐射、风速、相对湿度	逐日
水文观测数据	流量	逐月
土壤属性数据库	容重、水力传导度、土壤可利用水量等	
气象属性数据库	月均最高最低气温、月均降雨量等	

（一）研究区 DEM 数据及子流域划分

在进行 DEM 数据修正、河网水系的提取之后，选定子流域的出口位置，即可划分出每个子流域。研究中采用人工添加和删除一些网格水流汇集点，使得子流域的划分更加符合实际。在集水面积阈值设为 50000hm² 的情况下，可将整个流域划分为 101 个子流域，并对子流域进行编码。通过生成河网，模型即可确定每一段河道的上游末端节点及相应的亚流域分水线，从而建立河网节点、河道之间的拓扑关系，包括河段坡度、高程、上游集水面积及其他信息。在流域的勾绘过程中，依据 DEM 计算流域的坡度、坡向、坡长等河网特征参数。

（二）流域土地利用状况及其分布

SWAT 模型能够识别的土地利用数据是基于美国土地利用分类，以四个英文字母进行编码，土地利用数据库包含了模型计算所需的各种参数，如 CN 值、植物生长参数等。我国土地资源共分为 6 大类、25 亚类，这与美国的土地利用分类是不同的。因此，需要对照 SWAT 模型的土地利用数据库将获得的土地利用数据进行相应的转换，并重新分类。对于模型数据库中没有的土地利用类型，可以进行自定义说明。

（三）土壤空间分布及土壤属性数据库

有关土壤的输入数据，主要分两大部分，一是各种类型的土壤空间分布信息，二是各种类型土壤的理化性质参数数据库。在丹江口水库以上地区，存在多种土壤类型，空间分布呈现出区域差异和垂直变化的特点。其中，黄棕壤、粗骨土、黄褐土、石灰土、棕壤和紫色土等在研究区分布最为广泛，是该地区的代表性土壤类型。土壤理化性质参数，是控制着水和空气在土壤内部运动状况的重要参数，对流域水文循环过程产生很大的影响，是模型输入的重要数据之一。其数据库包括各层土壤的类型、厚度、容重、空隙度、田间持水量、凋萎含水量、饱和水力传导系数等物理及化学参数，可查阅相关的土壤志及文献资料得到。

三、模型参数率定与验证

（一）参数敏感性分析

由于 SWAT 模型涉及多个参数，加上模型本身的空间特性，因此，应用中很难准确确定每一个参数值。为了使模型尽可能地符合研究区域的特点，使参数能够代表研究区域的特性，通常要对模型参数的敏感性进行分析和评价，目的是找出哪些参数对模拟结果精度的影响更大，进而能够有针对性地调整。

研究中参考了国内外有关 SWAT 模型参数校准、径流模拟参数率定的文献资料，选出对模型径流模拟可能有重要影响的敏感参数，并采用"微扰动"方法考察参数对模型的敏感性。

通过敏感性分析得出，CN2、SOL、AWC 和 ESCO 这四个参数对径流的影响最为显著，GW_REVAP、REVAPMN、GW、QMN 对径流也有一定影响。因此，在参数率定中主要对以上六个参数进行调整。

（二）模型参数率定

当模型的结构和输入参数初步确定后，需要对模型进行参数校准和验证。研究中选用相对误差 Re、相关系数 R2 和确定性效率系数 Ens（Nash-Suttcliffe）来评价模型的适用性。

相关系数 R2 反映了模拟径流流量和实测径流流量的相关程度，其值越接近 1，说明二者的相关性越好，其值越小，则反映了二者相关性越差。R2 通过 EXCEL 提供的计算工具直接得到。

四、供水水文风险多情景模拟

前面已经分析过，气候变化、土地利用变化、人工取用水变化及水利工程设施的建设都会对南水北调中线水源区经流过程和丹江口水库可外调水量产生影响，进而诱发水源区供水水文风险事件。为进一步定量评估这些因素对中线调水的影响，基于分布式水文模型，采用多情景模拟分析方法，分析各要素变化条件下水源区径流过程的响应，为评估供水水文风险提供参考。

（一）气候变化情景

由于温室气体浓度增加，全球气候变化明显，对流域水循环及径流形成的影响日益显著，因此，有关这方面的研究也逐渐成为水文学的热点问题。政府间气候变化专门委员会（IPCC）指出：全球平均地面气温自 19 世纪以来升高了 0.6 ± 0.2℃；北半球中高纬度地区的降水量增加幅度为（$0.5\%\sim1\%$）/10 年，在 20 世纪后期，强降水发生频率增加了 $2\%\sim4\%$。相关研究表明，随着温室气体的增加，丹江口水库上游地区在 2050 年之前变暖幅度在 $1\sim3$℃之间，降水量有所增加。

本研究利用建立的 SWAT 模型模拟气候变化（气温、降水）对丹江口入库径流的影响，进而考察气候变化对南水北调中线调水水文风险的影响程度。首先设定气温分别变化 +2℃、+1℃、-1℃、-2℃，降水分别变化 +20%、+10%、-10%、-20%，根据设定的单因素作用情景进行模拟，以分析气温与降水对研究区径流的敏感程度；然后对气温、降水共同作用情景下的径流变化进行模拟，并对比分析其变化特征；最后，根据对研究区未来降水、气温变化的预测成果，分别模拟不同时期的径流过程。

1. 气温变化情景。研究设定气温分别变化 +2℃、+1℃、-1℃、-2℃，通过模拟变化情景下的径流与现状结果比较，总的趋势是温度增加、径流减少；温度降低、径流增加。从变化幅度来看，温度升高 1℃，径流流量平均减少 2% 左右；温度升高 2℃，径流流量平均减少 5% 左右，反之亦然；从而说明温度升高会降低丹江口水库的入库径流，增加南水北调中线水源区的供水风险。

2. 降水变化情景。研究设定降水分别变化 +20%、+10%、-10%、-20%，通过与不变情况下的径流结果比较，得到其变化情况，降水、径流的变化一致性很好，降水增加、径流增加；降水减少、径流减少。

从变化幅度来看，降水增加 10%，则径流流量平均增加 22% 左右；降水增加 20%，径流流量平均增加 45% 左右，若降水分别减少 10%、20%，则径流依次减少 20%、38%。由此可见，降水对径流大小有着决定性的影响，且随着降水的增加，径流增加的趋势更加明显。因此，降水因素的变化对南水北调中线水源区供水水文风险影响显著。

3. 气温与降水共同变化情景。降水增加、温度降低都会增加产流，而降水减少、温度升高都会减少产流。其中，降水增加 20%、气温降低 2℃使径流的增幅最大，达到 51%，而降水减少 20%、气温升高 2℃使径流的减少最明显，减少 41%。

4. 未来气候变化情景。研究中通过区域气候模式（RegCM2）模拟预测得到的研究区未来降水、气温变化结果，见表 4-3。预测未来情景，研究区的径流呈现出减少的趋势，到 2030 年，径流每 10 年平均依次减少 0.85%、0.98%、2.33%，S1、S2 和 S3 情景径流衰减量分别为 2.5 亿 m³、3.0 亿 m³ 和 7.1 亿 m³。

表 4-3 未来气候变化情景

情景	时段（年）	气温变化（℃）	降水变化（%）
S1	2001~2010	+0.49	+0.17
S2	2011~2020	+0.88	+0.62
S3	2021~2030	+1.3	+0.54

（二）土地利用变化情景

土地利用类型的转化将导致流域下垫面条件改变，对流域产汇流过程产生影响，从而增加或减少地表径流的形成，如水土保持工程、兴修水利工程、集雨工程等。研究中采用对比分析的方法，以 1987 年和 2000 年 TM 遥感影像解译出来的丹江口水库以上地区的下垫面空间分布信息为模型输入，对比分析丹江口水库以上地区土地利用变化对河川径流及入库水量的影响。

与 1987 年相比，丹江口水库以上地区在 2000 年的土地利用结构总体变化不大。其中，林地减少 0.38%，草地增加 0.34%，水域减少 0.01%，居工地减少 0.02%，未利用土地减少 0.01%，耕地总面积增加 0.09%，变化幅度均在 0.5% 范围以内。

总的来看，该地区以林地、草地分布面积最大，二者面积总和占整个地区面积的 75% 以上；其次是耕地，所占比例在 20% 左右。

（三）人工取用水变化情景

社会经济的飞速发展离不开水资源的基础支撑，不断增加的水资源需求直接加剧了人类活动对河道径流的影响。2000 年，丹江口水库上游耕地面积约 2835 万亩，灌溉面积为 474.21 万亩，工业总产值 915.52 亿元，总人口 1253.2 万人（非农业人口 180.46 万人），城市化率 14.4%。从 20 世纪 60 年代以来，丹江口水库以上流域平均年耗水量呈不断增加的态势，从最初的 13.14 亿 m^3 增加到 2000 年的 25.74 亿 m^3，增加了 12.6 亿 m^3。

考虑上游的发展，规划预测 2010 水平年，丹江口水库以上地区供水保证率为 50%、75% 和 95% 时的总需水量分别为 40.95 亿 m^3、43.96 亿 m^3、46.11 亿 m^3；2030 水平年，供水保证率为 50%、75% 和 95% 时的总需水量分别为 55.52 亿 m^3、57.45 亿 m^3、60.03 亿 m^3。

与 2000 年相比，2010 水平年丹江口水库以上地区 50%、75%、95% 供水保证率情况下的耗水增加量分别为 3.07 亿 m^3、4.06 亿 m^3、5.26 亿 m^3；2030 水平年丹江口水库以上地区 50%、75%、95% 供水保证率情况下的耗水增加量分别为 8.51 亿 m^3、9.71 亿 m^3、11.16 亿 m^3。在规划水平年内，需水及耗水量都将不断增加，直接减少丹江口水库的入库水量，增加了中线水源区供水水文风险发生的概率。

（四）调水工程影响

跨流域调水对丹江口水库入库水量影响是直接的，调出量可认为全部消耗于外流域，调入量则直接加入当地水资源系统。丹江口水库以上地区目前尚未建成大型的跨流域调水工程，但上游省份已经制定了一些调水工程规划，主要是陕西省"南水北调"工程规划，其目的是解决关中地区水资源短缺问题。规划方案由东、中、西三条调水线路组成，其中东线为引乾（乾佑河）入石（石砭峪）方案，西线为引红（红岩河）济石（石头河）方案，中线分为三种引水方案：黄金峡（结合子午河三河口水库）；617高程长线串支引水；810高程短线串支引水。

东线引乾入石调水方案在汉江支流乾佑河的上源支沟取水，利用西康公路秦岭隧洞（18km）路渠结合，自流引水到石砭峪水库，经调蓄后，可供西安城市和生态环境用水。近期可汇集4条支沟，年引水量0.47亿m³，远景可以汇集11条支沟，调水0.71亿m³。

西线引红济石调水方案是从褒河支流红岩河中段的关山村低坝引水，经19.71km长隧洞穿越秦岭进入石头河上游桃川河，经石头河水库调节后，向西部城市、工业供水，引水线路总长20.3km，年引水量1.28亿m³。

中线"引汉济渭"方案分为三个方案：黄金峡引水方案。从汉江干流黄金峡引水并配合子午河引水，两处水源联合运用，年调水量可达23.25亿m³，按其引水方式不同分为自流和扬水两种；617高程串支引水方案，即在嘉陵江支流西汉水上建双庙崖水库，在嘉陵江西汉水河口建引水枢纽，由656.3高程引水向东，横穿汉江支流沮水、褒河、胥河、酉水、金水等10条支流，汇合后通过65.4km隧洞穿越秦岭，进入黑河水库，引水线路总长261.9km，年引水量24亿～25亿m³；810高程串支引水方案，即由褒河上游孔雀台水库死水位857高程向东引水横穿胥河、酉水以及子午河三支流的上中游，通过38.8km秦岭隧洞引水到黑河，经陈家坪水库调蓄后进入黑河水库，年调水量5.5亿～6.0亿m³。

另外在《陕西省渭河流域综合治理规划》专题规划《水资源开发利用规划》中提出"引汉济渭"工程调水总规模约15亿m³。

由于关中平原水资源缺口较大，因此，调水量主要受调出区水量和工程的限制。在上述三条调水线路中，东线引乾济石近期规划调水量为0.47亿m³，西线引红济石调水量1.28亿m³，中线工程调水量为23.25亿～24.5亿m³，上述三条线路总调水量为25亿～26.25亿m³。

（五）综合影响分析

综合气候变化、土地利用变化、取用水变化和调水工程对入库水量的影响分析，以2010水平年和2030水平年为参考年份，分别选择气候变化的S1与S3情景，土地利用对入库水量的影响按每10年减少0.12亿m³计算，人工取用水分别取50%、75%、95%保证率情况下的耗水增加量，调水工程则考虑最大规划调水量、可能实施的调水量和不调水三种情况，组合其中的六种情景进行分析，可以发现，若上游按照最大规模向外调水，则对丹江口水库入库径流产生的影响最为显著；其次是水库上游人工取用水。需要指出的是，外调水及人工取用水一般变化较小，可控性较大，而研究区气候变化的不确定性很大，人类还没有能力掌控，不同丰枯情况下的差别很大，即潜在风险很大，也是主要的风险防控对象之一。

第四节　水源区供水水文风险综合评价

一、供水水文风险评价因子

1. 气候变化

气候变化是影响水源区水资源量和可调水量最重要的因素，同时也是不确定性最大的因素。前文中的定量模拟分析表明，在气温上升 2℃、降水减少 20% 情景下，丹江口水库的入库水量减少 41%，可见气候变化对中线水源区的水资源影响是十分显著的。统计资料显示，中线水源区多年平均降水量为 878.8mm，年降水量大致在 500~1300mm，且年内降雨分配十分不均，最大 4 个月的降水量占全年降水量的 60% 以上，存在很大的不确定性风险。

与此相对应，丹江口水库的最大和最小入库水量分别为 795 亿 m³ 和 146 亿 m³，年际变化差异显著。20 世纪 90 年代以来，丹江口水库入库水量出现大幅度衰减，其中天然径流量 1991—2001 年共 11 年系列平均值为 295.9 亿 m³，较 1956-2001 年共 46 年系列平均值 381.5 亿 m³ 减少 85.6 亿 m³，衰减幅度达到 22.4%，较 1956~1990 年共 35 年系列均值 408.4 亿 m³ 减少 112.5 亿 m³，衰减幅度达到 27.5%。假设按此趋势发展，未来中线水源区可调水量的潜在风险将会大大增加，直接影响南水北调中线工程的正常运行。

2. 上游社会经济用水

中线水源区上游的社会经济用水量与耗水量也呈现出逐年上升的趋势，到 2030 年，预计社会需水总量约为 55 亿 ~60 亿 m³，耗水量为 27 亿 ~30 亿 m³，这无疑会减少丹江口水库的入库水量和可调水量。

3. 上游调水量

目前，在汉江上游的陕西省境内，正在规划建设一些区域性的调水工程，主要是通过工程设施将汉江的水资源调到关中地区，从而缓解关中地区水资源匮乏的问题。若这些调水工程全部按照规划得以实现，那么最大调水量将达到 26.25 亿 m³，将会明显减少上游来水量，优化上游地区的径流时空演变规律，影响丹江口水库入库水量与中线工程的可调水量。

4. 下游需水量

为保证下游的社会经济、生态环境、航运等用水需求，丹江口水库必须保证一定的下泄流量。根据规划，在汉江中下游现状工程条件下，2010 与 2030 水平年要求丹江口水库补偿下泄的水量分别为 270.6 亿 m³、295.9 亿 m³；如建兴隆枢纽、进行部分闸站改造和局部航道整治，2010 与 2030 水平年要求补偿下泄的水量分别为 218.1 亿 m³、219.2 亿 m³；如增加引江济汉工程，2010 与 2030 水平年要求补偿下泄的水量分别为 162.2 亿、165.7

亿 m³；若再完成汉江流域规划中的渠化梯级枢纽，兴隆以上航运需水量将减少到下限，兴隆以下需水可由引江济汉工程供给，2030 水平年要求补偿下泄的水量可以减少到 76.4 亿 m³。

5. 受水区需调水量

中线受水区的需调水量也是影响供水水文风险的重要因素之一。当受水区遭遇枯水年，需调水量增大，若水源区遭遇丰水年，可调水量充足，则发生供水水文风险的概率就比较小；若水源区也遭遇枯水年，可调水量小于需调水量，则供水水文风险就会发生。同样，即使受水区按照丰水年水平调水，若水源区可调水量不足也会引起供水水文风险。可见，可调水量能否满足受水区需调水量是其中的关键环节。另外，可调水量还会受到调水工程本身规模及引水能力的限制。

二、供水水文风险综合评价

模糊综合评价法是一种基于模糊数学的综合评价方法。该方法根据模糊数学的隶属度理论把定性评价转化为定量评价，即用模糊数学对受到多种因素制约的事物或对象做出一个总体的评价，具有结果清晰、系统性强的特点，能较好地解决模糊的、难以量化的问题，适合各种不确定性问题的解决。前面已经论述过，供水水文风险是水文、社会等多个系统的多种不确定性因素共同作用的结果，有的因素能够直接观测并量化，有些因素则存在一定的模糊属性，因此，采用模糊综合评价方法能够有效地将各种因素采用统一的标准予以定量化，并得到定量的评价结果。

1. 单因素评价矩阵

对供水水文风险的单因素评价采用五级风险评定等级，分别是高风险、较高风险、一般风险、较低风险、低风险。根据对各风险因素的具体分析，确定各风险因子可能导致不同等级风险发生的概率（0~1.0），得到评价所需的单因子评价矩阵如下：

$$A_1 = \begin{bmatrix} 0.1 & 0.5 & 0.3 & 0.2 & 0 \\ 0 & 0.2 & 0.3 & 0.2 & 0 \\ 0 & 0 & 0.2 & 0.5 & 0.2 \\ 0.1 & 0.3 & 0.3 & 0.2 & 0.1 \end{bmatrix}$$

2. 风险因子权重

水源区供水水文风险因子的权重采用层次分析法中的判断矩阵法。首先对水源区供水水文风险的 5 个风险评价因子记录如下：

$$U=\{u_1, \ u_2, \ u_3, \ u_4, \ u_5\}$$

式中：u_1 为水源区的气候条件有利于供水水文风险发生；u_2 为上游经济用水对可调水量的影响；us_3 为上游外调水量对可调水量的影响；us_4 为下游需水量对可调水量的影响；us_5 为可调水量是否满足受水区需调水量。

然后，对权重的评价矩阵进行一致性检验，采用方根法解此矩阵，并求出各指标的权重。经过计算和查表，CI=0.0531，RI=1.12，CR=0.0474≤0.1。说明所建立的判断矩阵 L 具有满意的一致性，模型关键因子的值是可信的。得到各指标的权重为：

$$\omega = [0.45 \quad 0.12 \quad 0.308 \quad 0.048 \quad 0.068]$$

上式即为所求权重的特征向量，分别代表选取的 5 个评价因子的相对权重值。其中，气候因子和外调水因子权重最大，分别为 0.455、0.308，其次为上游社会经济用水，下游需水量及调水量是否满足受水区用水需求权重相对较小。

3. 评价结果

根据确定的单因子评价矩阵和权重即可求出水源区供水水文风险等级。从计算结果可知水源区供水水文风险隶属于高风险、较高风险、一般风险、较低风险和低风险的值依次为 0.145、0.395、0.331、0.153、0.017。根据隶属度最大原则，可判断出水源区供水水文风险处于较高风险等级，因此必须采取相应的应急防控措施进行防范。

第五节 水源区供水水文风险应急防控

南水北调中线工程的水源地主要是丹江口水库，供水水源单一，容易受到气候、水文等不确定性因素的影响，一旦遭遇连续枯水年，发生水资源短缺风险的概率很高。为应对中线水源区遭遇特大干旱或多年连续干旱情况下，丹江口水库上游来水大量减少导致可调水量严重不足甚至出现无水可调的极端水文风险状况，因而必须建立调水工程的应急防控机制。针对各种风险情景编制风险防控预案，采取工程措施和管理、经济等非工程措施，尽可能避免或减少损失，在满足水源区生活和生产用水需求的情况下，尽可能增加可调水量以满足受水区人民的基本生活及重要的生产用水需求，促进区域经济社会发展。

一、指挥体系及职责

在国家南水北调工程建设委员会办公室下设置调水应急管理办公室，负责对调水工程一切突发情况的预防、控制与管理。针对中线水源区专门设置水源区应急管理小组，负责中线水源区供水风险的相关事务，其管理体系包括专家组、现场指挥小组、通信小组、纪检督查小组、受灾地区政府机构、流域管理机构等。当发生险情时，启动预案，各小组按职责分工开展调水工程应急管理工作。

1. 水源区应急管理小组。受调水应急管理办公室直接领导，成员可由南水北调工程管理局及水源区所在各省政府机构联合组成。主要职责：负责水源区供水安全事务的具体事宜；制定调水工程水源区应急防控预案；负责发布旱情、洪水及突发事件预警的具体事宜；协调水源区供水风险安全保障专用拨款事宜；负责调派物资、部队应对干旱、洪水及突发事件；负责水源区供水安全的其他重要事项。

2. 专家组。由水利、气象、农业、水库调度、城市管理等方面的专家组成。主要职责：负责干旱、洪水及突发事件具体情况的汇总与技术分析；根据旱情、险情、灾情的具体状况提出预防与管理对策、措施和建议。

3. 现场指挥小组。对严重危害水源区供水安全的干旱、洪水及突发事件，由水源，区应急管理小组联合专家组、受灾严重地区相关职能部门领导和有关技术人员组成现场指挥小组，下辖应急管理小组、信息监测小组、新闻宣传小组和后勤保障小组四个分组。各分组主要职责是：

（1）应急管理小组：负责各类危害供水安全事件的汇总工作，制定应急管理方案；负责城市和农村饮用水的基本供给；负责城市重要部门的基本供水；协调和分配对各部门的供水水量；负责新建和修建水渠或输水管线；制定地下水开采方案，并组织钻井队施工建井；制定人工增雨实施方案。

（2）信息监测小组：负责气象信息的监测和预报；负责河流、湖泊、水库的水文信息监测；负责农业受灾信息的监测；负责城市供水、排水等信息的监测；负责城市和农村饮用水短缺信息监测；掌握抗旱救灾动态，收集、核查、汇总各地旱情、灾情，编写抗旱救灾简报；负责向上级指挥部门汇报各地旱情、水情、灾情工作。

（3）新闻宣传小组：及时落实应急管理小组命令、决定，完成旱情、水情、应急事件等信息资讯的播报任务；及时报道各级应急管理小组的活动情况和广大军民在应急管理过程中涌现出的先进事迹；准确报道旱情、水情及突发事件的进展情况；编辑旱情、水情及突发事件的录像专辑。

（4）后勤保障小组：负责水源区应急管理小组值班领导和工作人员的生活安排；负责应急管理所需车辆、船只等设备、物资的调用；提供交通、供电、通信、道路等后勤保障。

4. 纪检督察小组。由省级及省级以上纪检部门、财政机构和有关人员组成，主要职责是：严格执行联合指挥部抗旱救灾命令和决定，督促检查各级各部门领导及时到岗，全力做好水源区供水安全应急管理工作；监督检查应急管理资金、物资调拨到位情况；查处应急管理工作中的渎职行为和违纪案件。

5. 通信小组。由省级及省级以上信息、水利、农业等部门有关人员组成，主要职责是保证各级供水安全应急管理组织的信息渠道畅通。

6. 受水区受影响城市供水管理部门。主要职责是与水源区应急管理小组协调水源区洪水期、枯水期及突发情况下临时供水方案的制订与实施，配合减小水源区供水压力，尽可能减小供水量、减少可能造成的损失。

二、风险预警

1. 风险信息监测。采用现代信息监测技术手段，实时监测水文、气象、水质等信息，并及时汇总分析，向有关部门提交分析报告结果。

2. 风险预警发布。根据风险信息的监测情况，按照风险等级划分标准，确定风险等级，由职能部门发布相应的预警信息。

三、风险应急响应

1. 风险 I 级响应

（1）由水源区应急管理小组主持会商，启动 I 级抗旱预案，并报上级管理部门。南水北调中线工程管理局、汉江流域管理部门、受灾区各地市三防指挥部接到旱情、水情、突发情况的报告后，召开紧急会商会议，会同专家组分析水源区发展动态及对经济社会发展的影响，分阶段安排部署应急管理工作。根据情况启动洪水期、枯水期及突发情况下的水库运行调度预案及水文风险防控预案，并发紧急通知。

（2）启动对应情景下的丹江口水库运行调度预案。以干旱枯水期为例，要通过丹江口水库调蓄，联合上游黄龙滩、石泉和安康水库，实施统一调度，尤其注意汉江上游引水量控制；适当减小水库下泄流量；丹江口水库引水调度可视情况进入限制引水区运行；适当减少中线调水量；限制或暂停水库发电用水；限制对清泉沟灌区等农业供水；特殊情况下可将丹江口水库死水位短时间由 145m 降至 140m(相应库容 23.5 亿 m³)，甚至更低。

（3）启动城乡应急供水预案。按照"先生活、后生产，先节水、后调水，先地表、后地下，先重点、后一般"的原则，水源区各受灾城市强化水源的科学调度和用水管理，动用后备水源或适度超采地下水，保证居民基本生活用水和重要工业企业生产用水，定时、定量为灾区群众送水，确保灾区人畜饮用水安全。

（4）水源区应急管理小组统一指挥和协调各部门筹集、调运应急救灾资金和物资，现场指挥小组赶赴重灾区开展抗旱救灾工作，督促落实各项应急救灾措施，做好救援资金、物资的接收和发放，维护灾区社会稳定。

（5）信息监测小组及各省市气象局密切监视旱情、水情及突发事态的发展变化，做好预测预报工作。

（6）新闻宣传小组以及各省市新闻单位按照市三防指挥部核定的旱情、水情及突发情况，及时向社会发布相关信息，通过电视台、网络等新闻媒体及时报道各级政府各部门的应急管理进展情况。

（7）根据需要，及时派出医疗卫生专业防治队伍赴灾区协助开展医疗救治和疾病预防控制工作。

2. 响应结束

当供水安全得到有效控制时，水源区应急管理小组可视旱情，宣布结束应急管理状态。依照有关规定征用、调用的物资、设备、交通运输工具等，在应急管理工作结束后应当及时归还；造成损坏或者无法归还的，按照国家有关规定给予适当补偿或者做其他处理。紧急处置工作结束后，灾区各级三防指挥机构应协助当地政府进一步恢复正常生活、生产、工作秩序，尽可能减少突发事件带来的损失和影响。

四、后期处置

1. 损失和效益评估。灾害损失包括经济损失和非经济损失。经济损失包括直接经济损失和间接经济损失。非经济损失主要包括人员伤亡。灾害损失包括自然变异事件所造成的人员伤亡和社会财产损失、灾变对生产和生活造成的破坏以及为帮助灾区恢复正常社会秩序的投入。以水源区发生旱灾为例，需要水源区范围内受灾地区各级三防指挥部组织有关单位评估由干旱导致的人员伤亡、牲畜死亡、农田干旱、工业缺水等情况，并依据国家防总制定的《干旱评估标准（试行）》等提出旱灾评估损失方案，并报送抗旱总指挥及上级部门审批，以利于及时划拨和调配抗旱经费、抗旱物资，救助受灾地区的灾民。

2. 灾民救助。民政部门负责受灾群众生活救助。应及时调配救灾款物，组织安置受灾群众，作好受灾群众生活安排。农业部门负责灾后农业生产的物资供应和技术指导工作，帮助受灾农民尽可能恢复生产，解决粮食生产问题。将市场经济体制和机制引入到抗旱减灾领域，建立旱灾保险、洪水保险等风险转移机制予以应对，有利于分担各级政府财政的压力，也可分散和转移风险，逐步建立完备的灾害保险制度。

五、保障措施

1. 资金保障。各级财政部门以及南水北调工程建设管理委员会办公室根据水、旱灾害程度及突发事件的影响安排资金，用于遭受严重灾害地区的设施修复及生活和生产恢复。当启用应急响应时，根据响应等级安排相应资金用于响应行动。

2. 物资保障

（1）物资储备。灾区各省、市防汛抗旱部门按规范要求储备防汛抗旱应急救灾物资，并做好生产流程和生产能力储备的有关工作。另外，及时掌握新材料、新设备的应用情况，根据需要调整储备物资品种。

（2）物资调援。应急管理状态结束后，各级防汛抗旱部门直接调用的应急物资，由相应的财政部门负责安排专项经费补充。当储备物资消耗过多或储存品种有限，不能满足应急管理需要时，应及时启动生产流程和生产能力储备。联系有资质的厂家紧急调运、生产所需物资，必要时可通过媒体向社会公开征集。

3. 应急备用水源保障。各大、中城市以及严重缺水的乡镇，建立应急供水机制，因地制宜，启用应急供水水源。

4. 应急队伍保障。组织专业队伍和群众队伍开展应急管理工作。专业队伍由灾区驻地的水利技术人员、武警和消防部队组成。主要任务是保障人民基本生活用水需要，实施应急送水。

5. 技术保障。建设应急管理指挥系统和专家库。当发生紧急状况时,由水源区应急管理小组统一调度,派出专家组,指导应急管理工作。

6. 宣传与培训。旱情、水情、灾情及应急管理工作等方面的公众信息交流,实行分级负责制,一般公众信息可通过媒体向社会发布。出现大范围的严重灾情,且灾情呈发展趋势时,按分管权限,由省级防汛抗旱指挥部统一发布灾情通报,以引起社会公众关注,参与救灾工作。

采取分级负责的原则,由各级防汛抗旱指挥机构统一组织抗旱救灾培训工作,定期举行不同类型的应急演习,以检验、改善和强化应急准备和应急响应能力。

第五章　受水区水量需求风险分析

跨流域调水工程虽然在一定程度上缓解了水资源时空分布不均、资源和经济社会发展不匹配问题，但并不意味着可以无节制地使用水资源。本章将对受水区水量需求风险进行分析研究。

第一节　社会经济发展预测

社会经济发展预测的主要方法有两类：结构化预测法和非结构化预测法。结构化预测法是指借助物理原型或数学方法建立定量化模型进行预测，常用的方法有确定性预测法、回归预测法、马尔可夫预测法和灰色预测法。非结构化预测法主要是通过定性分析和经验判断给出预测结论的方法，主要方法有专家会议法、德尔菲（Delphi）预测法、交叉影响分析法等，这种预测方法适用于找不到适用的物理原型和数学方法，或得不到足够的数据信息、无法建立定量预测模型的情况。

结构化预测法中的几种方法各有利弊，一般以回归分析法为基础，建立经济发展预测模型。回归分析法用于分析、研究一个变量（被解释变量）与一个或多个其他变量（解释变量）的依存关系，其目的就是依据一组已知的或固定的解释变量之值，来估计或预测被解释变量的总体均值。建立经济社会发展预测模型一般要经过四个步骤：建立理论模型、估计模型中的参数、检验估计的模型和应用模型进行定量分析。

一、建立理论模型

经济发展预测模型是以经济学为理论基础、以计量经济学为工具而建立的一种模型。该模型通过分析经济运行过程中生产、分配、消费各个环节，人口和劳动力、GDP及增加值、财政金融、投资、居民收入和消费、进出口等经济要素的相互关系建立模型方程。

（一）模型结构及模型变量

国民经济运转是一个复杂的系统，要想对国民经济发展进行定量研究，必须把经济系统模型化，在考虑数据可获得性的情况下，把整个模型分成六个模块，即人口和劳动力、GDP及增加值、财政金融、投资、居民收入和消费。在各个模块中，GDP及增加值模块是国民经济发展的重点，是推动国民经济各部门运转的中心环节，它由全社会固定资产投资及社会从业人员决定，在一定的社会生产率状况下，劳动力的多寡以及投资额度的多少直接决定社会财富的增加与否，是 GDP 增长的直接动因；人是物质的生产者，也是物质的消费者，人口的增加使得社会劳动力随之增加，创造出更多的社会财富，GDP 会有所增加，但是人口的增长也会导致更多的人来分享社会财富，在 GDP 不变的情况下，导致人均占有的社会财富减少；社会财富由固定资产折旧、企业盈余、劳动者报酬以及政府财政收入几部分组成，劳动者报酬即模型中的居民收入模块。居民收入一部分用于消费，另一部分形成居民储蓄。政府财政收入一部分为了保证机构的正常运转而形成消费，另一部分则形成政府财政储蓄，与居民储蓄共同组成社会金融部门的储蓄，通过金融部门，储蓄形成贷款，用于社会再生产投入，形成固定资产投资，用于扩大再生产，创造更多的社会价值。

（二）模型方程建立

应用计量经济学进行研究的第一步，就是用数学关系式表示所研究的客观经济现象，即构造数学模型方程。根据所研究的问题与经济理论，找出经济变量间的因果关系及相互间的联系。把要研究的经济变量作为被解释变量，影响被解释变量的主要因素作为解释变量。影响被解释变量的非主要因素及随机因素归并到随机误差项，建立计量经济数学模型。之所以要设置随机误差项，是因为客观经济现象是十分复杂的，很难用有限个变量、某一种确定的形式来描述。随机误差项主要受下列因素的影响：在解释变量中被忽略的因素；变量观测值的观测误差；模型关系的设定误差；其他随机因素。

在这个阶段通常要解决以下几个问题：确定模型所包含的变量；对所研究的经济现象进行系统分析，建立经济变量之间的关系，确定模型的数学形式；拟定模型中参数的符号和大小的理论期望值，用以评价模型的估计结果。计量经济学中被解释变量和解释变量的关系主要有以下三种。

1. 线性函数模型

$$Y = \beta_0 + \sum_{i=1}^{n} \beta_i X_i + \mu$$

式中：Y 为被解释变量；X_i 为第 i 个解释变量；β_0、β_1 为参数；μ 为随机变量。

从经济学的角度看，这种线性函数模型缺少合理的经济解释，参数没有经济意义，但在实际中是很有价值的，它直观地反映了被解释变量和解释变量之间的关系。

2. 半对数线性函数模型

$$Y = \beta_0 + \sum_{i=1}^{n} \beta_i \ln X_i + \mu$$

3. 对数线性函数模型

$$\ln Y = \beta_0 + \sum_{i=1}^{n} \beta_i \ln X_i + \mu$$

对数线性函数模型的特点是其系数 β_i（$i=1$，2，$\cdots$，n）表现的是弹性，故又称为常数弹性模型。它具有合理的经济解释，参数具有明确的经济意义，是一种常用的函数模型。

对数线性函数模型是运用比较广泛的一种模型，它的参数直观反映了解释变量与被解释变量之间的弹性关系。通过对现有数据分析和应用各种不同曲线类型对数据进行拟合，对数线性函数模型拟合效果很好。本研究构建的基本模型方程为：

$$\ln M = \beta_1 \ln K + \beta_2 \ln L + L + \mu$$

式中：M 为被解释变量；K、L 为解释变量；β_1、β_2 为参数；μ 为随机变量。

二、确定模型参数及模型检验

模型参数可采用 Eviews 或 Spss 等计量经济软件包进行预测，模型方程的回归分析需要经过以下几个步骤：建立工作文件、建立对象、数据输入、模型参数预测、模型检验等。

（一）模型参数估计方法的选择

在进行回归模型的参数估计时，常用的方法有最小二乘估计法（OLS）和极大似然估计（ML），一般采用最小二乘估计法。对模型参数估计量的评价标准有三点：无偏性、有效性和一致性。根据著名的高斯·马尔可夫定理："在古典回归模型若干假定成立的情况下，最小二乘估计是所有线性无偏估计量中的有效估计量"最小二乘估计法与其他方法得到的任何线性无偏估计量相比，具有方差最小的特征，所以最小二乘估计是"最佳线性无偏估计量"。

（二）模型检验

需要说明的是，模型参数预测与模型检验是一个交互的过程，利用样本数据估计得到的样本回归方程，只是对总体回归方程的一个近似估计模型，所估计的模型是否确切地反映经济变量之间的相互关系还需要进行检验。因此，在得出模型参数之后，需要对模型的准确性和可靠性进行验证，如果检验项目未能通过，则应重新估计模型的解释变量，直至模型参数符合检验要求。结合模型的理论要求及客观实际，本研究进行以下几方面的检验。

1. 经济检验。主要检验参数估计值的符号及数值的大小在经济意义上是否合理。例如在消费函数中，消费应该随着收入的增加而增加，但消费增长的幅度应低于收入增长的幅度，所以系数的估计值应该介于 0 和 1 之间。

2. 统计检验。统计检验的目的是验证估计结果的可靠性，本研究主要进行以下几方面的检验。

（1）模型拟合优度检验。所谓拟合优度即模型对样本数据的近似程度。由于实际观察得到的样本数据是客观事实的一种真实反映，因此，模型至少应该能较好地描述这一部分客观实际情况。模型中将判定系数 R2 作为判定标准。判定系数不仅反映了模型拟合程度的优劣，而且有直观的经济含义；它定量描述了被解释变量的变化中可以用回归模型来说明的部分，即模型的可解释程度。例如，当某一函数的 R2=0.995 时，这意味着该被解释变量的变化中，有 99.5% 可以通过所估计的函数来解释。本研究中所有模型的 R2 检验值均超过了 0.80，实际上，在线性模型估计中，依据 F 统计量及 R2 的关系可知，只要保证 F 统计量的值超过 5.74、R2 大于 0.5698 时，模型线性关系显著的概率就能达到 99%。

（2）模型显著性检验。判定系数检验只能说明模型对样本数据的近似情况，但建立计量经济模型的目的是描述总体的经济关系，因此，需要进行模型的显著性检验。所谓模型的显著性检验就是检验模型对总体的近似程度。模型中将 F 检验作为评价标准，保证 F>Fa。本研究中，所有模型的 F 统计量值全部满足要求。

（3）解释变量显著性检验。模型通过了 F 检验，表明模型中所有的解释变量对被解释变量的总影响是显著的，但这并不保证模型中的每一个解释变量都对被解释变量有重要影响。在设定模型的时候，根据经济理论设定的解释变量有一些实际上并不重要或其影响可以由其他变量代替。为了使模型更加简单、合理，应该剔除这些不重要的变量，因此要对模型中每个解释变量的显著性进行检验。模型中使用 t 检验作为判断标准，保证 t>ta/2。本研究中，某些模型中解释变量的 t 检验没有通过，但预测性能检验结果表明模型与客观经济发展拟合得很好，因此认为成果可以接受。

3. 预测性能检验。预测性能检验的主要目的是检验模型参数估计量的稳定性，以及模型对样本期以外客观事实的近似描述能力。具体做法是对样本期以外的某一时期进行预测。经过与上述两个年份的实际数据比较，结果合理，固定资产投资、GDP、总人口数等指标的误差均在可接受范围以内。

利用宏观经济模型预测社会经济发展需要大量的基础数据。由于地市级行政区有些数据难以获取，因此本研究模型预测方法进行了简化。根据南水北调工程受水区各地市历史年份的社会经济数据，参考各地市国民经济和社会发展规划，利用趋势预测法分析预测各地市的社会经济发展状况，作为需水预测的基础。社会经济发展预测设定三套方案，分别是低方案、中方案和高方案。

第二节　生活需水分析

生活需水量年内分配相对比较均匀，按年内日平均需水量确定其年内需水量过程。城镇居民生活用水和农村居民生活用水有着本质的不同，农村居民生活用水较为分散，没有采取集中供水，大部分地区也没有根据按量收费的方式向使用者收费。

一、生活用水函数

1. 影响因素分析

国际上，特别是美国和加拿大，进行了许多城市居民生活用水影响因素的研究。美国学者詹姆斯和罗伯特·李经过大量研究，认为水的价格和居民的收入水平决定了城市居民生活用水量。我国在这方面的研究比较少。沈大军等建立了我国城镇居民家庭生活用水的需求函数，分析了影响需水的各种因素，如价格、可支配收入、人口以及地区差异对用水量的影响。根据需求理论和以上国内外的研究成果，结合我国具体情况，我国北方城市居民生活用水需求的影响因素主要有水价、收入、人口特征和水资源稀缺情况。根据国内外的研究成果，城镇人口、人均收入、用水价格、水资源禀赋、用水人口特征、供水管网漏损率等都会对城市居民生活用水需求产生影响。

（1）城镇人口。这是影响城市居民生活用水最直接的因素。在其他条件相同的情况下，用水量与用水总人口大致是呈正相关的，它随人口的增加而增加。

（2）人均收入与水价。城市居民生活用水可视为对水商品的需求量或消费量，按照一般商品的需求规律，需求受到收入预算的限制和水价因素的影响。一般来说，收入水平越高，居民生活用水量相对较高；而城市水价越高，居民生活用水量则相对越少。反映收入的指标可以用人均 GDP 和城市居民可支配收入来表示，后者更能直观反映居民的收入水平。

（3）水资源禀赋。不同区域的水资源禀赋条件也会影响到居民生活用水需求。一般来说，水资源禀赋越好的城市，其居民用水量相对较多；而水资源短缺地区，因供水相对不足，其居民的节水意识相对会更强，因而会主动减少水的消费量。城市水资源禀赋由降水、地表河流、地下水量等因素共同决定，本研究采用人均水资源占有量这一指标对城市水资源禀赋进行间接测度。

（4）用水人口特征，包括用水人口的教育程度、职业等。这些都会对用水需求产生影响。用水人口的教育程度越高，对卫生的要求可能越高，会提高洗澡、洗涤用水量，从而增加对水的需求；当然，教育程度与人的节水意识也可能存在正相关关系，又存在减少用水消耗的影响，所以用水人口教育程度对水需求的影响不易确定。

（5）供水管网漏损率。供水管网漏损率反映输水过程的损失量，供水管网漏损率越低，则输水效率越高，用水量越少，反之，用水量则越高。

2.需水函数模型的建立

需求函数是以商品的需求量作为被解释变量，以影响需求量的因素，如商品价格、收入、其他商品的价格等作为解释变量的计量经济模型。用水需求函数就是将水资源视为一种商品，定量描述需水量与影响用水的各因素之间的关系，它可用于分析各种影响因素变动引起的需水量的变化。本研究通过用水需求函数建立起人均用水量的关系，结合人口预测结果分析地区总的生活需水量。

综合上述分析，根据计量经济学模型选取原则并通过大量试算，本研究选取城镇居民生活用水水价、城镇居民可支配收入和人均水资源占有量作为需求函数的变量，建立城镇居民生活用水定额的全对数需求函数模型，其表达式为：

$$\ln qp = A \cdot \ln p + B \cdot \ln s + C \cdot \ln r + \varepsilon$$

式中：qp 为城镇居民人均日用水量；p 为城镇居民生活用水水价；s 为城镇居民人均可

支配收入；r 为人均水资源占有量；A、B 分别为城镇居民生活用水需求的水价弹性和收入弹性；C 为系数；ε 为随机项，代表所有影响用水定额但未被引入模型的因素及纯粹的随机因素。

受水区各市平均价格弹性为 -0.176，而世界银行 1991 年度发展报告中给出的发展中国家用水需求价格弹性为 -0.25，受水区中 74% 的城市目前的用水价格弹性低于这个值，只有淮安、连云港、青岛、保定等 9 市可以达到这一水平。这说明受水区在现行水价下，水价提升对用水量的抑制作用不够显著。受水区整体价格弹性偏低，也反映出其水价偏低，水价提升还有一定的空间。

从理论上讲，用水价格弹性不会随着水价的提高而持续减小，当价格达到某点后，弹性将开始增大，提高水价对水量的约束作用会越来越小，直至弹性转变为刚性，用水不再受价格的影响。但是受水区目前的价格水平偏低，还不能找到价格弹性的拐点，因此，将得到的水价—价格弹性曲线按原有趋势前推 3 个单位。可见当水价提高到 5.0 元/m³ 左右时，价格弹性出现拐点，最大弹性值为 -0.465。说明对整个受水区居民生活用水而言，水价调整为 5.0 元/m³ 是水价这一经济杠杆发挥最大节水作用的点。继续提高水价，居民的用水定额下降反而不明显，甚至超出居民的支付能力。当然，这个拐点值是外推得到的，缺少实际用水数据的支撑，但对今后的水价调整具有一定的参考意义。

二、生活需水定额

利用建立的城镇居民生活用水函数分析规划年的城镇居民生活需水定额，农村居民生活需水定额按照趋势法进行预测。城镇居民生活需水定额与居民收入和水价具有动态联系，需水定额将随水价和居民收入水平变化而变化，总体来看，水价对用水具有抑制作用，居民收入对用水具有促进作用，这符合经济学的基本规律。

第三节　第一产业需水分析

一、概念与方法

第一产业需水量主要包括农田（水田、水浇地）灌溉、林、牧、渔需水量，其中最主要的是农田灌溉需水。按照水分供给的满足程度，农田灌溉需水量又分为充分灌溉需水量和非充分灌溉需水量。影响农田灌溉需水的因素有很多，在一定的区域、一定的灌溉条件、一定的种植结构组成情况下，农田灌溉需水量受降雨影响较大，而降雨量的大小是不确定的，年际、年内变化都很大。因此，在计算农田灌溉需水时，需要考虑不同降水频率的影响，主要考虑 25%、50%、75%、95% 四种降水频率下的农田灌溉需水。

二、农田灌溉需水量计算

农田灌溉需水量是指灌溉水由水源经各级渠道输送到田间，包括渠系输水损失和田间灌水损失在内的毛灌溉需水量。其采用下式计算：

$$I_G = 0.667 \cdot \sum_{i=1}^{n} I_{Ni} \cdot A_i / \eta_g$$

其中，农田净灌溉定额，亦即单位面积灌溉需水量是采用大田水量平衡原理进行计算的，该平衡方程式为：

$$I_N = f\left(ET, P_e, Ge, \Delta W\right)$$

对于旱田：

$$I_{Ni} = ET_{ei} - P_e - Ge_i - \Delta W$$

对于水稻：

$$I_{Ni} = ET_{ei} + F_d + M_0 - p_e$$

式中：I_G 为农田灌溉需水定额（农田综合毛灌溉定额）ET_{ei}；A_i 为第 i 种作物种植面积；η_g 为灌溉水利用效率；I_{Ni} 为第 i 种作物净灌溉需水量；ET_{ei} 为第 i 种作物的需水量；ΔW 为作物生育期内始末土壤储水量的变化值（逐月）；P_e 为作物生育期内的有效降雨量；G_{ei} 为第 3 种作物生育期内的地下水补给量；F_d 为稻田全生育期渗漏量；M_0 为插秧前的泡田定额；n 为作物种类。

三、农田灌溉需水定额的参数确定

从农田用水定额计算的理论依据可以看出，影响农田需水定额的主要参数有：作物需水量、有效降雨量、作物种植结构、灌溉水利用率、作物生育期内的地下水补给量、稻田全生育期渗漏量、水稻插秧前的泡田定额、作物生育期始末土壤储水量的变化值。其中，作物生育期始末土壤储水量的变化值相对较小，在此不予考虑，其他参数都受很多因素影响，合理分析确定每个参数是制定农田用水定额的关键。

（一）作物需水量

作物需水量是指作物在适宜的土壤水分和肥力水平下获得高产的植株蒸腾、棵间蒸发以及构成植株体的水量之和。

影响作物蒸腾过程和棵间蒸发过程的因子都会对作物需水量产生影响，因此，影响作物需水量的因素有很多，其中包括气象因子、作物因子、土壤水分状况、耕作栽培措施及灌溉方式等。因为影响作物需水量的因素多，所以作物需水量不可能用这些影响因素的某种线性或非线性关系来准确表达，而只能采用一些经验或半经验公式来计算。目前估算作物需水量的方法有很多种，这些方法大致可以归结为以下三类：模系数法、直接计算法、参考作物法。

1. 模系数法

这类方法的特点是首先利用"积温法""产量法"或其他形式的经验公式推求作物全生育期的总需水量，然后用阶段模比系数 K，求各阶段的需水量，

根据估算全生育期总需水量时所使用的自变量的差异，模系数法又分为产量法、水面蒸发量法、积温法、日照时数法、饱和差法和多因素法等。由于影响模系数法的因素较多，如作物品种、气象条件，以及土、水、肥条件和生育阶段划分的不严格等，因而同一作物同一生育阶段在不同年份内的需水模数并不稳定，而不同作物需水模数则变幅更大。因为这类方法是通过多年平均模数来计算某一具体年份各生育阶段的实际需水量，所以计算误差通常较大，使用的可靠性也经常受到质疑。

2. 直接计算法

这类方法又称为经验公式法，是根据作物各生育阶段需水量及其主要影响因素实测成果，用回归分析方法建立作物需水量随影响因素变化的经验公式。用此经验公式直接计算作物各生育阶段的需水量，其中包括水汽扩散法、能量平衡法和综合法等。

3. 参考作物法

这类方法是以高度一致、生长旺盛、完全覆盖地面而不缺水的绿色草地（8~15cm）的蒸发蒸腾量作为计算各种具体作物需水量的参照物。使用这一方法时，首先计算参考作物需水量，然后利用作物系数 K 进行修正，最终得到某种具体作物的需水量。

通过大量实践，对估算作物需水量的上述方法进行比较后认为，参考作物法具有较好的通用性和稳定性，估算精度也较高，各地都可以使用。美国农业部水土保持局主持编写的《美国国家工程手册灌溉卷》中也指出，"在综合考虑各种不同方法的优缺点后，推荐在许多地点都已证明具有足够精度的参考作物法作为统一的方法使用。"我国在作物需水量的研究方面也做了大量工作，已绘制了逐月参考作物需水量等值线图和主要农作物需水量等值线图。此外，有关作物系数的研究工作开展得也比较广泛，全国许多地方包括宁夏都对当地主要农作物的作物系数进行了测定，收集了比较丰富的资料。从各地的实际应用情况来看，用参考作物法估算作物需水量的结果具有较高的一致性，估算精度也比较高。

（二）有效降雨量

众所周知，所有的降雨量并不是全部都被作物有效利用，部分雨量因地表径流、深层渗漏或蒸发等而损失掉。因此，有效降雨量是指总降雨量中能够保存在作物根系吸水层中用于满足作物蒸发蒸腾需要的那部分水量，它不包括地表径流和渗漏至作物根系吸水层以下的部分水量。

对于旱作物，有效降雨量是保持在作物根系吸水层中供蒸发、蒸腾利用的降水量，即生育期内降水量减去径流量和深层渗漏量。其值与一次降雨量、降雨强度、降雨延续时间、土壤质地、地形结构、降雨前的土壤湿度、作物种类和生育阶段，以及田面条件（坡度、翻耕、平整情况）等有关，由灌溉试验站农田水量平衡实测资料确定。

水稻生长期内，田面水层深浅随生育阶段不同而异，有其最大适宜水层深 H 适宜，降雨中把田间水层深 H，补到深度 H 的部分（H≤H 适宜），以及供作物蒸发蒸腾利用的 ET 和改善土壤环境的深层渗漏都是有效降雨，形成的径流和无效的深层渗漏为无效降雨。

（三）作物生育期内的地下水补给量

作物对地下水的利用是客观存在的，但由于研究和测定比较困难，因而国内外在这一方面的研究成果和实际观测资料等均比较少。但是，在制定灌溉制度、进行农业需水量计算或预测时，作物在整个生育期间对地下水的利用量却是不容忽视的。

所谓作物对地下水的直接利用量，是指地下水借助土壤毛细管作用上升至作物根系吸水层而被作物直接吸收利用的地下水水量。作物在生育期内直接利用的地下水量与作物根系层深度、地下水位埋深、作物根系发育程度等因素有关。

在一定的土壤质地和作物条件下，地下水利用量主要与其埋深和大气蒸发力条件有关。因此，可采用如下公式确定：

$$G_e = f(H_D) \cdot ET_e$$

式中：G_e 为地下水利用量；ET_e 为相同时期内的作物需水量，可采用公式计算；$f(H_D)$ 为地下水利用系数，即地下水利用量占相同阶段作物需水量的百分数。

从式中可看出，确定地下水利用量的关键是寻找地下水利用系数随埋深的变化规律。若已知地下水利用系数和埋深的关系，则可根据埋深 H 计算出相应埋深条件下的地下水利用系数，代入上式中即可求得相应的地下水利用量。

另外，分析多年试验资料地下水利用量与其埋深，表现出明显的规律。当埋深 H>Hj 时，地下水利用量随埋深增大而减小：当 H 达到一定值时，地下水毛管上升作用微弱，其利用量趋于零；当埋深 H<Hj 时，随着地下水埋深减小其利用量也降低。这是因为，此时的地下水位已上升至作物根系活动层逐渐形成渍害，作物根区土壤水分饱和，根系呼吸困难，作物生态环境恶化，水、肥、气、热关系失调，作物生长发育受到抑制，根系吸水能力明显降低，因而其地下水利用量减小。

已有的研究表明，在无灌溉的条件下，小麦地下水位调控范围宜为 1.0~2.5m，适宜埋深为 2.5m；玉米地下水位调控范围宜为 1.0~2.0m，适宜埋深为 2.0m。小麦生育期和玉米生育期地下水极限埋深分别为 5.3m 和 6.3m，此时地下水利用量已经微乎其微，因此，当浅层地下水埋深大于 6.0m 时，地下水补给量可以忽略不计。

根据《中国地下水资源与环境调查》，江苏的浅层地下水埋深一般在 1~3m；安徽的浅层地下水埋深一般小于 5m，平原区在 1~3m，丘陵区在 1~2m，河间波状平原在 5~7m；山东浅层地下水埋深一般都大于 15m；河南浅层地下水埋深小于 4m 的区域主要分布在豫南、豫东南的驻马店、信阳、周口及沿黄地带，埋深在 4~8m 的区域主要分布在商丘、开封、许昌、漯河及南阳盆地和豫北的新乡地区，埋深在 8~12m 的区域主要分布在豫北及南阳盆地的周边地带，埋深在 12~16m 的区域主要分布在豫北的北部、西部及许昌西部，埋深大于 16m 的区域主要分布在豫北的南乐、清丰、内黄和温县、孟州等地；河北山前冲洪积平原区地下水埋深较大，一般在 20~40m，局部深达 60m 以上，包气带厚度大，中部冲湖积平原区地下水埋深一般在 10~20m 之间，局部 30m 以上，滨海平原区地下水埋深一般小于 5m，沿海地带小于 1m；北京地区浅层地下水埋深在河流出口地带即冲洪积扇顶部一般大于 20m，非河谷出口地带在 15~20m，冲积平原区以承压水为主，承压水头埋深一般小于 10m；天津地区浅层地下水埋深不同区域有所差异，山前平原浅层地下水埋深在 3~8m，北部及西北部平原浅层地下水埋深在 2~5m，宝坻断裂以南浅层地下水埋深在 2~3m。

由以上资料可知，山东、北京地下水埋深一般都超过了作物可利用的范围，可不考虑地下水利用；安徽、江苏、河南、河北、天津部分地区浅层地下水在作物可利用范围内，需要考虑地下水对作物灌溉需水的影响。

（四）作物种植结构

作物种植结构不仅受农作物的市场需求、传统种植习惯、政府农业政策、农业新品种、新技术开发等因素的影响，还受灌溉水量的限制。一般情况下，如果降雨多，灌溉供水比较有保障，耗水多的作物种植比例一般较高；反之则耗水多的作物种植比例就会下降，因此，可供灌溉水量的多少也对作物种植结构变化产生影响。

随着人口的不断增长和居民生活水平的提高，农副产品的市场需求量越来越大，对农副产品的品种结构和质量要求也会发生较大的变化，对农产品的消费将从温饱型进入小康型，局部地方将向富裕型过渡，居民的营养水平将不断提高。因此，在未来一些年内对农产品的需求呈平稳增长和结构不断优化的态势。粮食中口粮消费将会减少，饲料粮、加工专用粮的消费将有较大幅度增长。对畜产品和水产品的需求将会增加。因此，可以看出，作物种植结构是一个动态的参数，受到多种因素的影响。

作物种植结构主要考虑以下几种：小麦、单种玉米、套种玉米、水稻、大豆、瓜菜、经果林、牧草等

（五）灌溉水利用率

灌溉水的利用效率，是指单位面积农作物需要灌溉的净需水量与所引用的毛需水量之间的比值，两者的差值为灌溉时所损失的水量，包括渠系损失和田间损失。因此，灌溉水的利用效率应包括渠系水的利用效率和田间水的利用效率两部分。

田间水的利用效率与灌溉的形式、灌溉系统的状况、灌溉技术和习惯、管理状况、地形、土壤特性等因素有关。渠系水利用系数与渠道系统状况（衬砌情况、渠道系统形式）及渠道管理方式等因素有关。综合来讲，影响灌溉水利用率的因素很多，最关键的因素有灌溉工程状况、灌水技术、管理水平、灌区类型和规模、灌区自然条件等。本研究采用全国灌溉水利用系数、各省市灌溉水利用系数测算和规划数据。

四、第一产业需水量

基于灌溉面积现状和林牧渔业发展规模对第一产业需水量进行预测，并结合各省市相关规划资料，以遵循客观事实为原则，确定各受水区最终的第一产业需水量。

1. 江苏省。徐州市需水量最大，在95%降水频率年份，农田灌溉需水量为24.9亿 m^3 ，林牧渔业需水量为2.78亿 m^3 ；最小的是宿迁市，95%降水频率年份农田灌溉和林牧渔业需水量分别为1.57亿 m^3 和0.41亿 m^3 。

2. 安徽省。通过计算，并结合《中国地下水资源表（安徽卷）》确定安徽省各受水区2015年第一产业需水量，宿州市农田灌溉需水量受降水影响较大，枯水年需水量是丰水年需水量的近3倍，其他地市变化幅度不大；在三个受水区中，宿州市需水量最大，95%降水频率年份第一产业需水量为8.77亿 m^3 。

3. 山东省。根据山东省水利厅《21世纪初山东省水资源可持续利用总体规划报告》结合计算，山东省降雨量不大，农业生产主要靠灌溉维持，在不同降水频率下需水量变化不大：在各受水区中，济宁市需水量最大，为22.01亿 m^3 ；其次是菏泽、聊城和德州，第一产业需水量分别为20.47亿 m^3 、19.46亿 m^3 和19.59亿 m^3 。

4. 河南省。与山东省类似，河南省农业生产对灌溉的依赖性较大，根据《河南省水资源》研究成果，其中需水量最大的是新乡市，为16.08亿 m^3 ，之后依次是安阳市、南阳市、周口市、濮阳市、焦作市，需水量分别为14.81亿 m^3 、14.11亿 m^3 、12.43亿 m^3 、11.01亿 m^3 和10.29亿 m^3 ，其他地市均小于10亿 m^3 。

5. 河北省。结合《21世纪初河北省水资源与可持续发展战略研究》，各受水区第一产业需水量比较大，保定市最大，需水量为26.74亿 m^3 ；其次是石家庄，为25.32亿 m^3 ，廊坊最小，为8.13亿 m^3 。

6. 北京市和天津市。根据《21世纪初首都圈水资源可持续利用规划》《21世纪初期水资源支持天津市可持续发展规划》等，结合计算成果，北京市第一产业最大需水量为18.31亿 m^3 ，天津市为15.65亿 m^3 。

第四节　第二产业需水分析

第二产业需水依据预测水平年第二产业增加值和第二产业单位需水定额计算，见式：

$$I\omega^t = V2^t \cdot q2^t/10000$$

式中： $I\omega^t$ 为第二产业第t水平年的需水量； $V2^t$ 为第二产业第t水平年的增加值； $q2^t$ 为第二产业第t水平年的用水定额。

第二产业单位需水增加值与地区经济发展水平、水资源总量状况、工业生产水平、工业结构、科技水平、水价等因素有着很重要的关系。水资源量丰富的地区，不需受水资源量的约束来调整工业内部结构，工业生产节水意识不强，用水量相对较高；反之，水资源量不足的地区，由于水资源短缺，必须调整产业结构，减少单位用水量，同时人们节水意识较强，因此用水效率较高，单位工业增加值用水量相对较少。经济发展水平较高的地区，资金相对雄厚，可以投入一定的资金进行节水，设备更新快，技术先进，水资源利用效率较高；反之，经济发展落后的地区，资金匮乏，设备陈旧，技术落后，水资源利用效率较低。水价也是影响用水的重要因素，水价提高将增加用水部门的生产成本，从而抑制用水需求；反之则起不到约束作用。对于不同的工业类型而言，单位增加值的需水量是不同的，嗜水性工业（即单位增加值耗水量较大的工业行业）的比重大，水的需求量就大；嗜水性工业的比重小，水的需求量就小，这种影响可以用重工业增加值或化工工业增加值占工业增加值的比重来反映。工业生产各环节对用水的要求不尽相同，其中部分水是完全可以重复利用的，一般而言，重复利用率越高，新鲜水的取用量就越少，需水量也就越少；对于第二产业而言，科技进步在促进产业生产效率和效益方面起到了重要的作用，随着科技水平的提高和生产工艺的不断发展，单位产出的用水需求在不断降低。作为工业生产的一种要素，价格杠杆也能够有效调节工业对用水的需求，有效促进工业节水。供水管网漏损率反映输水过程中的损失，供水管网漏损率越低，则输水效率越高，用水量越少；反之，用水量则越多。

由于统计问题，供水管网漏损率和工业用水重复利用率仅收集到零散的数据，因而不足以支撑此次研究，同时经过初步分析，供水管网漏损率普遍变化不大，工业用水重复利用率目前也没有通过试验测得全行业数据，大部分是估计值。与节水有关的科技投入和发明专利难以统计，尤其是部分地市的上述资料更难获取，从我国实际情况看，节水科技投入和相关专利在逐年增长，为此选取年份作为反映科技进步的因素，以时间这一变量来反映科技进步对第二产业用水的影响。结合收集到的资料，选择第二产业单位增加值用水量作为因变量，选择时间、第二产业增加值比重、第二产业水价、人均水资源占有量作为自变量建立第二产业用水函数，时间反映科技进步因素，产业增加值比重反映产业结构调整状况，水价反映企业水费支出状况，人均水资源占有量则反映地区水量丰裕程度。

建立的第二产业用水需求函数为：

$\ln q2 = A \cdot Int + B \cdot \ln p + C \cdot \ln b + D \cdot \ln r + \varepsilon$

式中：q2 为第二产业单位用水量；t 为年份；p 为第二产业水价；b 为第二产业增加值比重；r 为人均水资源占有量；ε 为随机项，代表所有影响用水定额但未被引入模型的因素及纯粹的随机因素；A、B、C、D 为各因素的弹性系数。

利用统计分析软件对 2000~2006 年各地市第二产业用水的时序数据进行回归分析，结果显示，人均水资源量均未通过模型检验，时间、水价和第二产业增加值比重大部分都通过了检验。

第五节 第三产业需水分析

与第二产业相似，第三产业需水量依据预测水平年第三产业增加值和第三产业单位需水定额计算，见式：

$$T\omega^t = V3^t \cdot q3^t / 10000$$

式中：$T\omega^t$ 为第三产业第 t 水平年的需水量；$V3^t$ 为第三产业第 t 水平年的增加值；$q3$ 为第三产业第 t 水平年的用水定额。

一、第三产业用水函数

与第二产业相似，第三产业单位增加值需水与地区经济发展水平、水资源总量状况、第三产业结构、水价等因素有着很重要的关系。结合收集到的资料，选择第三产业单位增加值用水量作为因变量，选择时间、第三产业增加值比重、第三产业水价、人均水资源占有量作为自变量建立第三产业用水函数：

$$\ln q3 = A \cdot \ln t + B \cdot \ln p + C \cdot \ln b + D \cdot r + \varepsilon$$

式中：$q3$ 为第三产业单位增加值用水量；t 为年份；p 为第三产业水价；b 为第三产业增加值比重；r 为人均水资源占有量；ε 为随机项，代表所有影响用水定额但未被引入模型的因素及纯粹的随机因素；A、B、C、D 为各因素的弹性系数。

利用统计分析软件对 2000~2006 年各地市第三产业用水的时序数据进行回归分析，结果显示，人均水资源量均未通过模型检验，时间、水价和第三产业增加值比重大部分都通过了检验。各受水区第三产业用水定额回归系数见表 5-1 和表 5-2。

表 5-1 南水北调东线工程各受水区第三产业用水定额回归系数

序号	行政区	A	B	C	
1	江苏省扬州市	-247.6	-0.1604	0	1885.6
2	江苏省淮安市	-184.3	-0.0500	0	1404.3
3	江苏省宿迁市	-191.3	-0.3647	1.8780	1451.9
4	安徽省蚌埠市	-147.7	-0.1162	0	1126.0
5	安徽省宿州市	-9.6	0	0	75.8
6	安徽省淮北市	-29.6	0	0	228.2
7	江苏省连云港市	-198.8	-0.2450	-1.6065	1520.7
8	江苏省徐州市	-245.9	-0.1053	0	1873.4
9	山东省枣庄市	-94.6	-0.0312	0	721.2
10	山东省济宁市	-105.0	-0.4129	0	801.3
11	山东省菏泽市	-214.1	-0.1080	-2.5562	1638.3
12	山东省泰安市	-229.0	-0.0413	-2.1742	1750.0

序号	行政区	A	B	C	
13	山东省济南市	-160.5	-0.0743	-3.9562	1237.8
14	山东省滨州市	-162.9	-0.0464	0	1240.4
15	山东省淄博市	-13.7	-0.2757	-0.0662	106.9
16	山东省东营市	-50.7	-0.0328	0.1199	388.2
17	山东省潍坊市	-112.3	-0.0623	0.6981	854.0
18	山东省青岛市	-22.8	-0.0281	0.1886	175.2
19	山东省烟台市	-102.5	-0.1574	-1.1839	784.8
20	山东省威海市	-108.7	-0.1350	-0.0912	829.1
21	山东省聊城市	-126.9	-0.1255	-2.9292	975.4
22	山东省德州市	-32.0	-0.0723	0.5999	243.6

表 5-2 南水北调中线工程各受水区第三产业用水定额回归系数

序号	行政区	A	B	C	
1	河北省邯郸市	-173.7	-0.0678	0	1323.2
2	河北省邢台市	-187.2	-0.0856	0	1426.1
3	河北省衡水市	-136.0	-0.1904	5.2666	1018.5
4	河北省石家庄市	-102.9	-0.1080	-0.3974	786.0
5	河北省保定市	-173.5	-0.0503	0	1321.7
6	河北省廊坊市	-121.6	-0.0644	0	927.4
7	北京市	-124.3	-0.0644	-4.7663	968.5
8	天津市	-130.6	-0.3417	0.0829	995.6

二、第二产业和第三产业需水价格弹性

对第二、三产业而言，水价和科技水平对用水的影响较为显著。通过分析受水区第二、三产业水价和用水量的关系，得出第二产业用水价格弹性系数在 -0.44~0，第三产业用水价格弹性系数在 -0.412~0，水价提升对抑制第二、三产业用水效果显著。

同理，对第二、三产业用水价格弹性进行外延，得出各地市第二、三产业用水水价与价格弹性的关系，第二、三产业价格弹性的拐点分别出现在 6.9 元 /m³ 和 9.1 元 /m³ 处，最小价格弹性系数值分别为 -0.54 和 -0.46。

第六节　生态需水分析

一、生态需水研究的发展过程

（一）国外生态需水研究的发展过程

随着水库的建设和水资源开发利用程度的提高，美国的资源管理部门开始注意和关心渔场的减少问题。美国鱼类和野生动物保护协会对河道内流量进行了许多研究，主要为关于鱼类生长繁殖和产量与河流流量关系，从而提出了河流最小环境（或生物）流量的概念。以后，随着人们对景观旅游业和生物多样性保护的重视，又提出了景观河流流量和湿地环境用水以及河流入海口生态需水的概念。

欧洲、澳大利亚和南非等国家都开展了许多关于鱼类生长繁殖、产量与河流流量关系的研究，产生了许多计算和评价方法，出现了关于河流生态流量的定量研究和基于过程的研究。一些早期的工作建立了流量和流速、鲑鱼、大型无脊椎动物、大型水生植物的联系。在此期间，河流生态学家将注意力集中在能量流、碳通量和大型无脊椎动物生活史方面。

生物对水流改变的响应研究取得了相当进展。将水流和生态相联系的代表作是《河流生态与人》一书。然而，在那时，河流管理是一门艺术而不是科学。Fraser举例说明：建议的河流流量常常更多基于生物学家和工程师的猜测，而不是基于流量和河流生态、审美学等的定量评价。河道内流量增加法（IFIM）的出现，使得河道内流量分配方法趋于客观。该法成为在北美洲广泛应用的方法，用来评估流量变化对鲑鱼栖息地等的影响。

早期的环境流量评估方法集中在最敏感或者说是在经济和生态上重要的用户。Hooper和Ottey调查了枯水流量和丰水流量的大波动对海底生物群落的影响。Singh建议用专用库容来满足鱼类对枯季流量的需求。TsaiWiley把他们的注意力集中在鱼类种群的多样性和组成上。Willians和McKellar举例说明在水能和水生系统生产力之间的权衡问题。一些研究者报道了确定生态重要性的枯水流量指数方面的研究。

单一目标（例如：为满足鱼类需求）的河流管理不再被看成是完全有效的方法。现在，河流被看作平衡的生态系统，要求建议的河道内流量能满足鱼类通道、水温、各种栖息地的维持、泥沙控制、娱乐等多方面的要求。Narayanan等建议用河道某段时间内的多方面需求来评估河道内流量。将某段时间内的各种流量需求的最大值定为河道内流量需水量，并且必须考虑城市用水和农业用水的竞争。

引起注意和被接受的一个研究趋势是枯水流量管理的经济问题。一些学者研究了保持一定枯水流量的效益；回顾了保证河流枯水流量在某一水平的经济成本和环境效益的权衡技术。

（二）国内生态需水研究的发展过程

在我国，汤奇成等人在分析新疆塔里木盆地水资源与绿洲建设问题时提出了"生态用水"问题。在进行全国水资源利用前景分析时，考虑干旱区绿洲的生态用水，估算的外流河河道内生态需水量为水资源总量的40%。之后，提出了我国21世纪水资源供需的"生态水利"问题。在国家科技攻关中，对干旱区生态需水进行了系统研究，提出了针对干旱区特点的生态需水研究计算方法。基于河流系统与干旱平原区植被生态系统的演变机理，研究植被生长需水的区域分布规律，采用遥感和地理信息系统技术实现生态的空间分区，以生态分区和流域水平衡为基础量化生态需水；基于可持续发展的生态模式，确定生态保护目标和生态建设规模，并预测生态需水，针对黄河、华北地区河流生态需水进行了研究，产生了相应的方法。

国内河流计算方法主要采用最枯年天然径流估算法和年最小月均流量的多年平均值作为河流的基本生态需水量。针对黄河流域的水土流失问题，研究了水土保持需水量。其需水量的计算主要是依据实测水文资料和水土保持资料，应用水文循环原理和水量平衡原理，计算水土保持对流域产水量的影响。国家攻关项目中国分区域生态用水标准研究对生态需水进行了历时三年的全面研究。该项研究，提出了水循环尺度生态效应及其作用和转化理论，建立了全国分区域生态需水理论和计算方法体系，构建了生态用水标准技术分析体系，研究了生态用水分析机制，开发了系列区域生态需水计算关键技术；提出了北方半湿润半干旱区四大流域生态需水特征值和不同发展阶段生态用水控制性指标，开展了内陆河生态圈层结构实验实证分析。

二、生态需水概念

目前，河流生态需水没有统一的概念，缺乏明确的定义，而是用与河流生态需水相关、相近的概念代替。

在美国，生态用水是指服务于鱼类和野生动物、娱乐及其他美学价值类的水资源需求。美国官方一般把生态用水的概念界定为"能被管理并且可以定量化的用水"。在特别需要的地方，也包括维持季节性河流两岸植被生长的浅层地下水。Gore建议在河流规定最小流量，并指出生物群落的最小流量需求仅是管理决策的一部分。管理决策必须能适当地维持生态系统的完整性。Covich强调了在水资源管理中要保证恢复和维持生态系统健康发展所需的水量。基本生态需水量的概念，即提供一定质量和数量的水给天然生境，以求最低程度地改变生态系统，保护物种多样性和生态系统的完整性；同时应该考虑气候、季节变化、现状生态等因素对生态系统的影响，认为基本生态需水应该是在一定的范围内可以变动的值。在其后来的研究中将此概念进一步升华并同水资源短缺、危机与配置相联系。Falkenarl将"绿水"的概念从其他水资源中分离出来，提醒人们注意生态系统对水资源的需求。指出水资源的供给不仅要满足人类的需求，而且要满足生态系统的需求。这种"绿色"水包含在雨养农业、林业和天然植被等生态系统中。

Petts认为整体的河流流量管理,需要建立在正确的科学原则上,考虑生态可接受的流量变化;确定河流的径流量要面对生态目标,不仅需要考虑当前可接受的平均流量,而且要参照基流量、最小流量、最大流量,并考虑他们的频率和持续时间。Rashin等也提出了可持续的水利用要求有足够的水量来保护河流、湖泊和湿地生态系统,具有娱乐、航运和水力发电功能的河流和湖泊要保持最小流量,但作者并没有给出明确的概念和计算方法。Whipple等认为,水资源的规划和管理现在需要更多地考虑环境需求,指出应当协调解决流域内生态需水与国民经济需水的矛盾,强调单纯依靠立法保护濒临灭绝物种的弊端。Baird针对各类型生态系统的基本结构和功能,较详细地分析了植物与水文过程的相互关系,强调了水作为环境因子对自然保护和恢复所起到的巨大作用。作者尽管没有将生态需水量作为研究对象,但许多相关的思想、原理和方法在很大程度上推动了生态需水量的研究。俄罗斯学者提出了生态径流的概念:指出"生态径流"符合水体的生态学要求,这个径流应当保证在人类活动影响下河流生态系统的完整性。若河道内流量小于生态径流,将导致河道内生态系统的破坏。

国内学者研究的生态需水内容广泛,提出了许多生态需水定义。从广义上来讲,维持全球生物地理生态系统水分平衡所需用的水,包括水热平衡、生物平衡、水沙平衡、水盐平衡等所需用的水都是生态需水。狭义地讲,生态需水是为了维持生态系统的某种质量水平,需要向生态系统不断地提供或保留的水量。

对于河流,为维护生态系统的天然结构与功能,河流系统生态环境所需水量即是生态需水。对干旱区的研究认为,绿洲应是干旱区的主体景观。基于此点,将干旱区生态用水定义为:在干旱区内,对绿洲景观的生存和发展及环境质量的维持与改善起支撑作用的系统所消耗的水分称之为生态用水。最小生态需水是维系生态环境系统基本功能的一种水量。按照生态环境需水量的基本特征和表现,将其分为生态需水和生态环境需水两部分。

三、生态需水计算方法

生态需水研究主要集中在河流生态需水研究方面。早期的研究是关于河道枯水流量的研究。这个时期主要是为满足河流的航运功能而对枯水流量进行研究。随后,由于河流污染问题的出现,开始对最小可接受流量进行研究。其最小可接受流量除了满足航运功能外,还要满足排水纳污功能。随着河流受人为因素影响和控制的加强,河流生态系统结构和功能遭到破坏,生态可接受流量的研究逐渐展开,其主要是为恢复河流生态系统功能,为满足不同的环境要求而进行生态可接受流量范围的研究。

（一）河流生态需水计算方法

生态需水计算方法很多。由于生态系统的复杂性以及人类对河流生态系统认识有限,因此没有一种令人满意的通用方法。

国外河流生态需水计算方法大体上可以分为四类：

历史流量法：蒙大拿法、流量历时曲线法、产水常数法。

水力定额法：湿周法、简化水尺分析法、R2CROSS 法、WSP 水力模拟法等。

栖息地定额法：河道内流量增加法（IFIM）、有效宽度（UW）法、加权有效宽度（WUW）法、偏好面积法等。

整体分析法：BBM 法、澳大利亚的整体法等。

上述确定河道内流量的方法还可以分为两大类：标准设定法和非标准设定法。标准设定法是确定一个保护河流流量权所需的最小流量标准。它又可进一步分为非现场类型、栖息地保持类型，包括历史流量法、水力定额法和整体分析法。非标准设定法是栖息地定额法。它并不产生一个流量标准，而只建立水力数据与生物栖息地之间的曲线关系。

在美国，生态用水主要包括四项内容：联邦和州确定的天然和景观河流的基本流量；河道内生态用水，指用于航运、娱乐、鱼类和野生动物保护以及景观等美学价值等的用水；湿地需水，主要指湿地保护区的需水，包括咸水湿地、微盐沼泽和淡水湿地的需水；海湾和三角洲的流量，为保持和控制海湾和三角洲的环境包括咸度、入海流量而规定的需水量。

河道内生态用水必须建立在河流实际调查研究的基础上。美国完成了第二次全国水资源评价。在这次评价中，既考虑了河道外用水，也估计了鱼和野生生物、游览、水力发电、航运等河道内用水。其中，把生态用水作为主要的河道内控制用水。美国本土内渔业及野生生物生长所需理想的径流量为 39.2 亿 m³/d（略低于估算的平均径流量 46.4 亿 m³/d）。据此推算，其年用水约占美国本土多年平均河川径流量 17039 亿 m³ 的 84%，比重是相当大的。

1. 历史流量法

该类方法包括：蒙大拿法、流量历时曲线法、产水常数法。它是建立在已有历史流量数据基础之上的方法，以历史流量资料来推导河流生态流量。该类方法的优点是比较简单，容易操作，对于数据的要求不是很高，径流数据可以和决定河道内流量需求的生态数据相联系，可以很容易和规划模型结合。但由于过于简化了河流的实际情况，没有直接考虑生物需求和生物间的相互影响，因而只能在优先度不高的河段使用，或者作为其他方法的一种粗略检验。

（1）蒙大拿法（Montana Method，Tennant 法），该方法可能是最为常用的历史流量法。它建立了河流流量和水生生物、河流景观及娱乐和河流流量之间的关系。它将年平均流量的百分比作为基流，具有宏观的定性指导意义。

OrthDJ 和 LeonardPM 在美国弗吉尼亚地区的河流中证实：10% 的年平均流量提供了退化的或贫瘠的栖息地条件；20% 的年平均流量提供了保护水生栖息地的适当标准。在小河流中，30% 的年平均流量接近最佳栖息地标准。在美国，该法通常作为在优先度不高的河段使用，或者作为其他方法的一种检验。它是美国第二个最常用的方法，为 16 个州采用或承认。

在法国，"乡村法"规定：河流最低环境流量不应小于多年平均流量的 1/10；对所有河流，或者部分河流，如果其多年平均流量大于 $80m^2/s$，此时政府可以给每条河制定法规，但最低流量的下限不得低于多年平均流量的 1/20。

（2）流量历时曲线法

流量历时曲线法利用历史流量资料构建各月流量历时曲线，并且提供了流量累积频率。这种方法建立在至少 20 年的日均流量基础上，计算每个月的生态流量。采用的枯季生态流量相应的频率有 90%，也有采用频率为 84% 的情况；汛期生态流量相应频率也有采用 50% 的情况。

流量历时曲线法保留了仅采用水文资料计算生态流量的简单性。它考虑了各个月份流量的差异，产水常数法使用的少。

（3）国内河流生态需水计算方法

国内河流生态需水计算方法主要有：枯年天然径流估算法—以最枯年天然径流进行估算，将河流年最小月均流量的多年平均值作为河流的基本生态环境需水量。这两种河流生态需水计算方法属于历史流量法的范围，具有和历史流量法相同的优点和不足。

2. 水力定额法

水力定额法包括湿周法、R2CROSS 法、简化水尺分析法、WSP 水力模拟法等。

该类方法则应用水力学现场数据，分析河流流量与鱼类栖息地指示因子的关系。其所考虑的参数有湿周、水面宽度、流速、深度、横断面面积等。该法需要到野外收集河流流量与河流横断面参数方面的数据。有两种方法来确定河道内流量需求。在第一种方法中，先确定多年平均流量或中值流量相应水力参数的某个百分数，再用这个百分数确定相应的流量即为河道内流量需求。例如，以湿周的 80% 相应的流量为河道内流量需求。第二种方法是拐点法，通过确定栖息地—流量响应曲线的拐点来实现。最常用的水力学法是考虑湿周随流量变化的方法。

（1）湿周法

该方法利用湿周作为栖息地质量指标来估算河道内流量。其假设是：保护好临界区域的水生物栖息地的湿周，也将对非临界区域的栖息地提供足够的保护。通过在临界的栖息地区域（通常大部分是浅滩）现场搜集河道的几何尺寸和流量数据，并以临界的栖息地类型作为河流其余部分的栖息地指标。河道的形状影响该方法的分析结果。

（2）R2CROSS 法

R2CROSS 法具有和湿周法相同的假设。对于一般的浅滩式河流栖息地，如果将河流平均深度、平均流速和湿周长度作为反映生物栖息地质量的水力学指标，且在浅滩栖息地能够使这些指标保持在相当满意的水平上，那么也足以维护非浅滩栖息地内生物体和水生生境健康。该法确定最小生态需水具有两个标准：一是湿周率，二是保持一定比例的河流宽度、平均水深以及平均流速等，R2CROSS 法以曼宁公式为基础。

与非现场类型方法相比，水力定额法包含了更多更为具体的河流信息。然而这类方法也忽视了水流流速的变化，未能考虑河流中具体的物种或物种各生命阶段对流量的需求。

同时该类方法假设河道是稳定的、所选择的横截面是能够确切的表征整个河道，而实际上并非如此。

3. 栖息地定额法

栖息地是用以描述动植物生存所需的物理环境的一个概括性词汇。一些生境现象，诸如水深和流速都直接与流量相关，而另一些则是描述河流及其周围状况的。

栖息地定额法包括：有效宽度（UW）法、加权有效宽度（WUW）法、河道内流量增加法（IFIM）等。

（1）有效宽度法。有效宽度法是建立河道流量和某个物种有效水面宽度的关系，以有效宽度占总宽度的某个百分数相应的流量作为最小可接受流量。有效宽度是指满足某个物种的水深、流速等参数的水面宽度，不满足要求的部分就算无效宽度。

（2）加权有效宽度法。加权有效宽度法和有效宽度法不同之处在于，加权有效宽度是将一个断面分为几个部分，每一部分乘以该部分的平均流速、平均深度和相应的权重参数，从而得出加权后的有效水面宽度。权重参数的取值范围从 0 到 1。

（3）河道内流量增加法。该法把大量的水文水化学现场数据与选定的水生生物种在不同生长阶段的生物学信息相结合，进行流量增加的变化对栖息地影响的评价。考虑的主要指标有流速、最小水深、底质情况、水温度、溶解氧、总碱度、浊度、透光度等。河道内流量增加法的计算结果通常用来评价水资源开发建设项目对下游水生栖息地的影响。

由于栖息地定额法是定量的，而且是基于生态原理的，因而在美国，认为它比其他评价方法更为可靠合理。栖息地定额法首先应用于评价鲑鱼产卵期流量的适宜性，其后被广泛应用于评估河道内生态和休闲流量需求。应用最广的方法是天然生境模拟法。

栖息地适宜度曲线是栖息地定额方法的生物学基础。不同的季节有不同的栖息地适宜度。栖息地适宜度也可以描述游泳、徒涉、划艇及其他休闲娱乐活动所需的水深、流速和河宽。在考虑多个物种时，栖息地需求会有矛盾，当一个物种栖息地减少时，另一个物种栖息地会增加。在这种情况下可以使用栖息地指示物的概念来解决此问题。

栖息地定额法与历史流量法或水力定额法相比，具有更大的灵活性。它有可能考虑年内许多物种及其不同生命阶段所利用栖息地的变化，从而选择能提供这种栖息地的流量。不过，这意味着需要对水生态系统有很好地了解和清晰的管理目标，以便解决不同物种或不同生命阶段在栖息地需求上的矛盾。栖息地定额方法特别适合于"比较权衡"，可以将栖息地的变化与资源的社会经济效益相比较。栖息地与流量关系可以用来评估不同的流量管理目标，并成为选择适当流量的信息基础。

河道内流量评价法很少考虑低水流量的持续时间或者流量随时间的变化。为时一天的低水流量对生物的影响与持续六个月的流量对生物的影响是明显不同的。当天然河流的水资源利用率相当大时，会显著地改变河流流量和泥沙状况。在这种情况下，河床形态会发生变化，此时，简单地应用栖息地定额方法就不合适了。

IFIM 方法很复杂，要求相当多的时间、金钱和专门技术。Orth 和 Maughan 主张在大多数情况下限制 IFIM 方法的使用，因为要求输入的定量生态信息是缺乏的。King 和 Tharme 指出，传统的 IFIM 法将其重点放在一些河流生物物种的保护，而没有考虑诸如河流规划以及包括河流两岸在内的整个河流生态系统，由此计算出的生态流量值，并不符合整个河流的管理要求。

4. 整体分析法

如果要坚持可持续发展，生态需水必须得到满足。这些原则受到了水资源相对缺乏国家的特别关注，像南非和澳大利亚。澳大利亚的整体方法和南非的建筑堆块法正是由此产生的。

这种方法建立在尽量维持河流水生态系统天然功能的原则之上，整个生态系统的需水，包括发源地、河道、河岸地带、洪积平原、地下水、湿地和河口都需要评价。此法的基本原则是维持河流的天然特征。为了维持生态系统功能的整体性，必须保留河流天然生态系统的根本特征，比如，径流季节性特征、枯水时期和断流时期、各种洪水、流量持续时间和重现期及冲刷流量。

在建筑堆块法中，这种天然特征用逐月的日流量来描述。这种过程通常由包括从水生态学家到水利工程师的多学科专家组来完成。估算的河道内流量需求（IFR）的重要成分包括：枯季流量、中等流量和中、小洪水。不能被管理的大洪水一般被忽略。

Arthington 等描述了用整体法确定河道内流量过程的特征：

（1）确定枯季流量。它是一个最小月径流量，用统计方法确定为"水文学定义的基流"，用流量历时曲线上的某个保证率的流量确定。对于季节性河流这意味着枯季性断流。

（2）汛期径流。首先是要确定汛期第一场洪水。它向河流供应溶解的和颗粒状的有机物和营养物质，并冲走残骸、藻类和细淤泥，并可能提供和生命周期与迁移同步的生物条件。它对河口的冲刷可能也是明显的。其次是要确定中等洪水。它可能是每年发生一到两次的洪水，认为是它维持了栖息地多样性，它引起局部扰动，冲走外来的植被，并且淹没河滨植被、洪泛平原和湿地来维持栖息地多样性。

（3）确定汛期径流过程。

（4）河流生态系统的年需水量是枯季流量、汛期径流量和洪水的总和，另外还需考虑附加流量，如冲刷流量等。这样，整个系统的需水量依据下列因素来确定月或者更短时段的流量分配、最大和最小月流量、希望的流量变化水平、发生时间、洪水的范围和持续时间和冲刷流量。

5. 各类方法的比较

历史流量法和水力定额法均与河道尺度相联系，并倾向于维持河流的"特征"。栖息地定额方法不是首先考虑河流的天然状况，而是主要考虑水生物对水深和流速的需求。历史流量法与水力定额法认为低于天然流量将会不利于河流生态系统，而栖息地定额方法则认为天然生态系统有可能得到改善。应用水力定额法和栖息地定额方法可以看到，环境受流量的影响是非线性的；小河与大河相比，流量引起的河宽或栖息地的相对变化要大一些。

为维持相似的生态系统保护水平，小河需要有占平均流量较大比例的流量。栖息地定额方法考虑目标物种或特定的河道内用水需求，对于有明确管理目的的地区很有用。历史流量法与水力学法适用于那些对生态系统缺乏了解或对既有生态系统保护水平需求较高的地区。

整体法是一种混合的方法，但更多地依赖历史流量资料。这种方法建立在尽量维持河流水生态系统的天然功能原则之上。它的基本概念是河流流量过程的某些特征对保持河流生态系统有特别重要的意义。

6.生态需水计算方法存在的问题

因为水流影响水生态系统的六项参数为：食物、栖息地、温度、水质、水流状况和生物间的相互作用，所以联系水文和生态是一门复杂的科学。由此可知，流量影响生物区和生物间相互作用的途径很多，现有的研究还达不到把一种流量或水流状态同物种组成及物种丰富程度联系起来的水平。在评价中，用流量、湿周或栖息地作为生物反应的替代指标。现在的所有方法都没有将这六项参数全部考虑进去。由于缺乏对食物、生物间的相互作用等因素的机理研究，建立考虑上述六项参数的确定性模型，在现阶段是难以实现的。从这个意义上讲，现在的计算方法还有许多值得改进的地方。

（二）其他类型生态需水计算方法

1.陆地植被生态需水

依据《21世纪中国可持续发展水资源战略研究》界定的狭义生态环境需水量所包含的内容：其中的陆地生态环境需水量主要是指"保护和恢复内陆河流下游的天然植被及生态环境；水土保持及水保范围之外的林草植被建设"需水量；有关这方面的研究，已经有学者进行了不断地研究，并发表了一些相关的文章。我国最近完成的攻关项目：西北地区水资源合理开发利用与生态环境保护研究，都已做了大量工作。计算植被耗水量方法主要有直接计算方法和间接计算方法两种。

直接计算法就是蒸散发方法，它是用单位面积、单位时间的需水强度乘以天然植被的面积来计算。由于地面植被和土壤分布的不均匀性，使得由需水强度计算的蒸散发，在向大尺度的转换过程中产生了很大的误差，因此影响了计算结果的精度。

间接计算法就是水量平衡法，它是通过分析水资源的输入、输出和储存量之间的关系，间接求取生态系统所利用的水资源量。

2.海岸、水库、湖泊和沼泽湿地生态需水

湿地一般分为：海岸湿地、河口海湾湿地、河流湿地、湖泊湿地、沼泽和草甸湿地等共5大类989小类。5大类又可分为26个亚类。海岸湿地作为一个大的生态类型，仅具有保护的意义，不具有需水量计算的意义。水库、湖泊生态，可以依据所要保护的敏感指示物种对水环境指标的需求确定，计算思路与前面述及的河流方法基本一致，但在计算时，更加注意水位的涨落限制。封闭或半封闭的低洼、沼泽等类型的湿地，在对其水文循环进行一定时段的观察和调查、量测之后，可以依据水平衡的基本原理进行计算。

3.水土保持生态需水

水土保持的基本措施一般可分为生物和工程两大类。生物措施主要是指种草、种树等增加植被覆盖度的措施。工程措施主要包括治沟骨干工程措施（如淤地坝、小型水利工程等）和田间工程措施（如修建梯田和改善耕作方式、方法等），这些措施对改变降雨入渗条件、拦截暴雨泥沙下泄造成的下游河道淤积、抬高具有重要作用；同时，也会减少下游河道的来水量，从而显得水土保持也需要"耗用"水资源。这些"耗用"的水资源称为水土保持生态需水。水土保持生态需水主要是依据水文资料和水保资料，应用水文循环原理和水量平衡原理，计算水土保持对流域产水量的影响。

4.防治河流水质污染的生态需水

（1）10年最枯月平均流量法。7Q10法采用90%保证率最枯连续7天的平均水量作为河流最小流量设计值。该法在70年代传入我国，主要用于计算污染物允许排放量，在许多大型水利工程建设的环境影响评价中得到应用。由于该标准要求比较高，鉴于我国的经济发展水平比较落后、南北方水资源情况差别较大，因此我国在《制订地方水污染物排放标准的技术原则和方法》中规定：一般河流采用最枯月平均流量或90%保证率最枯月平均流量。

（2）以水质目标为约束的生态环境需水量计算。为达到水质目标所需要的水量，依据环境水利学有关水质污染稀释自净需水量计算方法进行计算。

生态需水计算方法的研究取得了一定的进展，为水资源合理利用提供了基础性的依据。但是，由于水和生态关系非常复杂，生态需水理论研究处在探索之中，计算方法还有待进一步完善，计算结果存在不确定性。

生态需水和气候、水文、地理、地质等密切相关，因此，国外的方法不一定适合中国的情况。在使用这些方法时，一是要弄清它的适用条件，二是要对方法的适用性进行检验。在研究适合我国河流条件的生态需水计算方法时，应该充分注意我国缺乏河流生态资料等条件。

第七节 总需水量分析

一、经济和社会发展指标分析

1.人口与城市（镇）化

人口指标包括总人口、城镇人口和农村人口。人口指标预测要求采用最新全国人口普查所规定的统计口径。各规划水平年人口预测，如计划或计生委部门已有人口发展规划，可作为预测的基本依据，但需要根据人口普查数据进行必要地修正或重新预测。预测方法可采用模型法或指标法。

城市（镇）化预测，应结合城市（镇）化发展战略与规划，充分考虑水资源条件对城市（镇）发展的承载能力，合理安排城市（镇）发展布局和确定城镇人口的规模。城镇人口可采用城市化率（城镇人口占全部人口的比率）方法进行预测。

在城镇人口预测的基础上，进行用水人口预测。城镇用水人口是指由城镇供水系统、企事业单位及自备水源供水的人口；农村用水人口则为农村地区供水系统供水（包括自给方式取水）的用水人口。

2. 国民经济发展指标

国民经济发展指标按行业进行预测。规划水平年国民经济发展预测要按照我国经济发展战略目标，结合区域发展情况，符合国家有关产业政策，结合当地经济发展特点和水资源条件，尤其是当地水资源的承载能力。除规划发展总量指标数据外，还应同时预测各主要经济行业的发展指标，并协调好分行业指标和总量指标间的关系。各行业发展指标以增加值指标为主，以产值指标为辅。

3. 农业发展及土地利用指标

包括总量指标和分项指标。总量指标包括耕地面积、农作物总播种面积、粮食作物播种面积、经济作物播种面积、主要农产品总产量、农田有效灌溉面积、林果的灌溉面积、草场灌溉面积、鱼塘补水面积、大小牲畜总头数等。分项指标包括各类灌区、各类农作物灌溉面积等。

预测耕地面积时，应遵循国家有关土地管理法规与政策以及退耕还林还草还湖等有关政策，考虑基础设施建设和工业化、城市化发展等占地的影响。在耕地面积预测成果基础上，按照各地不同的复种指数，预测农作物播种面积；按照粮食作物和经济作物播种面积的组成，测算粮食、棉花、油料、蔬菜等主要农作物的总产量。农作物总产量预测，要充分考虑科技进步、灌区生产潜力和旱地农业发展对提高农作物产量的作用。

根据畜牧业发展规划以及对畜牧产品的需求，考虑农区畜牧业发展情况，进行灌溉草场面积和畜牧业大、小牲畜头数指标预测。根据林果业发展规划以及市场需求情况，进行灌溉林果基地面积发展指标预测。

二、经济社会需水预测分析

（一）各类需水户用水预测

1. 生活需水预测要求

（1）生活需水分城镇居民和农村居民两类，可采用人均日用水量方法进行预测。

（2）根据经济社会发展水平、人均收入水平、水价水平、节水器具推广与普及情况，结合生活用水习惯和现状用水水平，参照建设部门已制定的城市（镇）用水标准参考国内外同类地区或城市生活用水定额，分别拟定各水平年城镇和农村居民生活用水净定额；根据供水预测成果以及供水系统的水利用系数，结合人口预测成果，进行生活净需水量和毛需水量的预测，并分基本方案和强化节水方案制定用水定额。

（3）城镇和农村生活需水量年内相对比较均匀，可按年内月平均需水量确定其年内需水过程。对于年内用水量变化较大的地区，可通过典型调查和用水量分析，确定生活需水月分配系数，进而确定生活需水的年内需水过程。

2. 农业蓄水预测

农业需水包括农田灌溉和林牧渔业需水。

（1）农田灌溉需水预测要求

1）对于井灌区、渠灌区结合灌区，应根据节约用水的有关成果，分别确定各自的渠系及灌溉水利用系数，并分别计算其净灌溉需水量和毛灌溉需水量。农田净灌溉定额根据作物需水量考虑田间灌溉损失计算，毛灌溉需水量根据计算的农田净灌溉定额和比较选定的灌溉水利用系数进行预测，并分基本方案和强化节水方案制定灌溉水利用系数。

2）农田灌溉定额，可选择具有代表性的农作物的灌溉定额，结合农作物播种面积预测成果或复种指数加以综合确定。有关部门或研究单位大量的灌溉试验所取得的相关成果，可作为确定灌溉定额的基本依据。对于资料条件比较好的地区，可采用彭曼公式计算农作物蒸腾蒸发量，扣除有效降雨并考虑田间灌溉损失后的方法计算而得。

3）有条件的地区可采用降雨长系列计算方法设计灌溉定额，若采用典型年方法，则应分别提出降雨频率为 50%、75% 和 95% 的灌溉定额。灌溉定额可分为充分灌溉和非充分灌溉两种类型。对于水资源比较丰富的地区，一般采用充分灌溉定额；而对于水资源比较紧缺的地区，一般可采用非充分灌溉定额。预测农田灌溉定额应充分考虑田间节水措施以及科技进步的影响。

（2）林牧渔业需水预测要求

1）包括林果的灌溉草场灌溉、牲畜用水和鱼塘补水等四类。

2）林牧渔业需水量中的灌溉（补水）需水量部分，受降雨条件影响较大，有条件的或用水量较大的要分别提出降雨频率为 50%、75% 和 95% 情况下的预测成果，其总量不大或不同年份变化不大时可用平均值代替。

3）根据当地试验资料或现状典型调查，分别确定林果的和草场灌溉的净灌溉定额，根据灌溉水源及灌溉方式，分别确定渠系水利用系数；结合林果地与草场发展面积预测指标，进行林果基地和草场灌溉净需水量和毛需水量预测。鱼塘补水量是为维持鱼塘一定水面面积和相应水深所需要补充的水量，采用亩均补水定额方法计算，亩均补水定额可根据鱼塘渗漏量及水面蒸发量与降水量的差值加以确定。

（3）农业需水量月分配系数预测要求

农业需水具有季节性特点，为了反映农业需水量的年内分配过程，要求提出各分区农业需水量的月分配系数。

3.工业需水预测的预测要求

（1）分高用水工业、一般工业和火（核）电工业三类。

（2）高用水工业和一般工业需水采用万元增加值用水量法进行预测，高用水工业需水预测参照国家经贸委编制的工业节水方案的有关成果。火（核）电工业分循环式和直流式两种用水类型，采用发电量单位（亿 kW·h）用水量法进行预测，并以单位装机容量（万 kW·h）用水量法进行复核。

（3）各省各地区已制定的工业用水定额标准，可作为工业用水定额预测的基本依据。远期工业用水定额的确定，参考目前经济比较发达、用水水平比较先进的国家或地区现有的工业用水定额水平，结合本地发展条件确定。

（4）工业用水定额预测方法包括重复利用率法、趋势法、规划定额法和多因子综合法等，以重复利用率法为基本预测方法。

（5）在进行工业用水定额预测时，要充分考虑各种影响因素对用水定额的影响。这些影响因素主要有：行业生产性质及产品结构；用水水平、节水程度；企业生产规模；生产工艺、生产设备及技术水平；用水管理与水价水平；自然因素与取水（供水）条件。并分基本方案和强化节水方案制定用水定额。

（6）工业用水年内分配相对均匀，仅对年内用水变幅较大的地区，通过典型调查进行用水过程分析，计算工业需水量月分配系数，确定工业用水的年内需水过程。

4.建筑业和第三产业需水预测要求

（1）建筑业需水预测以单位建筑面积用水量法为主，以建筑业万元增加值用水量法进行复核。

（2）第三产业需水可采用万元增加值用水量法进行预测，根据这些产业发展规划成果，结合用水现状分析，预测各规划水平年的净需水定额和水利用系数，进行净需水量和毛需水量的预测。并分基本方案和强化节水方案制定用水定额。

（3）建筑业和第三产业用水量年内分配比较均匀，仅对年内用水量变幅较大的地区，通过典型调查进行用水量分析，计算需水量月分配系数，确定用水量的年内需水过程。

（二）城乡需水量预测统计

1.根据各用水户需水量的预测成果，对城镇和农村需水量可以采用"直接预测"和"间接预测"两种预测方式进行预测。汇总出各计算分区内的城镇需水量和农村需水量预测成果。

2.城镇需水量主要包括：城镇居民生活用水量，城镇范围内的菜田、苗圃等农业用水，城镇范围内工业、建筑业以及第三产业生产用水量，城镇范围内的生态环境用水量等。农村需水量主要包括：农村居民生活用水量、农业（种植业和林牧渔业）用水量、农村工业、建筑业和第三产业生产用水量，以及农村地区生态环境用水量等。

3."直接预测"方式是把计算分区分为城镇和农村两类计算单元，分别进行计算单元内城镇和农村需水量预测（包括城镇和农村各类发展指标预测，用水指标及需水量的预测）。"间接预测"方式是在计算分区需水量预测成果基础上，按城镇和农村两类口径进行需水量分配；参照现状用水量的城乡分布比例，结合工业化和城镇化发展情况，对城镇和农村均有的工业、建筑业和第三产业的需水量按人均定额或其他方法处理并进行城乡分配。

（三）城市需水量预测

城市需水量按用水户分项进行预测，预测方法同各类用水户。一般情况城市需水量不应含农业用水，但对确有农业用水的城市，应进行农业需水量预测；对农业用水占城市总用水比重不大的城市，可简化预测农业需水量，并要求注明农业供水水源。城市用水中的消防用水、公共服务用水及其他特殊用水，进行水资源规划时，应计入服务业用水中。

三、河道内其他需水预测

河道内其他用水包括航运、水电、渔业、旅游等，这些用水一般来讲不消耗水量，但因其对水位、流量等有一定的要求，因此，为了做好河道内控制节点的水量平衡，亦需对此类用水量进行估算。

此类河道内用水根据其各自的要求，按照各自的特点，参照有关计算方法分别估算，并计算控制节点的月外包需水量。河道内其他需水量与河道内生态环境需水对比，取得最大月外包过程，在水资源合理配置研究中参与节点水量与水质平衡。

四、需水预测汇总

在生活、生产和生态（环境）三大用水户需水预测基础上，进行河道内和河道外需水预测成果的汇总，并需区分城镇、农村需水，建制市城市需水预测成果还需单列。

1. 河道外需水量的城乡分布

河道外需水量，一般均要参与水资源的供需平衡分析。应按城镇和农村两大供水系统进行需水量的汇总。

2. 河道内需水量汇总

根据河道内生态环境需水和河道内其他生产需水的对比分析，取得月外包过程线，在水资源配置研究中参与节点水量平衡。

3. 城市需水量汇总

根据建制市城市需水预测成果，进行城市需水量汇总。

五、需水预测成果合理性分析

合理性分析包括发展趋势分析、结构分析、用水效率分析、人均指标分析以及国内外同类地区，类似发展阶段的指标比较分析等。特别要注意根据当地水资源承载能力，分析经济社会发展指标、需水预测指标与当地水资源条件、供水能力的协调发展关系，验证预测成果的合理性与现实可能性。

为了保障预测成果具有现实合理性，要求对经济社会发展指标用水定额以及需水量进行合理性分析。合理性分析主要为各类指标发展趋势（增长速度、结构和人均量变化等）和国内外其他地区的指标比较，以及经济社会发展指标与水资源条件之间、需水量与供水能力之间等关系协调性分析等。为此，可通过建立评价指标体系对需水预测结果进行合理性分析。

第六章　大型调水工程风险与工程保险概述

本章对大型调水工程施工中存在的风险，尤其是工程质量安全风险进行分析、评估，对工程保险等进行了全面阐述，对工程风险管理与工程保险成功经验作了介绍与评价。

第一节　大型调水工程风险的定义及特征

一、调水工程的定义与特征

何谓调水工程，在查阅的有关文献中尚无确切的定义。工程实践中，往往将调水工程、引水工程、供水工程相互混淆使用，实际上它们是有区别的。一般来讲，引水工程包括调水工程和供水工程，是指为解决工农业生产或城镇生活用水，通过工程措施，将水资源输送到需水地区的工程。而供水工程是指为解决城镇生产、生活用水，输水线路相对较短的引水工程。

调水工程是指通过提水或筑坝蓄水和输水建筑物等工程措施，将富水地区内的江河、湖泊或水库中的水资源跨流域或跨地区引入需水地区的工程。调水工程具有以下特征：

1. 调水工程是为了满足缺水地区的工农业生产或城镇生活用水的需要而修建的大规模引水工程。

2. 调水工程是经提水或筑坝蓄水抬高水头，通过一系列输水建筑物实现水资源在地区或时间上的再分配的工程。

3. 调水工程是跨流域、跨地区的引水工程。

4. 调水工程一般规模大、投资多，工程是由一系列取水建筑物、挡水建筑物和输水建筑物及交通、环保、生态等配套工程沿输水线路分布的群体工程项目。

大型调水工程是根据有关工程规模划分原则所确定的，其中分为大（Ⅰ）型和大（Ⅱ）型调水工程。

二、调水工程风险的概念

风险（Risk）是现代社会经常提到的一个概念，关于风险的定义，目前国内外学术界尚无统一的定义，由于人们研究风险的角度不同，对风险的定义也有所不同。如"风险的损害可能说与损害不确定说"：从风险管理的角度出发，强调损失发生的可能性；"预期与实际结果变动说"：将风险定义为在一定条件下，一定时间内的预期结果与实际结果的差异；以美国学者罗伯特·梅尔为代表的风险主观说"：把人的主观因素引入风险概念，强调损失与不确定性之间的关系和不确定性产生于个人对客观事物的主观估计；而以小阿瑟·威廉姆斯和里查德·M.汉斯为代表的"风险客观说"：用概率和统计的观点定义风险是可测定的不确定性，不确定性是主观的，风险概率是客观的，可用客观的尺度加以测度。"风险客观说"奠定了现代风险管理与保险学的理论基础。

综上所述，我们可以将风险定义为：在从事某项特定活动中，由于存在着不确定性而产生的经济或财务损失、自然环境遭到破坏以及物质受到损伤或毁灭的可能性。风险具有客观性、损失性和不确定性这三个特征。

根据风险的一般概念和调水工程风险特征，将调水工程风险定义为：在调水工程建设过程中，由于人们的行为和客观条件的不确定性或随机因素的影响，而导致的实际结果偏离预期结果所造成的损失的可能性。

调水工程风险的大小可以用如下数学式来表达：

$R = f(P, L)$

式中：R——风险（Risk）；

P——风险概率（Risk Probability）；

L——风险损失（Risk Loss）。

三、大型调水工程风险的特点

大型调水工程是沿输水线路分布的群体工程项目，具有建筑物类型多样，工程地质、地貌、水文及其他自然环境和社会经济环境复杂多变等特点。此外，在调水工程建设过程中还具有生产的流动性、工程产品的多样性和生产的单件性等特点，加之工程产品体积庞大，生产周期长，常年处于地下、露天和高空作业，且工程产品大多受水的作用而易遭碳化和侵蚀。因此，大型调水工程建设过程属于高风险生产过程，尤其是输水隧洞开挖、土石围堰填筑、深基坑边坡支护和不良地基及地质灾害的影响等风险更大。总体来讲，大型调水工程风险的特点主要表现在以下几个方面：

1.风险存在的客观性和普遍性。作为损失发生的不确定性，风险是不以人们的意志为转移并超越人们主观意识的客观存在，而且在项目的建设周期内，风险是无处不在、无时没有的，这些说明了为什么人们一直希望认识和控制风险，但直到现在也只能在有限的空间和时间内改变风险存在与发生的条件，降低其发生的频率，减少损失程度，而不可能完全消除和控制风险。

2. 某一具体风险发生的偶然性和大量风险发生的必然性。任何一种具体风险的发生都是诸多风险因素和其他因素共同作用的结果，是一种随机现象。个别风险事故的发生是偶然的杂乱无章的，但对大量风险事故资料进行观察和统计分析，就会发现其呈现出明显的规律性，这就使人们有可能用概率统计方法及其他现代风险分析方法去计算风险发生的概率和损失程度，同时促使风险管理科学技术迅猛发展。

3. 风险的可变性。这是指在工程项目的整个建设过程中，各种风险在质和量上是随工程的进行而发生变化的。有些风险得到控制，有些风险会发生并得到处理，同时在工程项目的每一阶段都可能产生新的风险，尤其是在大型调水工程相对漫长的建设过程中，由于风险因素多种多样，风险的可变性更加明显。

4. 风险的多样性和多层次性。大型调水工程建设周期长、规模大、涉及范围广、风险因素数量多且种类繁杂，致使大型调水工程项目在建设周期内面临的风险层出不穷、防不胜防，而且大量风险因素之间的内在关系错综复杂，各风险因素之间既与外界因素交叉影响又使风险显示出多层次性，这是大型调水工程中风险的主要特点之一。

5. 大型调水工程试通水风险的突发性。在大型调水工程施工阶段，存在着与水作用有关的多种风险：污染水体对建筑物的腐蚀，施工排水对地基的浸泡和软化及高填方段填土料含水量超标等。但这些风险因素只有当工程完工后，取水或挡水建筑物和输水建筑物过水时，才会突然表现出来。如地基遇水下沉、渠堤遇水滑坡，建筑物在强大的水压力和振动作用下发生裂缝、渗漏等，这是大型调水工程风险的另一个主要特点。

第二节　大型调水工程风险管理概述

一、大型调水工程风险与损失

在大型调水工程建设中，存在着各种各样的风险，各种风险受到不同因素的影响，都有其各自的本质特性和规律。有些风险，如混凝土浇筑质量风险，人们可以控制；有些风险，如地下隐蔽工程（泵站基础深层搅拌桩等）的施工质量风险，人们只能做有限的控制；有些风险，如地震风险和地质灾害风险，人们很难控制，但可以认识它并采取措施减少风险发生所造成的损失。风险并不是一成不变的，它是随着时间、空间和环境等条件的变化而转化的，如输水隧洞开挖完成以后，进行了钢架支护，隧洞开挖前存在的围岩塌方风险便已不复存在了，或者风险已大大降低了。

任何一种风险都与风险因素、风险事故和损失三个要素有关。风险因素是引起或增加风险事故发生的概率和影响损失程度的因素或条件。风险事故是指直接或间接造成损失发生的偶发事件，风险事故是造成损失的直接或间接原因，是损失的媒介物；损失是风险事故的发生或风险因素的存在所导致的经济价值的意外丧失或减少。风险因素的存在并不一定都引起风险事故，风险事故也不一定都导致损失。但是，风险因素越多，风险事故发生的概率就越大，所造成损失的可能性就越大。

在大型调水工程建设过程中，风险因素有自然物质因素、社会政治环境因素、技术与管理因素和地域差异引起的经济利益因素等；风险事故有质量事故、安全事故设备事故、火灾事故、爆炸事故、自然灾害事故和技术操作事故等；按照损失的对象，损失可分为财产损失、责任损失和额外损失等。大型调水工程风险存在的客观性和普遍性及其发生时间、空间上的偶然性和总体上的必然性，决定了大型调水工程建设中存在的风险越大，可能遭受的损失就越大。控制风险需要投入，就有一个风险控制成本问题。采取何种风险管理措施使风险控制成本最低是风险管理研究的主要目的之一。

二、工程风险管理的定义

风险管理首先应用于企业，在风险管理的全过程中，由于不同学者对风险管理的出发点、目标、手段和管理范围等强调的侧重点不同，从而形成了不同的风险管理定义。

美国学者格林（Green）和塞宾（Sebin）认为风险管理是为了在意外损害发生后，恢复财务上的稳定性和营业上的获利，对所需资源的有效利用，或以固定费用使长期风险损失减少到最小程度。

英国伦敦特许保险学会的风险管理教材定义风险管理是为了减少不确定事件的影响，对企业各种业务活动和资源的计划、安排与控制。美国的班尼斯特（Benyst）和鲍卡特（Bookter）认为风险管理是对威胁企业生产和收益的风险所进行的识别、测定和经济的控制。根据工程风险特点和工程风险管理的方法、目的，我们认为将工程风险管理定义概括为如下表达，可能会比较全面地反映工程风险管理的内涵。

工程风险管理是各经济单位对工程项目活动中可能遇到的风险进行识别、预测、分析评价，并在此基础上优化组合各种风险处理方法，以最小的成本，最大限度地避免或减少风险事件所造成的损失，安全地实现工程项目总目标的科学管理方法。

从以上工程风险管理的定义可以看出：工程风险管理的主体是各个经济单位，如工程项目业主、工程承包商、工程设计企业等；工程风险管理由风险识别、预测、评估分析、处置等环节组成，是通过计划、组织、指导、控制等过程，综合、合理地运用各种科学的风险管理方法来实现目标；工程风险管理以组合选择最佳的风险处理方法为中心，体现风险成本投入与工程效益的关系；工程风险管理的目标是实现工程总目标，以最低的风险成本获得最大的安全保障。

三、大型调水工程风险管理的主要程序

大型调水工程风险的复杂多样性和多层次性，决定了其风险管理程序与企业风险管理和其他工程风险管理有所不同。

首先，由于大型调水工程建设周期长、规模大、涉及范围广，其风险管理过程是一个全过程的动态管理，如图 6-1 所示。

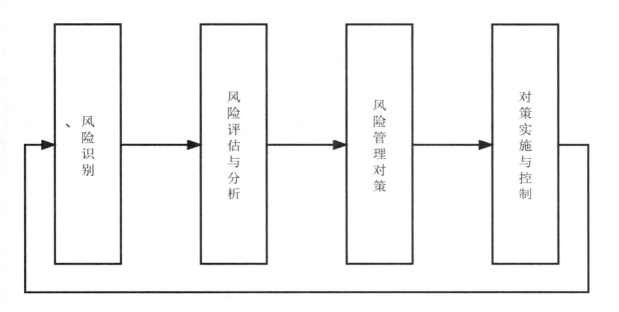

图 6-1 大型调水工程风险管理过程

其次，大型调水工程风险管理应设立专门的组织机构，制定有效的风险管理措施，对风险管理的实施进行计划、组织、指导、控制，协调各阶段、各部门和单位、各专业之间存在的风险管理上的矛盾，实现以最低风险控制成本，达到工程建设总目标的风险管理目的。

大型调水工程风险管理的主要程序如下：

（一）建立机构、收集信息

风险管理机构应由工程风险管理专家和土建、机电设备、建筑安装、设计、施工等主要工程技术专家组成。应及时收集有关工程信息，主要的信息资料包括：

1.国家有关调水工程建设的法律、法规、政策指令和工程项目计划目标。

2.有关工程规划设计勘察文件、政府主管部门审批文件。

3.工程输水沿线所在地的有关社会、经济（交通、供水、供电等）、生产资源、民俗等资料。

4.工程所在地有关的自然环境条件及自然灾害资料。如水文、地质、地形、地貌、气

候、地震、泥石流、洪水、台风等历史资料。

5. 工程所有参建单位的有关资料。

6. 国家、地方政府和工程主管部门颁发的工程技术规程、规范、验收标准及工程承包合同范本等。

（二）风险识别

风险识别是风险管理的基础,主要关注以下问题:工程项目中有哪些潜在的风险因素? 这些风险因素会引起什么风险? 这些风险可能造成损失的严重程度如何? 风险识别也就是找出风险所在和引起风险的主要原因与存在因素,并对其后果做出评估。工程风险识别的方法主要有:

1. 工程类比法。借鉴类似工程发生的主要工程事故,结合该工程具体情况来判别可能发生的风险。

2. 资料分析法。根据收集的有关资料,运用专业技术知识和工程实践经验来分析判断可能的风险。

3. 环境因素分析法。根据工程所在地的政治,经济、自然、地理、人文环境,分析对工程建设的不利影响,判断可能发生的风险。

4. 专家调查法。各专业的专家对工程进行实地调查,运用专家工程理论与实践经验识别工程风险。

（三）风险评估

在风险识别的基础上,根据风险特点和风险评估目的,选择风险评估系统模型,或运用概率论和数理统计的方法,对风险进行定性分析和定量分析,并估算出各种风险的大小,即风险发生的概率及其可能导致的损失大小,从而找到工程建设的主要风险,为重点处理这些风险提供科学依据。

工程风险评估的方法,在有关文献中,有些强调运用概率论和数理统计方法,有些强调用蒙特卡罗模拟法、效应理论、模糊分析法、影响图分析法等。对于大型调水工程风险,由于累积的历史数据少,加上其建设产品的单件性,运用概率论和数理统计方法是很困难的,并且计算成果是某一类工程的某种风险的平均数据,不能直接运用于特定的工程项目中。因此,大型调水工程风险评估应根据风险评估目的,选择那种能够利用专家的工程实践经验的风险评估方法,如模糊分析法、层次分析法、效应理论和蒙特卡罗模拟法等。

（四）制定风险管理对策

工程项目实施过程中,各种各样的风险存在于工程项目实施的不同阶段,风险的大小和危害性也各不相同,应对风险的方法当然也各有区别。通过对风险的评估与分析,找出主要风险及其影响因素,根据这些主要风险的特征、性质及风险责任者的不同情况,制订相应的风险管理计划,即选择符合风险管理目标的风险处置方法中的任何一种方法或几种方法。这些风险处置方法包括风险回避、风险防损与减损、风险自留和风险转移。

1. 风险回避。风险回避就是设法回避损失发生的可能性，对有风险的事回避不做。回避是一种消极的风险处理方式，但有时是有效的。当然，回避有时也是不可行的。

2. 风险防损与减损。通过风险分析，采取预防措施防止损失的发生或损失事故发生前或发生时，采取有效措施减少损失。防损与减损是一种积极的风险处理方式，但一般需要一定的投入和成本。

3. 风险自留。风险自留是指由风险责任者自己承担风险。一般要求风险责任者具有一定的风险预测和风险承担能力。对于较小的风险或有能力承担的风险，一般可采取风险自留的方式，但是一旦发生巨灾风险，其后果就相当严重。

4. 风险转移。通过一定的方式，将风险从一个主体转移到另一个主体，如通过公司组织、合同安排、委托保管、担保和保险等。风险转移是风险处理最常用的方式。

工程保险是应对工程风险重要的也是最有效的措施，是国际工程界通行的做法。工程保险的基本作用是分散集中性的风险，以小额的支出换取巨额损失的经济保障，避免灾难性的打击，使工程业主与参建者能够按既定目标发挥工程投资效益。

（五）风险管理对策的实施与控制

工程风险管理机构根据风险管理计划组织实施，研究解决实施过程中的有关问题，加强各部门、各专业之间的沟通和交流，并及时掌握风险动态变化及实施的反馈信息，以便进一步调整控制风险管理计划及其实施效果。

第三节　大型调水工程保险概述

一、工程保险概述

工程保险是为适应英国工业革命后纺织业的繁荣与需要而逐步发展起来的，现已成为西方工业发达国家工程建设中不可缺少的组成部分，是迄今国际工程界采用最普遍也是最有效的工程风险管理手段之一，是工程风险规避的最主要方式。在工程实施过程中，运用以工程保险为主的工程风险管理方法来处理工程风险问题是国际惯例。国际咨询工程师联合会（FIDIC）是目前国际咨询业的权威性组织，在工程承包 FIDIC 合同条款中，按照"近因易控"的责任分担原则，对工程风险责任的分担和工程保险都进行了明确、详细的规定。

法国是实行强制工程保险制度的国家，《拿破仑法典》就规定，建筑师和设计师必须在建筑完工 10 年内负有对房屋结构缺陷做修正的严格责任。《斯比那塔法》规定 10 年期的潜在缺陷保险为强制性保险。日本建立住宅结构保证制度，制定的《住宅品质确保促进法》中规定住宅负有 10 年的性能保证责任，并且是强制性的。美国工程保险制度的特点是：保险市场高度发达，保险品种门类齐全，与保险相配套的法律体系健全完善，保险经济人积极协助投保人成为化解工程风险的有效途径，保险经纪人在保险业务中扮演了不可替代的角色，行业协会在工程保险中发挥着重要作用。

国家建设部为适应市场经济的变化，增强工程建设过程中的风险抗御能力，下发了《关于调整建筑安装工程费用项目组成的若干规定》，在建筑安装费用概算中增列了工程保险费用项目。水利部、国家电力公司、国家工商行政管理局在联合下发的《水利水电土建工程施工合同条件》中的技术条件 1.14 款中，规定应投保的险种包括：工程险（包括材料和工程设备）；第三者责任险；施工设备险；人身意外伤害险。

随着我国加入 WTO 以及工程建设领域与国际接轨步伐的加快，在我国工程界和保险界已逐步认识到工程保险的重要性。大型调水工程属水利工程范畴，然而只有少数调水工程实施了工程保险，在工程保险理论研究和实践中尚存在着较多问题和空间，需要进一步研究和完善。

二、工程保险的概念及大型调水工程保险的特点

（一）工程保险的概念

保险是一种经济补偿制度，它通过保险机构将众多的被保险人联系起来，通过收取少量保险费的方法，承担保险责任范围的风险。被保险人一旦发生保险约定的因自然灾害、意外事故而遭受财产损失及人身伤亡时，保险人给予经济补偿。

保险的种类很多，根据不同的分类标准可以将保险分为若干种类型，其基本类型可分为财产保险、人身保险与责任保险。财产保险是以物质或其他财产利益为保险标的保险；责任保险是以被保险人的民事损害赔偿责任为保险标的保险；人身保险是以人的生命、身体或健康为保险标的保险。

工程保险是为适应现代经济的发展由火灾保险、意外伤害保险及责任保险等演变而成的一类综合性财产保险险别。它承保工程项目在工程建设期间乃至工程竣工后的一段时间的一切意外损失和损害赔偿责任。工程保险的保障范围不仅包括工程项目本身的物资财产损失，还包括由工程项目对第三者所造成的损害赔偿责任。其保险责任随着经济发展、社会进步和工程种类的增加而扩大。工程保险的种类主要包括：建筑工程一切险，包括建筑工程第三者责任险；安装工程一切险，包括安装工程第三者责任险；十年责任险和两年责任险等。

（二）大型调水工程保险的特点

从工程特点和保险承包方式看，大型调水工程保险与其他保险险种相比，具有以下特点：

1. 大型调水工程保险承保的是综合性风险。综合性主要表现在承保的风险范围、保险项目和保险受益人均具有综合性：工程保险承保的工程风险不但包括多种自然灾害，如地震、洪水，台风、泥石流、滑坡、海啸、雷电、飓风、龙卷风、风暴、暴雨、水灾、冻灾、冰雹、地崩、火山爆发、地陷等，还包括名目繁多的工程意外事故，如火灾、爆炸、工程

施工安全风险、质量风险和人为差错导致的风险等；工程保险，如建筑工程一切险，其保险项目不但包括建筑工程险，还包括第三者责任险、施工设备险等；工程保险受益人，也就是被保险人，是工程风险转移前的风险承担者，包括工程项目业主、工程承包商、工程技术服务组织和其他参建单位等。

2. 大型调水工程保险承保的是巨额风险。大型调水工程投保一般是集中（工程各施工标段）全额投保，以便统一管理，取得全面的安全保障和优惠的保险保费。大型调水工程投保额少则几亿元人民币，多则几十亿元人民币，甚至几百亿元人民币。往往一个保险公司无能力或受支付能力限制，不能承保整个工程项目的保险，而是要分保或再保险。

3. 大型调水工程保险保单实行约定现开保单（或称开口保单）。大型调水工程是沿输水线路布置的群体工程项目，各工程段（或施工标段）的开工、完工时间是不同的，其风险大小，甚至风险性质都有很大差别。因此，大型调水工程承保时，都采用约定现开保单，即保险双方根据工程特点和风险特点，在保险公司基本工程保险条款的基础上调整保险责任范围，依据承保的风险大小，合理确定保险费率，对尚未开工的工程段（或施工标段）事先约定保险保单（包括保险责任范围、保险费率等）。大型调水工程保险保单实行约定现开保单还表现在工程保险额和保险期限等方面。工程保险承保的风险只有在工程实施中或试运行中才真正地呈现出来。保险标的是随着工程的实施而逐渐增加的，在投保时难以准确确定保险金额和保险期限（一般为工程开工之日至工程竣工验收或实际投入使用时为止）。综上所述，大型调水工程保险的个别性很强，其实现的承保方式是"量体裁衣"式约定现开保单。

三、工程保险的原则

保险的基本原则包括诚信原则、可保利益原则、经济补偿原则和权益转让原则。其内涵为：

1. 诚信原则。简而言之就是诚实和守信用，主要通过告知和保证两个方面来实现。告知是指有风险要实事求是地告知；保证是指投保人所作的允诺，不因他的某一行为或不作为而增加损害保险标的危险性。

2. 可保利益原则。投保人必须对保险标的享有合法的权益，否则，保险合同将无法律效力。投保人享有可保利益应具备三个条件：可保利益合法；可保利益是可以确定的和能够实现的；可保利益在经济上是可以估价的利益。

3. 经济补偿原则。保险人的经济补偿包括：以不超过实际损失为限；以不超过保险金额为限；以投保人对标的可保利益为限。

4. 权益转让原则。保险人按照保险公司约定，对保险标的所有或部分损失履行经济补偿后，依法应从被保险人那里取得保险标的的所有权或部分所有权和经济责任的追偿权。

四、大型调水工程保险的作用

在大型调水工程建设过程中，其风险特点决定了工程投资的不确定性和工程保险的重要作用。在作者调查的包括调水工程在内的已经完工的水利工程项目中，有约90%的工程项目因投资超过批准额度而进行了设计概算调整。超设计概算的原因是多方面的，但对风险估计不足、控制不力是一个重要原因。在过去相当长一个时期，调水工程投资主要由政府拨款或贷款，而目前调水工程投资主体多元化趋势明显，通过调整设计概算的路子已难以行得通。采用目前仍在执行的《水利水电工程设计概（估）算费用构成及计算标准》中处理不可预见性事件的办法，即设置一批闲置资金作为备用金已不经济，也不科学。当发生大的风险时，备用金不够用；风险很少发生时，备用金闲置无用，是浪费。作者认为只有采取在工程建设过程中拿出少量资金用于工程保险或风险管理来保障工程建设资金，既符合国际惯例，也切实可行。科学、经济的工程项目管理办法，才是明智的选择。大型调水工程实行工程保险的作用表现在以下几个方面：

1. 补偿被保险人因工程风险所造成的经济损失，维持工程建设的顺利进行，使工程能够按计划总目标发挥工程投资效益。

2. 有利于用经济手段管理工程建设市场，完善市场经济制度，增强企业风险管理的意识。

3. 通过承保人风险专业管理，有利于加强防灾防损，减少灾害事故的发生和物资的损失。通过保险费的调整，增强企业社会信誉的意识，加强企业管理。

4. 有利于财务稳定，使工程建设，尤其是主要依赖银行贷款的工程项目资金来源有可靠保障，并可增加就业机会。

五、大型调水工程保险运行程序

大型调水工程是沿输水线路分布的群体工程项目，工程施工是分段进行的，并且各段的不同建筑物的风险大小往往差别较大。在工程施工招标时，一般要求在工程投标报价中单列专项资金用于工程保险，保险计划一般由工程业主统一安排。由于大型调水工程投资大，工程保险额也大，往往一个保险公司无能力或由于支付能力限制，不能全部承保，而要分保或再保险。其工程保险主要的运行程序如下：

1. 保险展业。根据工程承包合同规定，由工程承包单位或业主在工程承包合同签订后，分别找保险公司协商工程保险有关事项，向保险公司提出投保申请，确定工程项目保险意向。有些是保险公司或保险经纪人首先向工程业主推销保险意向来开展保险业务的。

2. 风险评估、核保，制订初步的保险方案。保险公司根据投保人要求，对工程进行调查了解，收集有关资料，然后进行工程风险评估，制订初步保险方案。

3. 开放式保险邀请招标。工程施工承包单位或业主，根据全线各工程标段所报资料和各保险公司情况及其所报保险方案，经筛选确定几家有实力的保险公司进行开放式的工程保险招标。

4. 合同条件谈判，签订保险合同。所谓开放式招标，是指工程保险投标开标后，先不确定中标单位，而是分别与各保险公司进行咨询、谈判，经双方同意，可以调整工程保险合同（保险单）的有关内容。最后择优确定工程保险人，签订保险合同，出具保险单并收取保险费。有必要时业主应邀请工程保险专家进行技术咨询，或直接参与工程保险方案的评判。

5. 保险理赔。当工程项目发生保险责任范围内的损失时，由工程业主或工程施工承包单位提出索赔，保险公司聘请公估人进行理赔。公估人根据现场调查并参考工程施工监理单位的意见后，提出理赔方案，与投保人协商后进行理算，并签订赔偿协议。

6. 保险人赔款及取得代位追偿权，有必要时向责任方追偿。

7. 批改保单。当工程项目因发生保险事件并赔款后或工程项目的风险水平明显增加时，应对工程保险保单进行批改。

8. 保险费结清。当工程项目竣工投产并完全履行保险合同规定的义务时，应按工程项目的实际完成投资和保单确定的保险费率，确定最终应支付的保险费。

六、保险中介在大型调水工程保险中的作用

保险中介是向工程保险买方或卖方提供有关保险价格、保险特性及所要承保标的危险性等方面的技术咨询，并将保险双方联系在一起，最后达成工程保险契约合同的媒介。保险中介主要包括保险代理人、保险经纪人和保险公估人。此外，为保险公司提供精算服务的精算事务所、进行保险事故调查的机构等也是重要的保险中介。

1. 工程保险代理人，是指根据保险人的委托，向保险人收取代理手续费，并在保险人授权范围内代为办理保险业务的组织或个人。

2. 工程保险经纪人，是指基于投保人的利益，为投保人与保险人订立工程保险合同提供依据、收取佣金的组织或个人。

3. 工程保险公估人，是指根据委托人（保险人或投保人或双方）的委托，为其办理保险标的查勘、鉴定、估损、理算、洽商，并给以证明的保险中介服务机构。

由于大型调水工程项目风险的特殊性和保险人对工程专业知识及工程经验的缺乏，而被保险人对保险的了解一般也很少，保险人和被保险人之间存在着严重的信息不对称问题。保险中介较好地解决了此类问题。

在国际保险市场上，尤其是工业比较发达的国家，工程保险中介市场相当发达，大部分的保险业务是通过保险中介实现的。保险中介机构在保险市场中发挥着不可替代的作用。

第四节　大型调水工程风险与保险的关系

一、大型调水工程风险与保险概述

在大型调水工程建设过程中存在着来自各方面的风险，风险管理措施有多种方式。工程保险是处理工程风险传统的、有效的、应用普遍的风险控制方法。工程保险的基本作用是分散集中的风险，以小额的保险费来换取巨额损失的经济保障，避免灾难性打击，使工程能够按既定的工程总目标发挥工程投资效益。大多数工程风险可以通过保险的方式转嫁给保险公司，其他风险可以采用相应的风险管理措施，如风险自留等。工程风险控制大都需要一定的风险成本投入，采用何种风险管理措施，主要取决于风险控制成本和风险带来的可能损失期望值的大小之间的平衡。总之，工程保险是工程风险处理的重要方式之一，工程风险是工程保险的基础，没有工程风险就不存在工程保险，工程风险越大，保险责任就越大。

二、大型调水工程保险承保的风险范围

（一）保险责任

工程承保的风险范围体现在保险责任和除外责任，大型调水工程保险的责任范围一般包括基本责任和特约扩展责任，主要有以下几类：

1. 保险单中列明的自然灾害，主要有地震、海啸、洪水、暴雨、水灾、冻灾、冰雹、地陷、台风、龙卷风、雷电等，以及其他人力不可抗拒的破坏力极强的自然现象。其中地震及洪水风险较大，一般列入基本保险责任之外，或列入基本保险责任之内而另行规定赔偿限额，以便对此类巨灾风险加以控制。

2. 意外事故，指不可预料的以及被保险人无法控制并造成物资损失或人身伤亡的突发事件，主要有火灾、爆炸、物体坠落、人为过失，以及工程原材料和结构缺陷等工程质量风险引起的意外事故等。

3. 保险责任内的风险事故场地清理费用。

4. 第三者责任。

5. 未列入除外责任的其他责任。

（二）除外责任

大型调水工程保险的除外责任主要有如下几类：

1. 财产保险中例行除外责任，如保险人的故意行为和战争、罢工或核污染等所造成的

损失。

2. 重大的设计过失引起的损失。

3. 保险标的自然磨损和消耗。

4. 原材料缺陷及工艺不完善造成的本身损失，如换置、修理或矫正所支付的费用。

5. 各种违约罚金及延误工期损失等。

6. 盗窃、抢劫和恶意破坏。

7. 被保险人及其代表的故意或重大过失行为。

8. 其他除外责任。如文件、账簿、票据货币、图表资料等的损失等。

三、案例

以下"南水北调"中线干线某施工段工程与国内某知名保险公司签订的保险合同中关于建筑安装工程一切险及第三者责任险约定承保的损失赔偿范围，可供关注工程保险的相关投保人参考。

在保险期限终止前，因自然灾害或意外事故造成本保险工程永久工程、临时工程、工程材料、机电设备及安装、金属结构及安装工程、安全监测工程、自动化调度系统工程和部分标段已经完工或交付使用工程等物资毁损或灭失所需重建或修复受损工程的全部费用，以及因保险责任事故引起工地内及邻近区域的第三者人身伤亡（含急救费用）、疾病或财产损失而导致被保险人依法应承担的经济赔偿责任，由保险人负责赔偿。赔偿范围包括（但不限于）下列责任、费用：

1. 保险期限终止前的时间范围

本工程保险期限终止前的时间范围包括：建筑安装工程施工期（包括试通水期、供水设备调试期）、保证期。

2. 临时工程（含临时设施）

工程施工期限内，为实施本工程施工必须投入的临时工程，包括（但不限于）：临时施工道路、临时用房、采料场、弃渣场、临时围堰、临时截流导流设施、材料加工厂、构件制造场、桥涵、沟渠、施工设备基础设施、混凝土拌和站以及临时供水、供电、排水、排污系统等。

3. 工程材料（含周转性材料）

工程施工期限内，保险的工程材料以及周转性材料，包括（但不限于）：主体工程材料、临时工程材料及周转性材料，如钢筋、水泥、粉煤灰、骨料、外加剂、电焊条、木材、电缆电线、彩钢板、安全网、脚手架、钢模板、帆布、施工排水供水供风管道、需要周转的临时堆放的土石方等。

4. 设计错误（含缺陷）或原材料缺陷或工艺不善引起的损失费用

保险人负责承担因设计错误（或缺陷）或原材料缺陷或工艺不善原因引起意外事故并

导致其他保险财产损失而发生的重置、修理及矫正费用，包括由于上述原因导致的保险财产本身的损失。

5. 地下文物照管、改线费用

（1）本保险扩展承保因为施工遭遇地下文物、文物管理部门要求的维护、照管等行为所发生的额外费用，并相应顺延保险期限。额外费用每次赔偿限额不得超过300万元人民币。

（2）附加扩展地下文物改线工程：本保险扩展承保由于施工遭遇地下文物，因国家文物管理部门的强制要求造成工程改线所增加的工程费用，以1000 m为限。

6. 建筑物开裂责任

本保险工程因震动、土壤扰动、土壤支撑不足、地层移动或挡土失败，致使邻近地区第三方房屋、建筑物产生裂缝，经具有相应安全鉴定资格的部门认定该房屋、建筑物损坏程度已影响安全使用的，保险人负责赔偿恢复房屋、建筑物原状所发生的修复费用，并承担其鉴定费用。但被保险人在施工开始之前，应采取一切必要安全措施以防止邻屋的裂缝或倒塌，并经常检查其安全状况，发现邻屋发生裂缝或安全设施移动、软弱或其他异状，需要对施工工程本身及其邻屋采取必要的安全防护及加强措施，以防事故发生或扩大。

7. 第三者在部分已完工程范围内发生的人身伤亡或财产损失在全线工程尚未完工前，部分已完工或交付使用工程，因被保险人看管过错或过失造成第三者在部分已完工或交付使用工程范围内的财产损失以及伤残死亡而导致被保险人依法应承担的经济赔偿责任，由保险人承担保险赔偿责任。

但被保险人应保证，上述工程范围内必须有人看护或看管人员值班。每次事故赔偿限额为3.5亿元人民币（包括财产损失与人身伤残死亡以及诉讼费用），其中：人身伤残死亡每人每次事故赔偿限额35万元人民币。每次事故财产损失免赔额为1万元人民币；人身伤残伤亡无免赔额。保险期内无累计赔偿限额，责任到工程全部完工时止。

8. 浸润损失责任

保险人负责赔偿因遭受三天以上连续或不连续降雨的浸润导致保险工程滑坡、塌方等所发生的修复费用。

第七章　大型调水工程保险索赔

风险涉及面广并贯穿项目实施的全过程，工程保险是进行风险规避和转移的重要途径，也是工程项目管理中经常采用的风险管理措施。本章将对大型调水工程保险索赔进行详细地阐述。

第一节　大型调水工程保险索赔概述

一、工程保险索赔的意义和作用

大型调水工程的保险索赔工作是指工程建设一旦遭受自然灾害或意外事故造成经济损失时，被保险人按照保险合同规定，通过索赔程序，由保险人承担理赔责任、履行保险义务的具体体现。它也是被保险人通过工程保险措施，依法获得减轻或转移工程风险灾害造成的经济损失，从而保证工程顺利进行的预期结果。

被保险人的索赔或保险人的理赔工作是进一步拓展工程建设保险防灾防损的重要工作内容。大型调水工程保险属高风险险种，它是由工程建筑物沿输水线路分布，工程结构类型多，地形、地貌、地质及其环境条件沿输水线路变化大，工程施工分标段发包给多个施工单位承包等特点所决定的。通过索赔或理赔，可以对工程的区域性风险和局域性风险造成的危害进行统计分类，找出风险事故的规律和原因，制订防灾防损方案，提出整改措施，积极开展防灾防损工作，以减少风险灾害给工程建设带来的危害，确保大型调水工程建设目标的实现。

二、工程保险索赔的原则

大型调水工程保险索赔工作技术含量高、工作量大、情况错综复杂。无论是保险人还是被保险人都必须坚持索赔、理赔原则，认真履行保险合同约定条款，实事求是，恪守信用。当工程建设发生风险灾害后，保险双方都要在尊重客观事实的基础上，重证据、重调查研究，对灾害事故进行客观分析、鉴定，明确造成灾害的原因、性质及责任，公平、公正、合理、完善并及时处理索赔理赔工作。

此外，根据保险的补偿原则，保险双方在处理保险事故的赔偿过程中应注意掌握的一个重要原则就是"被保险人不可获利的原则"。不可获利原则的核心就是"恢复原状"，即保险人的赔偿责任仅是使被保险人工程受损情况恢复到出险前的状况，这种状况不能使受损标的状况好于保险事故发生前。因此，对于任何使工程变更、功能增加或改进的赔偿责任以外的额外费用均不在索赔之列。

根据保险合同规定处理索赔过程，从一定意义上讲是一个保险双方保持充分沟通和协商的过程。由于大型调水工程风险的多样性和复杂性，保险合同不可能将所有情况包括在内，因此，在实践中往往会出现某些缺乏硬性规定的情况，从而引起合同双方的分歧和争议。对于索赔过程中出现的矛盾和问题，应当通过充分沟通和开诚布公协商解决。

三、水利工程索赔

（一）施工索赔概述

1.索赔含义

由于工程建设项目规模大、工期长、结构复杂，实施过程中必然存在着许多不确定因素及风险；加之由于主客观原因，双方在履行合同、行使权利和义务的过程中会发生与合同规定不一致之处。在这种情况下，索赔是不可避免的。

所谓索赔是指根据合同的规定，合同的一方要求对方补偿在工程实施中所付出的额外费用及工期损失。

目前工程界一般都将承包商向业主提出的索赔称为"索赔"，而将业主向承包商提出的索赔称为"反索赔"。

综上所述，理解索赔应从以下几方面进行：

（1）索赔是一种合法的、正当的权利要求，它是依据合同的规定，向承担责任方索回不应该由自己承担的损失是合理合法的。

（2）索赔是双向的，合同的双方都可向对方提出索赔要求。

（3）被索赔方可以对索赔方提出异议，阻止对方不合理的索赔要求。

（4）索赔的依据是签订的合同。索赔的成功主要是依据合同及有关的证据。没有合同依据，没有各种证据，索赔不能成立。

（5）在工程实施中，索赔的目的是补偿索赔方在工期和经济上的损失。

2.索赔和变更的关系

对索赔和变更的处理都是由于承包商完成了工程量表中没有规定的工作，或在施工过程中发生了意外事件，监理工程师按照合同的有关规定给予承包商一定费用补偿或批准延长工期。索赔和变更的区别在于变更是监理工程师发布变更指令后，主动与业主和承包商协商确定一个补偿额付给承包商；而索赔是指承包商根据法律和合同对认为他有权得到的权益主动向业主索要的过程，其中可能包括他应得的利益未予支付情况，也可能是虽已支付但他认为仍不足以补偿他的损失情况，例如，他认为所完成的变更工作与批准给他的补偿不相称。由此可以看出，索赔和变更是既有联系又有区别的两类处理权益的方式，因此处理的程序也完全不同。

3.索赔的作用

（1）合理分担风险

在项目实施过程中，可能会面临各种各样的风险，其中有些风险是可以防范避免的，有些风险虽不可避免但却可以降至最低限度。因此，在工程实施和合同执行过程中，就有风险合理分摊问题。一般来说，施工合同中对双方应承担的责任都做出了合理的分摊但即使是一个编制得十分完善的合同文件，也不可能对工程实施过程中可能遇到的风险都做出正确的预测和合理的规定，当这种风险实际上给一方带来损失时，遭受损失的一方就可以向另一方提出索赔要求。

承包商的目的是获取利润，如果合同中不允许索赔，承包商将会在投标时普遍抬高标价，以应付可能发生的风险，允许索赔对双方都是有益的。严格来说，索赔是项目实施阶段承包商和业主之间承担工程风险比例的合理再分配。FIDIC合同条件把索赔视为正常的、公正的、合理的，并写明了索赔的程序，制定了涉及索赔事项的具体条款与规定，使索赔成为承包商与业主双方维护自身权益，解决不可预见的分歧和风险的途径，体现了合理分担风险的原则。

（2）约束双方的经济行为

在工程建设项目实施过程中，任何一方遇到损失，提出索赔都是合情合理的。索赔对保证合同的实施，落实和调整合同双方经济责任和权利关系十分有利。在合同规定下，索赔能约束双方的经济行为。首先，业主的随意性受到约束，业主不能认为钱是自己的，想怎么给就怎么给；对自己的工程，想怎么改就怎么改；对应给承包商的条件，想怎么变就怎么变。工程变更一次，就给承包商一次索赔的借口，变更越多，索赔量越大。其次，承包商的随意性也同样受到约束，拖延工期、偷工减料及由此造成的损失，业主都可以向承包商提出索赔。任何一方违约都要被索赔，他们的经济行为在索赔的压力下都要受到约束。因此，要求双方在项目建设中，从条款谈判、合同签订、具体实施直至最后工程决算各个环节都严格约束自己，因为任何索赔都会使工程投资增加，或承包商利润减少甚至亏本。

（二）施工索赔的类型

1.按涉及当事各方分类

（1）业主与承包商之间的索赔

这类索赔大都是有关工程变更、工期、质量、工程量和价格方面的索赔，也有关于国家政策、法规、外界不利因素、对方违约、暂停施工和终止合同等的索赔。

例如，在小浪底水利枢纽工程三个国际标投标截止后，按FIDIC合同条件规定，从1993年8月31日及以后开始正式实施的新的法规或对法规的变更所产生的额外费用，业主都应加以补偿。1995年国家颁布了新的劳动法，自1995年5月1日起实行一周5天（40

小时）工作制，劳动工作制发生了很大的变化，一方面是对劳动者工作时间进行了限制；另一方面是加班工资报酬标准的改变。承包商在总工作时间不改变的情况下，加班工作时间的比重加大了。据此，承包商向业主提出了巨额的费用索赔。

（2）承包商同分包商之间的索赔

其内容范围与前一种大致相似。形式为分包商向总包商索要付款和赔偿，而总包商则向分包商罚款或扣留支付款等。

例如，小浪底水利枢纽工程，某工作面上分包方一名中国工人在施工中掉了4颗钉子，外方管理人员马上派人拍照。不久，分包人收到承包商索赔意向通知，因浪费材料被索赔28万元。28万元能买多少钉子？外方是这样计算的：一个工作面掉4颗钉子，1万个工作面就是4万颗钉子，钉子从买回到投放于施工中，经历了运输、储存、管理等11个环节，成本便翻了32倍。

（3）业主或总包商与供货商之间的索赔

实施项目的供货商独立于土建合同或安装合同之外，由业主与招标选定的供货商签订供货合同，涉及当事各方为业主与供货商。若项目施工中所需材料或设备较少，一般由土建总包商物色选定供货商，议定供货价格，签订供货合同，则所涉及当事各方为总包商与供货商。这类索赔的内容多为货品质量问题，数量短缺，交货拖延，运输损坏等。

（4）承包商向保险公司提出的损害赔偿索赔

风险是客观存在的，再好的合同也不可能把未来风险都事先划分、规定好，有的风险即使预测到了，但由于种种原因双方承担此风险的责任也不好确定。因此，采用保险是一种可靠的选择。

例如，有一栋高层建筑地下基坑施工时，由于软基层比原勘探结果严重，造成开挖后地下淤泥塑性流动，因而致使邻近楼房开裂和不均匀沉陷。受损楼房业主提出索赔要求。因承包商事先向保险公司投保了第三方责任险，保险公司赔偿受损楼房业主损失费用80多万元，为该承包商按时、按质量地完成工程奠定了基础。

2. 按索赔依据划分

（1）合同内索赔

索赔所涉及的内容可以在合同内找到依据。例如，工程量的计量、变更工程的计量和价格、不同原因引起的拖期等都属于此类。

（2）合同外索赔

索赔内容或权利：虽然难以在合同条款中找到依据，但可能来自民法、经济法或政府有关部门颁布的法规等。通常这种合同外索赔表现为违约造成的损害或违反担保造成的损失，有时可以在民事侵权行为中找到依据。例如，由于业主原因终止合同，虽然根据合同规定已支付给承包商全部已完成工程款和人员设备撤离工地所需费用，但承包商却认为补偿过少，还要求偿付利润损失和失去其他工程承包机会所造成的损失等。

（3）额外支付（或称道义索赔）

有些情况下，业主未违约或触犯民法事件，承包商受到的经济损失在合同中找不到明文规定，也难以从合同含义中找到依据，从法律角度讲没有要求索赔的基础。但是承包商确实赔了钱，他在满足业主要求方面也确实尽了最大努力，因而他认为自己有要求业主予以一定补偿的道义基础，而对其损失寻求某种优惠性质的付款。

例如，承包商在投标时对标价估计不足，实施过程中发现工程比他原来预计的困难要大得多，致使投入成本远远大于他的工程收入。尽管承包商在合同和法律中找不到依据，但某些工程业主可能察觉实际情况，为了使工程获得良好进展，出于同情和对承包商的信任而慷慨予以补偿。但如果是承包商在施工过程中由于管理不善或质量事故等本身失误造成成本超支或工期延误，则不会得到业主同情。

3. 按索赔目的分类

按索赔目的分类，索赔可分为工期索赔和经济索赔。

（1）工期索赔

非承包商责任要求业主和监理工程师批准延长施工期限，这种索赔称为延长工期索赔。例如，遇到特殊风险、变更工程量或工程内容等，使得承包商不可能按照合同预定工期完成施工任务，为了避免到期不能完工而追究承包商的违约责任，承包商在事件发生后提出延长工期的要求。在一般的合同条件中，都列有延长工期的条款，并具体指出在哪些情况下承包商有权获得工期延长。

由于承包商的责任，导致工期拖延，业主也会向承包商进行误期索赔，要求承包商自费加速施工，误期时承包商应向业主支付误期损害赔偿费。

（2）经济索赔

经济索赔是指要求补偿经济损失或额外费用。如承包商由于实施中遇到不可预见的施工条件，产生了额外费用，向业主要求补偿。或者由于业主违约，业主应承担的风险而使承包商产生了经济损失，承包商可以向业主提出索赔。同样，由于承包商的质量缺陷、误期、违约，业主也可以向承包商索取赔偿。

4. 按索赔的方式分类

（1）单项索赔

单项索赔是采用一事一索的方式，即在单一的索赔事件发生后，马上进行索赔，要求单项解决补偿。单项索赔涉及的事件较为单一，责任分析及合同依据都较为明确，索赔额也显得不大，较易获得成功。

（2）综合索赔

综合索赔又称为总索赔或一揽子索赔，指对整个工程（或某项工程）中所发生的数起索赔事项，综合在一起进行索赔。发生综合索赔，是因为施工过程中出现了较多的变更，以致难于区分变更前后的情况，不得不采用总索赔的方式，即对实施工程的实际总成本与原预算成本的差额提出索赔。在总索赔中，由于许多事件交织在一起影响因素复杂，因而责任难以划清，加之索赔额度较大，索赔难以获得成功。

索赔是在工程承包合同履行过程中，当事人一方因对方不履行或不完全履行既定的义务，或者由于对方的行为使权利人受到损失时，要求对方补偿损失的权利。工程索赔分为施工索赔和项目法人索赔。施工索赔指由承包商提出的索赔，即由于项目法人或其他方面的原因，致使承包商在项目施工中付出了额外的费用或给承包商造成了损失，承包商通过合法途径和程序要求项目法人偿还他在施工中额外的费用或损失。项目法人索赔指由项目法人发起的索赔，即由于承包商不履行合同以致拖延工期、工程质量不合格、中途放弃工程，项目法人向工程承包商提出的索赔。索赔是工程承发包中经常发生并随处可见的正常现象，索赔管理是合同管理中重要的组成部分。

四、索赔管理

（一）索赔项目

索赔项目包括工期索赔和费用索赔。

1. 工期索赔

在施工过程中，发生非承包商原因使关键项目的施工进度拖后而造成工期延误时，承包商可要求发包方延长合同规定的工期。

在工期索赔中，凡是由客观原因造成的拖期，承包商一般只能提出工期索赔，不能提出费用索赔；凡属发包方原因造成的拖期，承包商不仅可以提出工期索赔，而且也可以提出费用索赔。

索赔事件发生后，承包商要分析是否为关键项目以及原先的非关键项目是否转换为关键项目，如果是关键项目同时造成工期延误，则按具体延误时间提出工期索赔并修订进度计划；否则，不能提出工期索赔。

若发包方要求承包商修订进度计划或要求承包商提前完工，承包商可据此向发包方提出赶工费用补偿要求。

2. 费用索赔

由于项目法人或其他方面的原因，致使承包商在项目施工中付出了额外的费用或给承包商造成了损失，承包商通过合法途径和程序，要求项目法人偿还他在施工中额外的费用或损失。

（二）索赔证据

索赔证据是工程施工过程发生的记录或产生的文件，是承包商用来实现其索赔的有关证明文件和资料。索赔证据作为索赔文件的一部分，在很大程度上关系到索赔的成败。索赔证据不足或没有索赔证据，索赔就不可能获得成功。作为索赔证据既要真实，又要有法律效力。

1.索赔证据的基本要求

（1）真实性。索赔证据必须是在实际施工过程中产生的，能够完全反映实际情况，能经得住"推敲"。

（2）全面性。所提供的证据应能说明事件的全过程，索赔报告中所涉及的干扰事件、索赔理由、索赔金额等都应有相应的证据，不能零乱和支离破碎。

（3）及时性。证据是在工程活动或其他活动发生时的记录或产生的文件，除专门规定外后补的证据通常不容易被认可。证据作为索赔报告的一部分，一般和索赔报告一起提交监理工程师和项目法人。

2.常用索赔证据分类

索赔证据的范围很广，从施工管理的角度看索赔证据主要有以下6类。

（1）工程量清单

工程量清单是工程项目的重要组成部分，工程量清单中所确定的工程量是以估计数出现的，而在工程实际实施过程中，由于环境变化和各方面因素的改变，原来的工程量会有一定程度的变动。

（2）施工图纸

作为索赔证据，施工图纸是非常重要的。

（3）规范

规范对双方而言都是极为重要的证据来源。一般来说，对规范本身很少有争议，但是施工是否按照规范实行，确认的方法是否有出入，这些问题在合同执行过程中经常发生。因此，在工程的实施过程中承包商必须了解和熟悉工程所依照的规范，对其内容和要求了如指掌，对规范与实际施工的符合程度能做出明确地判断，并能加以分析论证，使规范在索赔取证中为己所用。

（4）承包商的主要施工进度

承包商的主要施工进度包括总进度计划、开工后项目法人代表或监理工程师批准的详细进度计划、每月修改计划、实际施工进度记录月进度报表等。对索赔有重大影响的，不仅是工程的施工顺序、各工序的持续时间，而且包括劳动力、管理人员、施工机械设备的安排计划和实际情况、材料的采购订货、使用计划等，因此进度计划及相关文件也是索赔的重要证据。

（5）各种会议记录

各种会议记录包括标前会项目法人对承包商问题的书面答复或双方签署的会谈纪要，合同实施过程中项目法人、监理工程师和各承包商定期会商做出的决议或决定等。上述会议记录均可作为合同的补充，但会谈纪要经各方签署才有法律效力。

（6）施工过程中的相关文件资料

施工过程中的相关文件资料能全面反映施工中的各种情况，主要包括：

1）发给承包商或分包人的信函。

2）工程照片、录音录像带。

3）各种指令。

4）各类票据原始凭证。

5）气象资料。现场每日天气状况记录，如果遇到恶劣的天气，承包商应做详细记录。承发包双方认为有必要时均可到当地气象部门出具权威的气象记录。

6）监理工程师填写的施工记录和各种签证，以及经项目法人代表或监理工程师签认的施工中停电、停水和道路封闭、开通记录或证明以及其他干扰记录。

7）各种检查验收报告及技术报告，如工程水文地质报告、土质分析报告、文物和化石的发现记录、地基承载力试验报告、设备开箱验收报告等。

8）施工记录、施工备忘录、施工日志、现场检查记录等。

9）市场行情资料。包括政府工程造价部门发布的价格信息、调整造价的方法和指数等。

10）各种工程统计资料，如周报、旬报、月报等。

11）政府部门发布的政策法规文件等。

3. 索赔证据的日常收集

（1）索赔证据收集过程必须合法，否则不具有证明力。首先，收集的索赔证据必须真实，不能是虚假的证据；其次，收集索赔证据的方式必须合法，不得采取威胁、利诱的方式收集；最后，收集到的证据必须是依法可以持有的证据。

（2）索赔证据收集应有前瞻性，贯穿于项目实施全过程。证据的收集应具有前瞻性，不能单纯为了索赔而收集证据，单纯为了索赔收集证据往往收集不到证据。实践中有效的做法是将索赔证据的收集与施工过程中资料文件的档案管理有机结合起来，在加强资料管理的同时，有效避免了索赔证据的遗漏。

（3）索赔证据的收集应及时，力求全面、完整。水利工程建设周期长，各种索赔证据随时可能发生，及时进行收集可最大限度提高证据收集的成功率。首先，索赔证据刚刚发生时，相关人员对刚发生的事情印象深刻，现场相关情况或物证尚未消失或发生改变，有利于真实反映当时的客观情况，也容易获得对方现场管理人员的确认。其次，及时收集有利于避免因对方现场管理人员的变动或现场情况的变化而增加工作难度。最后，及时收集有利于避免证据收集的遗漏。

4. 索赔证据的整理

索赔证据只有形成完整的证据链，才能有效证明索赔事项、保证索赔成功。因此，索赔证据的收集过程不应简单停留在获取现成证据的层面上，索赔证据的收集应与索赔证据的审查整理结合起来，在确立索赔意向和获得索赔证据的基础上，应仔细分析审查索赔证据是否全面、完整，据此主动收集新的索赔证据，弥补索赔证据链条的不足，以达到索赔证据全面完整的目标、保证索赔成功。

（三）施工索赔计算

1. 工期索赔

工期索赔一般通过分析关键路线项目的延误时间确定。

2. 费用索赔

承包商可以提出与工程延误相关的施工索赔费，主要如下：

（1）人工费索赔。人工费包括生产工人的基本工资、工资性质的津贴、加班费、奖金等。人工费索赔包括

1）完成合同外的额外工作所需花费的人工费。

2）由于非承包商责任的工效降低所增加的人工费。

3）法定的人工费增长。

4）因非承包商责任造成的工程延误所导致的人员窝工费和工资上涨费。

（2）材料费索赔包括

1）由于索赔事件使材料的实际用量超过计划用量而增加的材料费。

2）由于索赔事件导致工期拖后从而导致材料采购价格相较原计划大幅度上涨而增加的费用。

3）非承包商责任造成工程延误所导致的材料超期储存费用。

（3）施工机械使用费的索赔包括

1）由于完成额外工作而增加的机械使用费。

2）非承包商责任使工效降低所增加的机械使用费。

3）由于项目法人或监理工程师原因导致机械停工的窝工费。

机械窝工费的计算需注意以下两点：一是要分析承包商的投标文件，核算其承诺进场的施工机械设备是否全部按照投标文件的台数、型号进场。二是如设备为承包商自有设备，一般按照台班折旧费计算窝工费；如设备为租赁设备，一般按照实际台班租金计算。

（4）其他直接费。它是承包商完成额外工程、索赔事项工作以及工期延长期间的临时设施费等。

（5）间接费。它是承包商完成额外工程、索赔事项工作以及工期延长期间的规费、管理人员工资办公费等。

（6）利润。由于超出工程范围的变更和施工条件变化引起的索赔应计算利润。

（7）税金。索赔费用应计算税金，税率按投标书中的税率计算。

3. 因工程终止提出的索赔

由于项目法人不正当地终止或非承包方原因而使工程终止，承包方有权提出以下施工索赔。

（1）盈利损失。其数额为该项工程按照合同价格的预估利润，具体数额可通过单价分析和剩余工程量计算。

（2）补偿损失。包括承包商在被终止工程上的人工、材料、设备的全部支出，以及监督费、债权、保险费等财务费用支出、管理费支出（不包括已经形成实物工程量并办理结算的部分）。

（四）索赔报告的编制

索赔报告是提出索赔要求的书面文件，是承包商对索赔事件的处理结果，也是项目法人审议承包商索赔请求的主要依据，一般包括以下内容：

1. 总论部分。详细描述事件过程、承包商采取的措施和给承包商带来的损失。

2. 根据部分。按照合同，索赔报告应仔细分析事件的性质和责任，明确指出索赔所依据的合同条款和法律条文，并说明承包商的索赔完全按照合同规定程序进行。一般索赔报告中所提出的事件都是由对方责任或不可抗力等意外事件引起的，应特别强调事件的突然性和不可预见性，即使一个有经验的承包商对它也不可能有预见和准备，对它的发生承包商无法制止。

3. 计算部分。采用合理的计算方法和数据，正确计算出应取得的费用补偿和工期补偿，避免漏项和重复计算，计算时切忌漫天要价。

4. 证据部分。索赔必须有充分的证据资料进行支撑，主要证据材料一般包括；

（1）现场同期纪录。包括施工日记、现场检查记录、窝工人员、设备记录、受损的设备和已完（未完）工程等。

（2）现场影像资料。应及时对事件全过程进行拍照，对照片进行编号整理并附上简要文字说明。

（3）监理工程师指令。一旦索赔事件发生，承包商应定期向监理工程师发函报告现场施工情况，并要求工程师给以书面指令，对于工程师的任何指令都应及时收集整理。

（4）合同文件。包括招标文件、投标文件、谈判纪要、施工图纸以及相关机构鉴定文件等，如具有相关资质的机构出具的涌水量报告、岩石强度试验结果等。

（5）政策法规资料。如税率调整文件、政府气象部门发布的气温、降雨量报告等。

（6）财务资料。如财务报表、费用使用凭证等。

（7）其他。如标准、规范等。

（五）施工索赔的审核原则

水利工程建设规模大，建设周期长，现场施工条件、气候条件以及地质条件变化等均可引起施工索赔，审核施工索赔时，应把握以下原则。

1. 必须以合同为基本依据

由于施工索赔是承包商根据合同有关条款，要求项目法人补偿不是由于自身责任造成损失的行为。因此，在审核施工索赔时，不论是合同中明示的或合同中隐含的，都必须在合同中找到相应的依据；否则，即使承包商证据再翔实可靠，施工索赔也不能予以认可。

2. 应分析发生索赔的原因并合理区分责任

索赔在工程承包中时常发生，引起索赔的因素很多，有属于项目法人责任的，如不利的自然条件与人为障碍、工程变更、非承包方原因引起的工期延期、项目法人不正当地终止工程、拖延支付工程款以及其他项目法人应承担的风险等；也有属于承包方责任的，如因承包方引起的工期延期、质量不满足要求和其他承包商应承担的风险等。在同一索赔事件中，引起索赔的因素可能有多个。在审核施工索赔时，应分析索赔发生的原因，根据合同的规定，合理区分双方责任，为索赔金额或工期确定提供依据。

3. 注重索赔事项的真实性

审核施工索赔时，必须确认该索赔事项真实存在，因此，项目法人工程管理部门必须做好日常记录和资料管理工作，同时督促监理工程师做好现场记录，为有可能的索赔事件处理提供原始资料。监理日志是反映现场情况的第一手资料，必须严格要求并真实完整记录，对于可能发生索赔事项的事件和施工现场，注重收集影像资料。

4. 注重施工索赔的时效性

索赔是有时效性的，承包商应在察觉或应当察觉出现索赔事件或情况后 28 天内发出索赔通知；否则承包商无法获得索赔款，而项目法人可以免除有关该索赔的全部责任。

5. 正确计算索赔费用

承包方为了完成额外的施工工作而增加的成本，如人工费、材料费、施工机械使用费、管理费、利息和利润等，承包方均可向项目法人提出索赔。但对于不同原因引起的索赔，承包方按合同约定可以提出索赔的具体内容也不同，因此，在计算索赔费用时，应根据实际情况公平、公正地核算索赔费用。

（六）项目法人索赔

项目法人索赔一般包括拖延竣工期限索赔、有缺陷工程计费、不正当地放弃工程或合理终止工程的计费以及其他索赔。

1. 拖延竣工期限索赔

由于承包商拖延竣工期限，项目法人提出索赔，一般包括以下两种计费方法。

（1）按清偿损失计费

清偿损失等于承包商引起的工期延误日乘以日清偿损失额。项目法人采用清偿损失条款的优点是由于合同中已经明确合同工期，延误的工期很容易计算出来，因而可以避免因调查研究、计算和论证实际延误而需要额外支出的费用和花费的时间，采用清偿损失计费的主要缺点是清偿损失额经常比项目法人遭受的实际延误损失小得多，因为项目法人如果在工程招标时采用较高的损失额，必将引起承包商大幅度提高标价甚至拒绝投标。

（2）按实际损失额计费

项目法人按工期延误的实际损失额向承包方提出的索赔一般包括以下内容：

1）项目法人预期盈利和收入的损失。

2）扩大的工程管理费用开支，如项目法人雇用职员因延期而发生的费用，以及项目法人提供设备在延长期内的租金或折旧费。

3）超额筹资的费用，如果工程投资采用贷款筹集，超期支付的利息是项目法人承担的最大损失，项目法人对承包商延期引起的任何利息超额支付都可作为延误损失提出索赔。

2. 有缺陷工程计费

如果项目法人被迫接受一项有缺陷的工程，就有权从承包商处取得补救工程缺陷的花费，项目法人有权收回因工程存在缺陷使资产价值降低的数额。

3. 不正当地放弃工程或合理地终止工程的计费

如果项目法人合理地终止承包商的承包，或者承包商不正当地放弃工程，则项目法人有权从承包商手中收回由新的承包商完成全部工程所需的工程价款与原合同未付部分的差额。

4. 其他项目法人索赔

如承包商未能按合同条款约定的项目投保，项目法人支付保险的费用可在应付给承包商的款项中扣回；承包商未能向指定的分包商扣款，项目法人有权从应付给承包商的款项中如数扣回；如果工程量增加很多，使承包商预期收入较大，项目法人有权收回超额利润。

（七）索赔管理

无论对承包商还是对项目法人，索赔、反索赔和预防索赔、处理索赔都是合同管理常见工作，同时也是重点、难点工作，双方围绕索赔的博弈贯穿项目建设全过程。对承包商来说，要做好索赔工作，可从以下方面努力：

1. 承包商进场后，应组织工程、技术人员认真研读合同，并进行集体讨论，分析确定合同执行中容易触发索赔机会的事件，明确相关人员职责并形成索赔应对机制。

2. 必须配置专业的合同管理人员。索赔涉及合同、法律法规、工程技术、工程管理等多方面的知识，是一项专业性很强的工作，做好索赔必须配备专业的索赔管理人员。

3. 建立完善的施工管理信息系统支持索赔处理。信息的收集整理是非常重要的，如果没有完善的施工管理信息系统支持，那么索赔信息得不到及时有效地传递和处理，索赔证据有可能消失，就会错失索赔机会。

4. 严格履行合同，搞好公共关系。承包商签订合同进场后，务必组织切实有效的施工，站在工程建设大局，严格履行合同确定的义务，树立承包商守合同、重信用的形象，处理好与项目法人、监理工程师、设计单位等其他参建单位的公共关系。

第二节　工程保险索赔

一、工程保险索赔的主要内容

工程建设施工企业在受到风险灾害、事故或其他损害、损失时，按投保单向保险公司索取赔偿。同时，工程建设施工企业管理人员亦应在受灾或事故发生后，迅速提出索赔申请报告及相关资料。

以下是 2006 年在国家重点工程"南水北调"中线干线某工段参建时期采用过的大型调水工程保险索赔的相关单证文件及资料，基本涵盖了大型调水工程有关保险索赔的主要内容，具有典型的大型调水工程投保特征，比较适宜在大型调水工程建设中提供参考借鉴。

（一）构成索赔的单证依据

构成工程保险索赔的单证依据见表 7-1。

表 7-1 构成工程保险索赔的单证依据

序号	单位名称	说明
1	《出险通知书》	事故发生时间、地点、过程、情况等说明
2	《索赔申请报告》	出险原因、经过、损失程度、施救情况，请求预付、赔付金额
3	反映工程事故受灾损失程度、范围、内容情况的实况照片或原始技术资料，描述在采取防灾及减损措施中增加周转使用费用的原始记录	详细的损失清单，因施救减损所增加的各项费用清单，需监理工程师签字
4	工程事故原因属保险责任的鉴定意见或支持性文件，检验工程损失程度的证明或支持性文件	材料、设备损失原因、损失程度的鉴定意见
5	说明事故发生前的工程形象、面貌，即工程进度及完工情况和支持性文件	工程验收单、工程付款申请表等施工图纸、技术规范、标准
6	根据不同的保险事故提供相对应部门的证明	如公安、消防、气象等
7	清理事故现场的方案，工程事故恢复方案	包括恢复、修复工程的施工图纸
8	损失涉及其他责任方时，出具权益转让书及相关追偿文件和诉讼材料	如有诉讼发生
9	造成第三者伤亡事故时，提供法院裁判或仲裁机构裁决出具的受益人证明	——
10	发生保险责任的人员伤残或死亡事故时，提供相关部门出具的伤残证明、死亡证明、有关的费用凭据	如住院费、医药费、交通费、医药处方笺、误工费用证明等
11	出具发生事故当时的现场按计划施工的证明	——
12	出具请求赔偿的权益文件、赔款收据	——

（二）计算索赔金额的依据文件

计算索赔金额的依据文件见表 7-2。

表 7-2 计算索赔金额的依据文件

序号	单位名称	说明
1	工程受损工程项目清单	包括损失量和单价简要
2	受损物资，设备，灭火或报废物品的清单	事故发生前的工程合同有关费用结算支付凭证或原始发票
3	应急施救费用增加清单	施救、减损措施中所增加的人工费、材料费，使用机械设备运行的台班费等各项费用
4	设备修复工程量清单，设备重置价值报价单	重置设备合同
5	受损材料、物资价值计算支持性文件	——
6	工程事故现场清理费用预算，包括加班、赶工、夜班费用以及整理现场、拆除杂什物、排水费等	需监理工程师签字
7	受损工程恢复、加固方案预算，包括工程量、工程单价	工程监理确认的恢复工程清单（如工程量、运输、材料、预算等）
8	恢复工程或重置设备过程中杂费预算	如运输、吊装、附属材料等费用
9	恢复受损工程的各项专业技术费用预算	——

（三）工程保险索赔事故调查期间的检查范围

工程保险索赔事故调查期间的检查范围见表 7-3。

表 7-3 工程保险索赔事故调查期间的检查范围

序号	单证名称	说明
1	施工进度计划及实际进度情况，施工组织设计	含设计变更，需监理工程师签字
2	工程施工记录、施工日志、施工任务单、备忘录	——
3	工程检查验收报告	需监理工程师签字
4	施工质量检查记录	需监理工程师签字
5	施工设备运行台班记录	——
6	施工材料进场验收记录	需监理工程师签字
7	施工设备进场记录	——
8	施工材料使用记录	——
9	设备种类、型号	——
10	施工平面布置，施工图纸	——

二、工程保险索赔操作流程

工程保险索赔操作流程见表 7-4。

表 7-4 工程保险索赔操作流程

序号	流程	说明
1	发生危险或出险	紧急施救减损（施救费用不得超过被救财产的 25%）；保护事故现场（或保留照片）；被保险人填写出险通知

续表

序号	流程	说明
2	及时通知出险	被保险人及时传真通知保险人
3	书面报案	被保险人72小时内向保险人发出正式《出险通知书》；被保险人提交《索赔申请报告》（出险经过、原因、损失程度、施救情况，请求预付、赔付金额）
4	接受报案	保险人1小时内书面回复是否前往现场查勘；保险人2小时内到达现场提供理赔服务
5	现场查勘	保险人调查事故发生时间和经过，拍摄受损实情照片，了解事故原因；记录、清点各项损失、施救减损费用；调查损失范围、程度、事故性质；了解受损工程修复处理方案
6	受理赔案	审查《索赔申请报告》；对索赔文件提出审核意见；公估理算人提交《公估理算工作计划日程表》（3个工作日内）
7	判定责任	检查被保险人责任义务的履行；审核、分析现场查勘证据；分析致损原因，鉴定受损程度；查明、推定事故发生前工程原状；判定保险合同责任范围；确定《受损工程恢复方案》；书面通知拒赔（若认为不属于保险赔偿责任，收到索赔证明材料之日起30个工作日内，应出具书面拒绝赔偿通知书并载明拒赔依据）
8	50%预付款	保险人书面确定预付赔款时间、金额（5个工作日内，就预付时间、金额书面通知被保险人）
9	损失价值估算	核定预估现场清理残骸、杂什物费用；预估事故施救减损费用（人工费、投入机械使用费、台班费、运输费等）；核定各项受损工程量及单价；审查《受损工程恢复方案》预算；提出残损财产处理建议
10	出具理算报告	公估理算人提出《初步理算报告》；提出《阶段单项理算报告》；提出《正式理算报告》
11	理赔审查	保险人核算《公估理算报告》；审核索赔人保险权益、财务单证；核实事故是否属于保险合同的责任；查证索赔单证法律文件是否成立；出具上述审查、审核的书面意见（10个工作日内完成理赔审查）
12	支付赔款	支付达成一致赔款（包括部分达成一致的赔款）；支付理算费、诉讼费；支付预付赔款的差额

三、工程保险索赔的费用计算

工程施工企业在进行工程保险索赔时，应将各种单项索赔加以分类和归纳整理，计算索赔数额，提出索赔要求。

大型调水工程保险索赔一般由以下费用组成：

1. 抢险加固费用

（1）人工费。主要是对受损工程进行抢险加固所用人工费用，该部分用工数量需经监理工程师签证。

（2）机械台班费。主要是对受损工程进行抢险加固所用机械台班费用，该部分机械台班使用数量需经监理工程师签证。

（3）抢险加固材料费。主要是对受损工程进行抢险加固所用材料费用，该部分材料数量需经监理工程师签证。

2. 灾后清理现场的费用

（1）人工费。主要是灾后清理施工现场以利于恢复生产所用人工费用，该部分用工数量需经监理工程师签证。

（2）机械台班费。主要是灾后清理施工现场以利于恢复生产所用机械台班，该部分台班使用数量需经监理工程师签证。

3. 工程修复费用

主要是对临时工程临时道路、围堰、基坑、便桥、路基滑坡等修复费用，一般按实际发生的人、料、机费用加一定的管理费予以计算，该部分费用需经监理工程师签证。

4. 工程设备修复费用

主要是对因发生事故造成设备损坏的修理等费用，一般按实际发生的人、料、机费用加一定的管理费予以计算，该部分费用需经监理工程师签证。

5. 报废设备重置费用

经鉴定报废的工程设备重置所需的费用，一般要考虑报废的工程设备在受灾前的运行情况、使用年限等。报废的工程设备损废程度应由技术质量监督单位出具证明。

6. 受损材料重置费用

经监理工程师确认的受灾损失的到场材料的费用。

7. 灾害造成的工程质量事故的返工费用

一般按工程量清单单价，结合事故处理方案和工程量计算该部分费用。工程质量事故处理方案由设计单位或工程质量监督单位书面正式通知。

四、关于处理工程保险索赔的几点建议

1. 在处理工程保险索赔过程中，由监理工程师签证的现场资料一般均作为保险公司最终确认资料。因此，保险公司派员到现场勘察时，往往会主动与监理工程师联系沟通，详细了解工程施工进度和工程质量情况，以便为开展理赔工作收集佐证。可见，在施工过程中，施工企业合同管理人员加强风险防范意识，经常深入工程实际，掌握施工实情，对已完分部、分项工程及时签证，就显得十分重要。

2. 在灾害发生后的工程质量鉴定、设备受损程度鉴定及提出处理方案和在确定处理方案过程中，施工企业应要求业主或监理工程师主持，同时要求业主邀请设计、工程质量监督、技术质量监督等单位的有关专家参加。对存在的工程质量问题，一定要采取措施予以处理，不能因为工期紧或其他原因而放过，不留整体工程质量隐患。对经鉴定不能使用的设备，施工企业要根据监理工程师的要求清退出场，不留安全隐患。

3. 企业在调查受损情况时，应邀请业主、监理工程师参加，让他们了解清楚具体损失情况，为计算影响工期、合理调整工期做准备，同时为监理工程师合理签证创造条件。

4. 在提出索赔要求时，要坚持实事求是的原则，合理地提出索赔要求。计算保险索赔费用时，一般不计算计划利润和税金；对材料的周转使用，要按有关规定计算。

第八章　工程维护道路的安全保护

如今道路交通得到了极大的发展，已成为当前重要的交通方式之一。在道路交通中，道桥的建设尤为频繁，而且由于道桥本身存在一定的高度，因此，在建设中对道桥的施工质量有着严格的要求，这样才能确保使用人的安全。本章将对维护道路的安全保护进行研究。

第一节　道路与交通安全

一、横断面及车道数

道路横断面指沿道路宽度方向垂直于道路中心线的断面。城市道路横断面的组成包括道路建筑红线范围内的各种人工结构物，如行车道、人行道、分隔带、绿化带等。横断面设计对于满足交通需要，保证交通运输的通畅和安全，适应各项设施的要求，及时排除地面积水，以及合理安排地上杆线和地下管线，都具有十分重要的意义。横断面形式分为一块板、两块板、三块板和四块板。

根据我国北方某城市 76 条道路的事故调查资料显示，该市城市道路对应不同横断面形式的事故率如表 8-1 所示。

表 8-1 某市城市道路不同横断面形式的事故率

横断面形式	事故数 / 次	事故率 /（次 1 亿车公里）	道路数 / 条	平均事故率 /（次 1 亿车公里）
一块板	1191	10011	61	164
二块板	111	520	4	130
三块板	273	1 341	10	134
四块板	220	415	4	104

城市道路交通量大，交通组成复杂，因此交通事故的规律性不如公路上明显。但从宏观分析可知，车道数越多，通行能力越大，行车越畅通安全。根据某市城市道路的事故调查资料，得到该市城市道路对应不同车道数的事故率，如表 8-2 所示。

表 8-2 某市城市道路不同车道数的事故率

车道数类型	事故数 / 次	事故率 / （次 / 亿车公里）	道路数 / 条	平均事故率 /（次 / 1 亿车公里）	不同车道数事故率 / （次 / 亿车公里）
双车道	169	1 584	18	88	88
4 车道	511	2 075	25	83	86
4 车道有中央分隔带	4	150	2	75	
4 车道有机非分隔带	59	404	4	101	
6 车道	357	1 078	11	98	83
6 车道有中央分隔带	20	76	1	76	
6 车道有机非分隔带	214	450	6	75	
8 车道	109	273	3	91	81
8 车道有中央分隔带	75	162	2	81	
8 车道既有中央分隔带又有机非分隔带	220	284	4	71	

分析表中的数据可见，事故率随车道数的增加而降低。双车道一块板形式事故率最高。当车道数为 4 车道时，增加中央分隔带将对向车流分离，事故率明显降低；增加机非分隔带后，虽然可以将机动车与非机动车分离，但对向车流问题没有得到解决，在我国，机动车与非机动车的事故一般较轻，而对向车辆发生的交通事故往往相对更为严重。当车道数为 6 车道时，增加中央分隔带或增加机非分隔带后，事故率均有所降低，但两者之间的区别并不明显。当车道数为 8 车道时，4 块板形式比两块板形式更加安全。总体来说，8 车道事故率最低，安全状况最好。

二、路肩与分车带

路肩是指行车道外缘到路基边缘，具有一定宽度的带状部分。路肩的作用主要是：增加路幅的富余宽度；保护和支撑路面结构；供临时停车使用；为公路其他设施提供设置场地；汇集路面排水。

分车带是道路行车上纵向分离不同类型、不同车速或不同行驶方向车辆的设施，以保证行车速度和行车安全。分车带对解决机动车与机动车和机动车与非机动车的分离，提高道路通行能力，保证交通安全具有十分重要的意义。

分车带按其在横断面上的不同位置和功能，分为中央分车带及两侧分车带。

1. 中央分车带

中央分车带指高速公路，一级公路及城市二、四块板断面道路中间设置的分隔上下行驶交通的设施，包括两条左侧路缘带和中央分车带。

中央分车带的作用：分隔上下行车流；杜绝车辆随意掉头；减少夜间对向行车眩光；显示车道位置，诱导视线；为其他设施提供场地。

我国《公路工程技术标准》规定，高速公路、一级公路整体式断面必须设置中间带，不同设计速度对应中间带宽度如表 8-3 所示。

表 8-3 中间带宽度

设计速度 /（km/h）		120	100	80	60
中央分隔带宽度 /m	一般值	3.00	2.00	2.00	2.00
	最小值	2.00	2.00	1.00	1.00
左侧路缘带宽度 /m	一般值	0.75	0.75	0.50	0.50
	最小值	0.75	0.50	0.50	0.50
中间带宽度 /m	一般值	4.50	3.50	3.00	3.00
	最小值	3.50	3.00	2.00	2.00

分离式断面中央分车带宽度宜大于 4.50m。此时中央分车带宽度可随地形变化而灵活运用，不必等宽，且两侧行车道亦不必等高，而应与地形、景观相配合；中央分车带应做成向中央倾斜的凹形；行车道左侧设置左侧路缘带。当行车道与中央分隔带均用水泥混凝土修筑时，分隔带应用彩色路面以示区别。

中央分车带的宽度一般情况下应保持等宽。当宽度发生变化时，应设置过渡段。中央分车带过渡段设在回旋线范围内为宜，其长度应与回旋线长度相等；中央分车带宽度较宽时，过渡段设在半径较大的圆曲线范围内为宜。

2. 两侧分车带

两侧分车带是布置在横断面两侧的分车带，其作用与中央分车带相同，只是布置的位置不同。两侧分车带常用于城市道路的横断面设计中，它可以分隔快车道与慢车道、机动车道与非机动车道、车行道与人行道等。

三、路基高度与坡度

高路基对于行车安全十分不利，一旦车辆发生意外，很容易造成严重的交通事故。表 8-4 为我国某省公路翻车事故统计，根据表格可知在公路（尤其是高等级公路）上，由于路基较高，容易发生翻车事故。翻车事故所造成的死亡率高于道路交通事故的平均死亡率，因此事故比较严重。

表 8-4 某省公路翻车事故统计分析

公路等级	事故次数	受伤人数	死亡人数	死亡率 /%	事故总数	事故形态种类	平均死亡率 /%
高速公路	187	49	13	21.0	1984	11	
一级公路	49	44	14	24.1	3 661	11	
二级公路	150	137	39	22.2	5 881	11	19.58
三级公路	200	157	52	24.9	5 972	11	
四级公路	52	47	26	35.6	1 690	10	
等外路	56	66	24	26.7	1 877	10	

路基边坡过陡也是导致事故急剧增加的另一因素。车辆在坡度大的陡路基上发生意外时，事故类型接近于坠车。如果减小坡度，使路基边坡变缓，发生事故的车辆可以沿缓坡行驶一段距离，减小冲撞程度，从而减轻事故的严重性。如果采用矮路基或缓边坡，失去

控制的车辆一般不会驶出路外而翻车，事故的严重性将大大降低。

在我国公路项目的论证评审及施工过程中，矮路基方案会因为地下水的影响、排水不畅、软基问题、线性组合及横向通道致使纵断面起伏问题等常常被否定。事实上，如果对高路基带来的安全问题、护栏造价、计价土石方增加、土地（取土场和弃土堆）浪费、环境破坏等一系列问题，与采取矮路基所需处理技术可能增加的造价和施工问题加以综合对比的话，上述做法并不一定可取。当然，避免设置高路基并不是绝对的，在防洪、通道设置及立交引道等情况下，有必要合理地设置高路基。

四、道路交通护栏

美国交通事故统计资料表明，每年大约有 1/4 的交通事故与中央分隔带有关，大约有 1/3 的交通事故系车辆越出路外，与路上危险物相撞造成。道路护栏作为一种重要的交通安全设施，能够有效地避免车辆越出路外，保障车辆安全行驶。

在道路上设置护栏并不是为了减少一般事故的发生。护栏的防撞机理是通过护栏和车辆弹塑性变形、摩擦、车体变位来吸收车辆碰撞能量，从而达到保护乘客生命安全的目的。护栏与其他安全设施的显著区别是以护栏和车辆自身的破坏（变形）来防止更严重的伤害事故发生。在设置护栏避免车辆与其他危险物碰撞时，应把护栏当成危险物来看待。这就是说，如果是车辆以一定碰撞条件碰撞某一危险物的事故严重度比相同条件下车辆碰撞护栏的事故严重度小，那么就不能用护栏保护该危险物。例如，在某一平缓、低填方的路段，车辆越出路堤的事故严重度比车辆碰撞护栏的事故严重度小，即使在此路段上发生过一次乃至几千次以上的车辆越出路外事故，也不能采用护栏保护该路段，而是应采取其他安全措施，如道路几何线形的改善、设置视线诱导设施、设置限速标志及提高路面抗滑能力等。

（一）道路护栏的功能

道路护栏一般具有以下四种功能：

1. 分隔功能

交通护栏将机动车、非机动车和行人交通分隔，将道路在断面上进行纵向分隔，使机动车、非机动车和行人分道行驶，从而提高了道路交通的安全性，改善了交通秩序。

2. 阻拦功能

交通护栏将阻拦不良的交通行为，阻拦试图横穿马路的行人、自行车和机动车辆。它要求护栏有一定的高度，一定的密度（指竖栏），还要有一定的强度。

3. 警示功能

通过安装要使护栏上的轮廓简洁、明快，警示驾驶员需要注意护栏的存在和注意行人和非机动车等，从而达到预防交通事故的目的。

4. 美观功能

通过护栏的不同材质、不同形式、不同造型及不同颜色，达到与道路环境的融洽和协调。

（二）道路护栏分类及特点

道路护栏分类方法主要有两种：一种是按护栏构造形式分类；另一种是按护栏设置位置分类。

1. 按照构造形式分类

按照构造形式分类，道路护栏主要分为三类：半刚性护栏、刚性护栏和柔性护栏。

（1）半刚性护栏。半刚性护栏是一种连续的梁柱结构。它是通过车辆与护栏间的摩擦、车辆与地面间的摩擦及车辆、土基和护栏本身产生一定量的弹、塑性变形（以护栏系统的变形为主）来吸收碰撞能量，延长碰撞过程的时间作用来降低车辆速度，并迫使失控车辆改变行驶方向，恢复到正常的行驶方向，从而确保乘员安全和减少车辆损坏。半刚性护栏主要设置在需要着重保护乘员安全的路段。

半刚性护栏主要具有以下特点：具有一定的刚度和韧性，能防御意外车辆超越；能吸收一定的冲击能量，减少车辆损坏；结构合理，有较好的视线诱导功能；造型美观，易于维修。从国内外使用情况来看，波形梁护栏应用最为广泛。

（2）刚性护栏。刚性护栏是基本不变形的护栏。刚性护栏主要用于严格阻止车辆超越的环境，如高架桥、深沟等场合，以免引起二次事故。刚性护栏的主要代表形式是混凝土墙式护栏。

刚性护栏主要具有以下特点：相对刚性较大，防止车辆超越效果好；不易损坏，几乎不用维护、维修；遇大角度冲撞车辆的损坏严重；给人员造成的安全感和瞭望效果差，存在较强的行驶压迫感。

（3）柔性护栏。柔性护栏是一种具有较大缓冲能力的韧性护栏结构。缆索护栏是柔性护栏的主要代表形式，它是一种以数根施加初张力的缆索固定于立柱上而组成的结构，它主要依靠缆索的拉应力来抵抗车辆的碰撞，吸收碰撞能量。

缆索护栏属柔性结构，车辆碰撞时缆索在弹性范围内工作，可以重复使用，容易修复。立柱间距比较灵活，受不均匀沉陷的影响较小。风景区公路采用缆索护栏较为美观。积雪地区，缆索护栏对扫雪的障碍稍小。但缆索护栏施工复杂，端部立柱损坏维修困难，不适合在小半径曲线路段内使用；同时它的视线诱导性较差，架设长度短时不经济。

柔性护栏主要具有以下特点：弹性大，发生意外时护栏在弹性范围内工作；立柱间距灵活，不受地面沉降影响；造型优雅美观，常用于风景区；护栏可重复使用，局部维修总体施工困难，特别是端部工程；视线诱导效果差且造价较高。

2. 按护栏设置位置分类

按照护栏设置位置分类，道路护栏主要分为六类：路侧、中央分隔带、桥梁、过渡段、端部和防撞垫等。

（1）路侧护栏。路侧护栏是指设置在公路路肩（或边坡）上的护栏，用于防止失控车辆越出路外，碰撞路边障碍物和其他设施。

（2）中央分隔带护栏。中央分隔带护栏，是指设置于道路中间带内的护栏，目的是防止失控车辆穿越中间带闯入对向车道，保护中间带内的构造物和其他设施。

（3）桥梁护栏。桥梁护栏是指设置在桥梁上的护栏，目的是防止失控车辆越出桥外，保护行人和非机动车辆。

（4）过渡段护栏。过渡段护栏是指在不同护栏断面结构形式之间平滑连接并进行刚度过渡的结构段。

（5）端部护栏。端部护栏是指在护栏开始端或结束端所设置的专门结构。

（6）防撞垫。防撞垫是通过吸能系统使正面、侧面碰撞的车辆平稳地停住或改变行驶方向，一般设置在互通立交出口三角区、未保护的桥墩、结构支撑柱和护栏端头。

（三）护栏形式的选择

护栏形式的选择，应针对道路的具体情况，充分比较各种护栏形式的性能，结合经济合理、安全可靠、美观大方等要求来进行。

1. 护栏的性能选择。在选择护栏形式时，首先应充分注意到各种护栏的性能。

（1）波形梁护栏具有一定的刚性和韧性，当车辆冲撞后塑性变形较大，损坏处容易更换，具有较好的视线诱导功能，能很好地与道路线形相协调，外形美观。

（2）管梁护栏具有美观的外形，能很好地与道路线形相协调，适用于积雪地区，缺点是接头处施工麻烦。

（3）箱梁护栏具有美观的外形，适用于狭窄的中央分隔带和积雪地区，小半径曲线路段不能使用。

（4）缆索护栏具有最美观的外形，缆索在弹性范围内工作，可以重复使用，容易修复，适用于积雪地区，支柱间距比较灵活，受不均匀沉陷的影响较小，但缆索护栏施工复杂，端部立柱损坏后修理困难，不适合在小半径曲线路段使用，视线诱导性差，架设长度较短时不经济。

（5）混凝土墙式护栏防止车辆越出路外的效果较好，适用于窄的中央分隔带，由于几乎不变形，维修费用很低，但在车辆与护栏的碰撞角度较大时，对车辆和乘员的损害大，安全性和舒适性较差，行驶时有较强的压迫感。因此，只有对各种护栏性能充分了解后，才有可能做出更符合实际的选择。

2. 护栏的安全性选择。从设置护栏的最终目的来看，当然希望通过护栏的保护作用来减轻事故的严重程度。特别在车辆越出路外可能引起严重事故的区段，如铁路、重要公路相交或平行的部分，靠近居民房屋的区段，高度大于 10m 的桥梁与填方区段等，要根据设计条件，选择能经受超负荷冲撞的护栏形式。

3. 护栏的美感及其对驾驶员的心理影响。护栏的美感是和道路的景观设计联系在一起的，护栏的存在应当使道路使用者增加舒适感和安全感，还应顾及行驶中驾驶员的视觉和心理反应，能在视觉上自然地诱导驾驶员的视线，保持公路线形的连续性。对一些会使道路使用者产生恐惧心理的危险路段，在选择护栏形式时，宜采用遮挡视线的梁式护栏、混凝土护栏。

4.结合气象条件的选择。在降雪或冰冻地区，主要考虑护栏对挡风积雪的作用；在多雾地区，设置结构连续性好、比较醒目的护栏为好；在多雨地区，护栏的设置应不影响路面排水。

5.经济性的考虑。从建设费用与承担能力来考虑，应结合实际选择护栏形式。

（四）护栏的高度要求

在失控车辆与护栏发生碰撞时，希望护栏能作用于车辆的有效部位，既不致使车辆越出护栏，也不致使车辆钻入护栏横梁的下面。比较理想的情况应当是通过护栏的整体作用迫使车辆逐步转向，一直恢复到正常的行驶方向。但目前世界上生产的汽车各种各样，从大吨位的重型汽车到很小的微型汽车，其质量相差悬殊，车辆外形变化很大。现代的小轿车有向微型化发展的趋势，其质量变得越来越轻。为了减小空气阻力，前车盖更趋于流线型而变低，这种车辆在与护栏相碰时，很容易钻入波形梁护栏的横梁下面而造成严重的后果。另一种情况就是车辆的吨位越来越大，也就是车辆的大型和重型化。这种车在与护栏碰撞时，可能产生跳跃问题。特别在与 W 型波形梁护栏相撞时，由于车辆的保险杠碰撞波形梁护栏的横梁顶部而可能使其拧扭成为斜面，在碰撞角度很大、速度很高时危险性更大。一旦出现这种情况，就有可能使保险杠向下往后倾斜，在汽车冲力的带动下很容易滑上护栏的斜面，继而发生跃出护栏的事故。上述的两种情况都是不希望发生的，这就要求很好地研究、确定护栏的合理安装高度。

五、防眩设施

夜间在道路上行驶的车辆会车时，其前照灯（大灯）的强光会引起驾驶员眩目，致使驾驶员获得视觉信息的质量显著降低，造成视觉机能的伤害和心理的不适，使驾驶员产生紧张和疲劳感，是诱发交通事故的潜在因素。防眩设施就是防止夜间行车受对向车辆前照灯眩目的人工构造物，有板条式的防眩板、扇面状的防眩大板、防眩网、防眩棚等构造形式。中央分隔带植树原则上不属于防眩设施，但植树除具有美化路容的功能外，同时也起着防眩的作用，故也可作为防眩设施的一种。

（一）眩光

眩光是指在视野范围内，由于亮度的分布或范围不适宜，在空间或在时间上存在极端的亮度对比，致使驾驶员视觉机能或视距降低。眩光可使人的视觉机能降低，产生不快，增加视觉差错，严重时可以导致暂时失明。在视野中某一局部地方出现过高的亮度或前后发生过大的亮度变化。眩光是引起视觉疲劳的重要原因之一。

1.眩光分类

（1）眩光按其光源分类，可以分为直接眩光和反射眩光。

1）直接眩光是指高亮度光源的光直接进入人的眼球，可以造成视觉机能暂时性损伤。

2）反射眩光是指光源射到观看对象物体（或其近旁）时，其反射光线所产生的耀眼眩光。

3）眩光按其视觉效应可分为失能眩光和不舒适眩光。

失能眩光也称强眩光，严重影响视觉功能，甚至造成被照射者暂时失明。它可以通过改变眩光条件，根据目标视距的减少量来测定。不舒适眩光会造成舒适程度降低，但不会损害视觉，目前还没有公认的定量值。

失能眩光又称生理性眩光，不舒适眩光又称为心理性眩光，它们的影响不同，但无严格的界限。随着亮度由低向高的变化，开始出现不舒适的感觉，但不影响视觉功能，即产生不舒适眩光；随着亮度继续增大，不舒适程度趋于严重，伴随有视觉功能的降低，此时既有不舒适眩光，也有失能眩光产生；再提高亮度，会严重影响到视觉功能，甚至视觉作业根本无法进行，直至暂时失明，强光盲，这时完全是失能眩光。汽车在夜间行驶时，驾驶员多数是受到对向来车间断性前照灯强光的直射，出现生理性眩光，也称危害性眩光。

人眼睛对眩光感觉的强弱与下列因素有关：光源的强弱；光源表面积的大小；光源的背景亮度；光源与视线的相对位置；视野内光束发散度的分布；眼睛对环境的适应性。

2. 眩光对驾驶员行驶行为的影响

分析驾驶员对行车环境的感觉表明，从道路景观中获得视觉信息对驾驶员来说是相当重要的。驾驶员在行车中要达到安全、快速、舒适的目的就必须清楚地观察到道路前方一定距离内的情况，获得道路前方线形走向等对安全行驶有用的信息。但在夜间行驶时，视觉环境改变了，驾驶员的视野比白天更狭窄；加之眩光干扰，使驾驶员在夜间获得视觉信息的质量显著地降低，行车比白天更困难和更危险。具体表现为：

（1）眩光使驾驶员为躲避强光而视线偏离。驾驶员遇到强光直射时，常将头转向一边，避开强光，这是利用增大视线与强光束的角度来达到减弱眩光的作用，眩光源与视线的夹角越大，视觉功能降低的程度就越小。

（2）眩光加剧驾驶员在道路上的横向偏移。通过观察驾驶员在会车时车辆在车道上的横向位置表明，在距会车点大约 250m 处，大部分驾驶员有一种朝对向车辆方向行驶的趋势，随着距离减小，操纵偏离有明显的降低，这种现象解释为驾驶员在接近冲突点（目标物、会车）之前"沉着"或"紧张"地操作和侵占别人车道的行为。但对向车辆的存在迫使驾驶员认识到潜在的危险，因此，要修正车辆的横向位置以避免和对向车辆发生碰撞。这些修正操作使车辆偏离对向车辆而获得较大的横向间距，或者由于眩光减少视距，使驾驶员降低车速。如果驾驶员不能正确做出上述修正操作或操作不当时，就有可能发生由于眩光影响而导致车辆碰撞或越出路外的事故。

（3）眩光可以造成驾驶员视觉的暂时性"黑暗"。由于瞬间的强光直射，将使驾驶员视觉经历一个暗适应过程，出现眼前"一片漆黑"。发生视力障碍的时间约为 10s，在这期间，驾驶员不适应黑暗环境，看不清前方路况，往往冒险行车而可能发生事故。

（二）防眩设施设置原则

1.设置依据

设置防眩设施可防止对向车前照灯的眩目，改善夜间行车条件，增大驾驶员的视距，消除驾驶员夜间行车的紧张感觉，降低交通事故率。防眩设施还可改善道路景观，诱导驾驶员视线克服行车的单调感。下列情况可作为考虑设置防眩设施的依据：夜间相对白天事故率较高的路段；夜间交通流量较大，特别是货车等大型车混入率较高的路段；不寻常的夜间事故较多的路段；中央分隔带宽度小于3m的路段；平曲线半径小于一般最小半径的路段；夜间事故较集中的凹形竖曲线路段；道路使用者对眩光程度的评价。

2.一般原则

（1）设置的路段

高速公路、一级公路凡符合下列条件之一者，应设置防眩设施：中央分隔带宽度小于9m的路段；夜间交通流量较大、服务水平达到二级以上的路段；圆曲线半径小于一般值的路段；凹形竖曲线半径小于一般值的路段；公路路基横断面为分离式断面，上下车行道高差小于或等于2m时；与相邻公路或交叉公路有严重眩光影响的路段；连拱隧道进出口附近。

（2）可不设置的路段

具备下列条件之一的路段，可不设置防眩设施：中央分隔带宽度大于9m；上下行车道路面高差大于2m；配有连续照明。

（3）设置位置

防眩设施应设置于道路的中央分隔带上，且最好与护栏、隔离封闭设施配合使用，既可节省投资，又可防止行人在公路上随意横穿而使驾驶员行车紧张。防眩设施既可设置在道路的中央分隔带中心线上，也可靠中央分隔带一侧设置。

（4）一般设置要求

1）防眩设施的设置应注意连续性，避免在两段防眩设施中间留有短距离的间隙，这种情况会给毫无思想准备的驾驶员造成很大的潜在炫目危险。

2）在长区段设置防眩设施时，应考虑在形式或颜色上有所变化，可把植树和防眩板每隔5km左右适当改变形式或颜色，以给驾驶员提供多样化的景观，克服行车的单调感。

3）防眩板的宽度应根据中央分隔带宽度确定，并注意与道路景观相协调。如某公路的防眩板宽0.7m，而中央分隔带宽度仅1m，防眩板边缘紧靠行车道，既容易被车辆刮倒，又使驾驶员有压迫感，防眩板给人的感觉就像一面面又大又笨的铁扇排立在道路中央，非常难看，且由于板宽，两板间的距离大，驾驶员驱车经过时感觉到一晃一晃的，昼夜对驾驶员视觉的刺激都很大，影响行车质量。

4）防眩设施与各种护栏结构组合设置时，要根据不同地区的情况结合防风、防雪、防眩、景观等多方面的综合要求，考虑设置组合结构的合理性。

第二节 检测安全管理

公路检测技术是公路工程项目建设施工过程中对质量进行检测与监督的重要手段，公路检测技术能够充分利用当地的原材料，并且促进新技术以及新材料的不断应用，有效评定公路工程项目中的施工材料以及施工构件的质量，科学控制与管理公路工程项目。只有加强公路检测相关技术在公路工程项目中的应用，才能提高公路工程的建设质量与进度，降低其施工成本，并在实践应用过程中促进公路检测相关技术的不断进步。

公路检测相关技术是公路进行施工、竣工验收以及养护检测的技术基础，在公路施工阶段与养护工作中都占据着重要的地位，只有加强对公路检测相关技术的应用实践，才能掌握公路的基础情况，提高公路检测的质量与效率，从而保证路桥工程质量。

一、现阶段实施公路检测的重要意义

1. 当前我国公路质量检测的发展状况

公路检测作为公路工程实施中不可或缺的一个重要组成部分，有着较长的发展时间，相关建设也取得了较为突出的成效。但从实际工作而言，我国公路检测技术乃至公路工程施工质量控制体系仍然存在着很多问题和不足。理论上，公路检测要求与公路等级相匹配。公路等级越高，公路建设施工单位和相关部门对公路检测的重视程度越高，进而对公路施工质量控制和后期检测验收单重视程度也更高，相关公路检测技术的标准要求也越严格。但实际工作中，许多施工企业缺乏对公路施工材料质量和工程施工质量的有效检测手段，有的施工企业虽然有一定数量的检测设备，配置了检测人员，建立了检测制度，但在实际运行中由于某些原因而导致检测工作不能正常开展，进而无法发挥其应有的作用。

2. 公路技术检测的重要意义

作为一项综合性技术项目，公路技术检测的实施涉及多个方面，既受到工作人员的积极主动性的影响，也受到与检测项目、要求相适应的检测技术、业务能力等客观因素的影响。大量公路工程施工数据统计显示，目前我国的公路工程施工质量控制和技术检测尚没有得到足够的重视，检测作业没有形成规范体系，多数情况下仅仅依赖技术人员的主观判断，可靠性受技术人员个人素质影响波动很大，许多项目因为这个原因而产生了较为严重的质量病害。因此，要在很大程度上提高公路工程项目的施工质量，缩短施工周期，降低公路工程项目的实际投资，除了要建立完善的公路工程项目质量检测制度外，还要根据实际检测工作需要，配置相应的检测设备及检测人员，使公路项目检测落到实处、发挥实效，实现对公路工程施工质量控制的目的。除了工程施工质量控制外，公路技术检测也是公路工程项目验收时必不可少的重要举措。

二、公路检测技术在公路工程中应用分析

1. 基层压实厚度检测技术

对公路路面基层、底基层及其沥青面层的压实厚度检测，通过用挖坑、尺量或钻芯取样法测定路面基层、底基层和沥青面层的压实厚度，以 cm 计，准确到 0.1cm。实测的路面结构层厚度应符合设计厚度的要求，同时应当满足《公路工程质量检验评定标准》规定的误差允许范围。在现场主要采取的检测方法是通过在测定路基、路面压实度的同时，将试坑挖到结构层的分层设计厚度位置，用尺测量实际厚度。沥青路面完工后，可用钻机取芯，直接测量样芯的高度即为路面结构的厚度；也可通过在施工前及施工完成后定断面定点用水准仪抄平，测量路面结构层的实际厚度。

2. 施工质量的检测

对于工程施工质量的检测更是公路检测的关键。检测人员要严格遵循国家和行业出台的关于公路检测的相关技术标准，科学编制检测计划，将每个分项工程的实际测量项目、检测频率以及施工方法都列施工检测的范围中，并且将其作为整个工程质量检测的重要依据。检测时要着重做好对工程施工质量有着重要关系的要素检测，比如公路的中心线、压实度以及回弹弯沉值等。公路技术检测的一个重要功能是竣工验收阶段的应用。这个阶段是工程的结尾，竣工验收的公路技术检测是保障公路质量的最终手段，对公路工程整体质量起着盖棺定论的重要作用。这个阶段的公路检测主要包括公路工程的平整度、宽度、横坡度、纵断高程等内容。公路成品的厚度、压实度、沥青的用量要经过管理部门的批准。

3. 路面抗滑检测技术

公路路面的抗滑能力主要是指其摩擦系数，路面抗滑检测方法主要包括摆式摩擦仪的静态与单点检测以及现代的制动测距的动态与连续检测，现阶段主要对动态连续式检测的可靠性、指标体系以及应用指标进行进一步验证。该种检测技术是应用于公路工程项目里主要的路面抗滑检测技术，不过这种检测技术具有较大的指导难度以及较高的检测费用。对检测车全刹车时的最大减速度进行测定也是一种检测路面抗滑性的方法。根据多项研究成果表明，路面摩擦系数与最大减速度具有较强的相关性，所以也在路面质量检测中得到了广泛应用；此外，摆式摩擦仪仍然是我国采用的主要公路检测技术，但因为这是一种静态的单点抽样检测，所以其可靠性以及效率都不能实现对公路质量的真实完全反映，因此，我国应该加大对相关检测技术地研究与开发。我国的公路养护规范针对沥青公路的抗滑性能检测还提出了摆值、横向力系数以及构造深度等多种评价检测指标，但是这些指标之间缺乏良好地系统分析，所以需要建立起完善的指标评价体系，加强对施工现场的检验，获取有效数据，不断完善各种监测规范和相关技术。

4. 自动弯沉仪检测路面弯沉技术

目前，通过采用自动弯沉仪在标准条件下每隔一定距离连续测试路面的总弯沉，及测

定路段的总弯沉值的平均值。该检测方法尤其是适用于尚无坑洞等严重破坏的道路验收检查及旧路面强度评价，可为路面养护管理系统提供数据，经过与贝克曼梁测定值进行换算后，也可用于路面结构设计。

开始测试时，汽车以一定速度行进，测量头连续检测汽车后轴左右轮隙下产生的路面瞬间弯沉。通过测定梁支点的位移传感器将位移转换为电信号，并传送到数据记录器，待汽车后轮通过测量头后，监程器上显示弯沉盆或弯沉峰值，打印机输出弯沉峰值及测定距离。当第一点测定完毕后，车辆前面的牵引装置以两倍于汽车行进速度的速度把测量机构拉到测定轮前方。汽车继续行进，到达下一测点时，则可开始进行第二点测定。采取上述的检测方法进行循环的向前测定。对于采用这种检测方法来测定路面的总弯沉，值得注意的是，汽车在整个测试过程中应保持在规定的速度范围内稳定行驶，标准的行车速度应适宜采用 3~3.5km/h，而且测试步距不应大于 10m。

作为公路工程质量控制的主要组成部分，公路检测工作对整个工程项目具有非常重要的作用与意义，而各种公路检测技术的具体应用能够充分保障公路成品的质量，实现良好的应用价值，所以公路检测的相关技术人员必须不断学习与引进各种科学有效的公路质量检测技术，使其在公路工程项目中得到广泛应用与实践，从而实现公路质量检测的目标，提高公路工程项目的社会经济效益。

第三节　养护安全管理

保障交通运输的安全性以及稳定性，需要保障公路设施质量，所以在公路工程投入到具体运营中需要结合工程实际做好养护工作，在公路养护过程中常常存在一些养护施工安全问题，因为公路养护质量是建立在养护工程安全基础上的，所以做好公路养护安全管理意义重大，做好全过程的养护安全管理需要从完善安全管理制度的基础上，保障各项安全管理制度严格实施，使得所有的日常养护作业从始至终，将"安全第一"的理念贯穿于整个养护工作中，所以针对公路养护的安全管理工作展开一系列的探究意义重大。

我国的公路整体建设水平取得了不小的成绩，往返于公路上的车辆数量越来越多，当然各类交通事故的发生率也在不断上升，这就为公路养护施工以及安全管理带来了较大的难度，公路养护过程中影响施工安全的因素众多，有主观方面的原因也有客观方面的原因，所以需要就这些问题进行系统性地分析，为做好公路养护安全工作提供扎实的基础，保障公路运输事业更好更快地发展。

一、公路养护施工安全因素

1. 主观因素

（1）施工方因素

在公路养护施工过程中，需要有施工组织准备好施工材料以及安排好相应人员，并对基础设施和维护交通等工作予以布置。在施工完成后，还得对现场进行清理，指导恢复交通运输，公路施工单位要对每一项施工内容予以执行，在相关要求下开展工作，确保参与现场施工人员的人身安全。

（2）划分施工区域

在高速公路的养护过程中，要熟悉所划分的施工区域，对养护公路的范围进行合理规划。施工区域大小应当由公路交通情况决定，不合理的设置会影响施工人员的人身安全。有调查显示，一些施工单位为了缩短工期，会在具体养护中对施工区域进行违规划分，增加交通事故出现的风险。因此，要严格对待施工区域的划分工作。

（3）人为因素

一些管理人员不重视公路的养护工作，没有认识到公路养护中存在的安全隐患，没有有效管理现场施工，也没有根据国家标准开展施工，使得施工人员不了解养护的具体内容。因此，管理制度不严谨也导致公路路面损坏事故频发。

2. 客观因素

（1）天气因素

我国国土面积辽阔，每个地方的气候不尽相同。不同区域的公路养护，施工人员的施工会受到周围环境视线问题的影响。因此，在实际养护操作中要制定合理措施进行规避，以此来应对天气的影响。

（2）交通本身的影响因素

随着我国交通运输业的不断发展，公路车辆行驶和车辆本身的问题，都会对交通情况产生深远的影响，而这也与公路养护施工安全管理紧密联系。

（3）公路自身

公路的路面情况以及路面上的桥梁、弯道、坡度等限度交通量会对公路施工安全起到一定的制约。假如养护路面的过程中，出现较差的路面以及行车面积过于狭小，这也会使得路面拥挤，十分容易出现安全问题。

二、做好公路养护安全管理工作

1. 安全养护的事前控制

（1）强化安全生产意识

养护作业开始前，必须做好工人的安全教育工作，树立"安全第一"的意识，从思想上重视，从上层领导抓起，层层落实，让安全意识不仅仅是挂在嘴边的口头禅，而且要在每个人心里树立起安全的重要性。要实现领导问责制度，明确责任，层层落实，狠抓安全意识建设，培养安全生产意识高的养护作业队伍。

（2）施工方案中对安全问题全盘考虑

在养护工人作业前，要确定好施工方案，对所养护的作业情况进行了解以及分析，把最主要的因素也要考虑进去，如天气、交通情况、位置、人员的安排，做出方案示意图，并且进行文字说明，把安全管理方案对工作人员讲解清楚，还要规定班组人员的职责，让安全施工落到实处，才能很好地避免事故的发生。

（3）安全信息的及时发布

安全信息的发布要及时、准确。因为养护作业区的情况复杂、作业场地的堆放物较多、路面变窄，容易导致车辆的碰撞事故发生，所以，及时发布国省道养护施工的安全信息尤为重要。在养护开工前，通过各种媒体，对道路的通行情况及施工信息向社会和通行车辆公布，警告过往车辆要注意施工路段的情况。通过对车辆实行分流或绕道的方案，避免车辆拥堵，保证养护施工安全有序地进行。

2. 安全养护的事中及事后控制

（1）施工现场区域的划分和设立

养护安全管理的重要环节就是现场作业的安全管理，因此，在施工前必须要强调养护现场作业的安全管理。在公路养护施工的时候，我们要严格划分施工区域，因此来设置安全警示标志，让六个区域（是指上游过渡区、缓冲区、作业区、下游过渡区、终止区）保证给道路使用者和现场施工人员以最好的保护。

（2）养护作业现场的交通安全管理

养护作业现场的交通安全管理是安全作业的关键环节，在复杂多变的养护作业现场，维持好来往车辆的秩序，保护好现场工作人员、机械的安全，有效地落实交通安全管理措施，充分发挥现场安全员的作用。

（3）养护作业进行中的安全管理

在养护作业过程中，由于公路养护作业场地狭小，再加上沥青混凝土施工时毒性大，作业人员容易发生中毒事故；施工机械较多，穿插作业，容易产生碰撞事故。所以，养护施工时，要做好施工中的安全工作和现场管理工作，努力杜绝事故的发生。

3. 公路养护安全管理措施

结合实际情况制定相应的安全管理制度，如明确各岗位、工种的职责；制定安全生产责任制；安全检查制度等。以制度为基本，对工作人员的行为进行有效控制，达成安全生产的目标。保证已制定制度的严格执行不能停留在书面上，要根据各种制度间相互协调、相互监督的机制，运用自检、抽检、定期检查等措施促进制度的严格实施。在日常的工作中，根据实际情况对原有制度中不完善的方面逐步进行完善。对在检查中发现的不严格执行制度的情况绝不姑息，根据不执行制度的严重性进行说服教育、下达整改通知、进行行政处罚等手段，"宁可今日听到骂声，绝不明日听到哭声"，确保对已制定制度的绝对执行。根据养护作业人员在日常养护作业中的表现进行奖惩，安全管理工作采取年终评比；根据一年中的日常检查、不定期抽查、定期检查的结果，对各养护工区对安全工作的执行情况进行分项评比，对安全生产各项制度执行得力或全年未发生安全生产责任事故的单位及单位负责人进行奖励，对安全生产各项制度执行不得力或出现安全生产责任事故的单位及单位负责人进行处罚。

公路养护工作对保障公路质量、提升交通运输的稳定性有着重要的意义。在公路养护过程中做好养护安全管理直接影响着养护工作的有效性，因为影响公路养护安全的因素众多，所以需要就这些因素进行系统地分析，公路养护部门需要做到心中有数，从而采取积极有效的对策，促使这些安全因素对于公路养护过程的顺利实施，最大限度地提升公路养护的质量，保障交通运输以及人们的出行安全，为我国的社会主义建设贡献一份力量，促进交通运输行业长足稳定的发展。

第四节 桥梁安全防护

一、桥梁安全保护区域

根据国家行业标准《城市桥梁设计规范》的规定，城市桥梁按其多孔跨径总长或单孔跨径的长度，分为特大桥、大桥、中桥、小桥等四类。另从重要性角度考虑，可将高架道路归为大桥类，将涵洞等归为小桥类。而桥梁安全保护区域则可根据施工作业行为的类别与桥梁分类进行设置。

随着城市建设的发展，施工作业形式多样化，工程建设对周围环境的影响越来越复杂，如基坑开挖的大量卸荷引起基坑周围土体发生水平和竖向的位移；沉桩的挤土效应也会导致一定范围内的地面发生水平和竖向的位移。大量土体的移动可能导致邻近建筑物发生倾斜或开裂、道路损坏、管线断裂等事故。因此，为保护重要的建筑物和生命线工程的安全，特别是城市桥梁的安全，通常需要设置一定范围的保护区域，以阻断工程建设活动对建筑物可能造成的不利影响。

1. 部分城市对桥梁安全保护区域的设置

为保障城市桥梁完好，充分发挥其使用功能，国家和地方政府分别颁发了有关城市道路桥梁管理条例，各条例内容大致相同，除了处罚条款有所不同之外，最主要的区别就是对城市桥梁安全保护区域的规定。国家1996年颁发的《城市道路管理条例》对城市道路和桥梁的管理做了一些原则性的规定，但未对城市桥梁安全保护区域做出具体规定。各地方政府根据本地的建设和经济发展情况，划定了各自的城市桥梁安全保护区域。有关地政府的规定内容可供各地借鉴，具体设置情况如下：

（1）杭州市人民政府发布杭政办函文件《杭州市城市桥涵安全保护区域管理规定》。为加强城市桥涵安全保护区域管理，规范城市桥涵安全保护区域内的施工作业及相关活动，保障城市桥涵安全，该文件规定城市桥涵包括桥梁（含高架道路）、人行天桥、地道、涵洞、隧道及其附属设施。市管城市桥涵包括大型桥梁（含高架道路）、带电梯的人行天桥、带电梯的地道、隧道及其附属设施。区管城市桥涵包括中小型桥梁，不带电梯的人行天桥、不带电梯的地道、涵洞及其附属设施。城市桥梁安全保护区域范围为桥梁投影面积加上两侧外延距离的区域，即城市特大桥、大桥、中桥和小桥的两侧外延距离分别为120m、80m、60m、30m；涵洞的安全保护区域范围为涵洞投影面积加上两侧外延30m的区域；城市隧道、地道等安全保护区域范围为设施投影面积加上周边各延伸60m的区域。

在城市桥涵安全保护区域内从事下列施工作业的，应事先征得该设施的市政设施行政主管部门同意并办理相关手续。一是河道疏浚、采砂等影响河势或河床稳定的施工作业；二是挖掘、打桩、地下管线铺设、爆破、采石、取土、降水、地基加固等可能影响桥涵基础结构的施工作业；三是平均荷重超过150KN/m²的大面积堆物等增加桥涵载荷量的其他活动；四是其他可能损害城市桥涵的施工作业。

凡在城市桥涵安全保护区域内从事以上四类施工作业的，建设单位应在施工前30日向市政设施行政主管部门提出申请，并提交城市桥涵安全保护设计方案及施工作业相关资料（包括作业区域作业内容、开竣工日期技术保护措施、施工设计图纸等内容）。对可能影响桥涵安全运行的施工作业，建设单位应邀请专家对城市桥涵安全保护设计方案进行论证。

（2）北京市人民政府发布的《北京市城市道路桥梁管理暂行办法》规定：禁止在桥梁、涵洞的前后左右及上下游各50m范围内挖砂取土、堆放物料、装置有碍桥涵正常使用的设施。

（3）《上海市城市道路桥梁管理条例》总则第一条规定："为了加强本市城市道路、桥梁管理，保障城市道路、桥梁完好，充分发挥其使用功能，根据国家有关法律、法规的规定，结合本市实际情况，制定本条例。"第二条阐述此条例适用于该市城市道路、桥梁以及桥梁安全保护区域。第四十一条要求："在城市桥梁安全保护区域内从事河道疏浚、河道挖掘、建筑打桩、地下管道顶进、爆破等作业的，应当制定安全保护措施，经市政工程管理部门同意后，方可施工。"

（4）《长沙市城市桥梁隧道安全管理条例》自2014年5月1日起施行。该条例所称城市桥梁，是指市区内城市道路中跨越水域或者陆域，供车辆、行人通行的跨江河桥、立交桥、高架桥、人行天桥筹建（构）筑物。第十三条要求在城市桥梁安全保护区范围内禁止下列行为：从事采砂、取土、挖掘、爆破等危及城市桥梁、隧道安全的作业或者活动；生产、储存、销售爆炸性、腐蚀性等危险物质；在城市桥梁安全保护区范围内捕鱼、泊船；其他危及城市桥梁安全的行为。

条例所称城市桥梁安全保护区是指桥梁下的空间和桥梁主体垂直投影两侧各一定范围

内的区域；跨江河桥梁两侧各 200m 范围内的水域，50m 范围内的陆域；立交桥高架桥和人行天桥两侧各 5m 范围内的陆域。

（5）广州市人民政府发布的《广州市市政设施管理办法》规定：桥梁、隧道安全保护区域是指桥梁，隧道上下游或周围各 50m 范围内的水域及规划红线内的陆域。

（6）宁波市人民政府提请的《宁波市市政设施管理条例(修订草案)》《条例(修订草案)》规定城市桥涵安全保护区由市政设施行政主管部门会同城乡规划、交通海事、水利等行政主管部门，根据城市桥涵设施的规模、结构、地质环境等情况划定，并向社会公告。城市桥涵安全保护区是指桥涵主体引桥及其垂直投影面两侧各一定范围内的陆域和水域。

第四十一条：在城市桥涵安全保护区内从事河道疏浚、挖掘、打桩、地下管道顶进、爆破等作业的单位和个人，应当依法向建设行政主管部门领取施工许可，并提供原设计单位提供的技术安全审查意见。建设行政主管部门在授予施工许可前，应当征求市政设施行政主管部门的意见。在城市桥涵安全保护区范围内从事河道疏浚、挖掘、打桩、地下管道顶进、爆破等作业的单位和个人取得施工许可后，应当与城市桥涵产权单位签订保护协议，采取安全保护措施后，方可施工。

（7）桂林市人民政府发布的《桂林市城市道路桥梁管理办法》将城市桥梁安全保护区定义为：主航道上的桥梁安全保护区是指大桥主体垂直投影上游 100m、下游 50m 范围内的陆地和水域，引桥垂直投影两侧各 30m 范围内的陆地。其他桥梁安全保护区系指桥梁主体垂直投影两侧各 30m 范围内的陆地和水域，引桥垂直投影两侧各 20m 范围内的陆地。

（8）国家《公路安全保护条例》第二章是对公路线路保护的规定，根据保障公路运行安全和节约用地的原则，交通运输、国土资源等部门应划定公路建筑控制区的范围。属于高速公路的控制区范围，从公路用地外缘起向外的距离不少于 30m，公路弯道内侧，互通立交以及平面交叉道口的建筑控制区范围根据安全视距等要求确定。公路建筑控制区与铁路线路安全保护区、航道保护范围、河道管理范围或者水工程保护范围重叠的，应经相关部门协商后划定。

3. 桥梁安全保护区域的管理

在建设和管理过程中，桥梁安全保护区域的划分是非常敏感的，如果安全保护区域范围划分不够大，施工作业可能会危及桥梁的安全；如果划分过大，则会增加相关工程的施工费用。因此，对城市桥梁安全保护区域的划分应特别慎重，通常市级行政主管部门应当根据城市桥梁的技术特点结构安全条件等情况，确定城市桥梁限制性施工作业的控制范围，即桥梁安全保护区域的实际范围，并应向社会公示。

限制性施工作业时可能会损坏周边桥梁设施，建设单位应当在施工前与城市道路桥梁管理部门签订桥梁保护协议书。造成桥梁设施损坏的，由建设单位负责修复或者赔偿相应损失。桥梁管理部门应运用桥梁结构安全监测系统等信息管理设施，监控桥梁的安全运行状况和技术状态，增强城市桥梁设施服务效能。

（1）凡在桥梁安全保护区域内从事限制性施工作业的，建设单位应在施工前 30 日提出申请，并提交城市桥梁安全保护设计方案（包括作业区域、作业内容、开竣工日期技术保护措施、施工设计图纸等内容），桥梁管理部门受理申请后15日内应提出意见。同意施工的，应当与建设单位签订桥梁安全保护协议。桥梁安全保护协议应当包括建设单位及施工单位名称，施工作业的工程名称和施工周期，相关城市桥梁安全保护设计方案，施工作业的安全措施，城市桥梁沉降、位移等检测措施，检测资料的收集、报送，施工作业等。

（2）桥梁安全保护协议签订后，建设单位应当严格按照桥梁安全保护设计方案和桥梁安全保护协议组织施工。对可能影响桥梁安全运行的，建设单位应当委托具有相应资质的专业检测单位对桥梁进行检测，并向管理部门报送书面检测报告，同时负责采取加固措施。施工作业期间，建设单位应当委托具有相应资质的专业检测单位对相关城市桥梁进行动态监护，并定期报告城市桥梁动态记录。

（3）管理部门应当建立城市桥梁地理信息系统和数据库，正确反映桥梁的属性数据和空间数据，为在桥梁安全保护区范围内实施工程作业的建设单位或者施工单位提供服务，并建立城市桥梁日常检查、巡视制度，发现擅自在城市桥梁安全保护区域内从事限制性施工作业的，应当立即通知建设单位采取整改措施。在城市桥梁施工控制范围内从事河道疏浚、挖掘、打桩、地下管道顶进、爆破等作业的单位和个人，在取得施工许可证前应当先经市政工程设施行政主管部门同意，并与城市桥梁的产权人签订保护协议，采取保护措施后方可施工。市政工程设施行政主管部门应当经常检查城市桥梁施工控制范围内的施工作业情况，避免桥梁发生损伤。

二、危险货物载运防护

载运易燃、易爆、剧毒、放射性等危险货物的车辆，应当符合国家有关安全管理的规定，并避免通过特大型桥梁；确需通过特大型桥梁的，负责审批易燃易爆、剧毒、放射性等危险货物运输许可的机关应当提前将行驶时间、路线通知特大型桥梁的管理单位，并对在特大型桥梁行驶的车辆进行现场监管。

（一）危险货物载运许可

1. 相关法规政策的规定

根据《中华人民共和国道路交通安全法》机动车通行规定，机动车载运爆炸物品、易燃易爆化学物品、剧毒物品、放射性物品等危险物品，应当经公安机关批准后，按指定的时间、路线速度行驶，悬挂警示标志并采取必要的安全措施。根据《危险化学品安全管理条例》《道路危险货物运输管理规定》的规定，载运危险物品的运输单位必须有专用车辆、设备和专业从业人员，并符合载运危险物品的安全生产管理制度。

根据浙江省工程建设标准《城市桥隧管理运行规范》要求，载运易燃、易爆、剧毒、放射性物品等危险物品的车辆不应在I、II类城市桥梁上通行。确需通过的，运输单位应在获得危险物品运输许可后，将行驶时间、路线提前通知桥梁运行管理机构，经同意后，在桥梁运行管理机构现场监管下通行。

2. 具备道路危险货物运输许可证

危险货物道路运输企业或者单位应按照道路桥梁运输管理机构的规定从事危险货物运输活动，不得转让、出租道路危险货物运输许可证件，不得运输法律、行政法规禁止运输的货物。对法律、行政法规规定的限运、凭证运输货物、道路危险货物运输企业或者单位应当按照有关规定办理相关运输手续。对法律、行政法规规定托运人必须办理有关手续后方可运输的危险货物，道路危险货物运输企业应当进行查验，有关手续齐全有效后方可承运。

3. 具备爆炸品、放射性和化学危险物品准运证

运输爆炸品、放射性和化学危险物品还应持有相应的准运证件。运输爆炸品和化学危险物品的，应有运往地县、市公安部门签发的爆炸物品准运证或化学危险物品准运证；运输放射性货物的，应持有省、自治区、直辖市指定的卫生防疫部门核发的包装件表面污染及辐射水平检查证明书。运输放射性化学试剂制品、放射性矿石、矿砂等货物，其运输包装等级和放射性强度每次都相同时，允许一次测定剂量，再次运输时，可以提交原辐射水平检查证。

4. 办理危险货物托运

托运人应向具有从事危险货物运输经营许可证的运输单位办理托运，并应当对托运的危险货物种类数量和承运人等相关信息予以记录，记录的保存期限不得少于 1 年。危险货物的性质与消防方法相抵触的货物则必须分别托运。危险货物应当严格按照国家有关规定妥善包装并在外包装设置标志，向承运人说明危险货物的品名、数量、危害、应急措施等情况。需要添加抑制剂或者稳定剂的，托运人应当按照规定添加，并告知承运人相关注意事项。

危险货物托运人托运危险化学品的，还应当提交与托运的危险化学品完全一致的安全技术说明书和安全标签，不得使用罐式专用车辆或者运输有毒、感染性、腐蚀性危险货物的专用车辆运输普通货物。其他专用车辆可以用于食品、生活用品、药品、医疗器具以外的普通货物运输，但应当由运输企业对专用车辆进行消除危害处理，确保不对普通货物造成污染、损害，不得将危险货物与普通货物混装运输。

未列入交通部《公路危险货物品名表》的危险货物，托运时应提交生产或经营单位的主管部门审核的《危险货物鉴定表》，经省、自治区、直辖市交通运输主管部门批准后办理运输，并由批准单位报交通部备案。盛装过危险货物的空容器，未经消除危险处理的，仍按原装货物条件办理托运，其包装容器内的残留物不得泄露，容器外表不得粘有导致危害的残留物。对要求使用罐（槽）车运输的危险货物，必要时托运人应提供有关资料或样品，并在运单上注明对装载的质量要求。对高度敏感或能自发引起剧烈反应的爆炸性物品，未采取有效抑制措施的禁止运输。对已采取有效抑制或防护措施的危险货物，应在运单上注明。需控温运输的危险货物，托运人应在运单上注明控制温度和危险温度，并与承运人商定控温方法。

（二）危险货物载运分类

危险货物具有爆炸、易燃、毒害、感染、腐蚀、放射性等危险特性，在运输、储存、生产、经营、使用和处置中，容易造成人身伤亡、财产损毁或环境污染，因而需要特别防护。按照国家标准《危险货物分类和品名编号》《危险货物品名表》的规定，危险货物所具有的危险性或最主要的危险性应分为9个类别，有些类别可再分成项别，危险程度依据国家标准《危险货物运输包装通用技术条件》分为Ⅰ、Ⅱ、Ⅲ等级。

1. 爆炸品

该类货物系指在外界作用下（如受热、撞击等），能发生剧烈的化学反应，瞬时产生大量的气体和热量，使周围压力急骤上升，发生爆炸，对周围环境造成破坏的物品，也包括无整体爆炸危险，但具有燃烧、抛射及较小爆炸危险，或仅产生热、光、音响或烟雾等一种或几种作用的烟火物品。该类货物按危险性可分为5项：

第1项为具有整体爆炸危险的物质和物品。

第2项为具有抛射危险，但无整体爆炸危险的物质和物品。

第3项为具有燃烧危险和较小爆炸或较小抛射危险，以及两者兼有，但无整体爆炸危险的物质和物品，本项指的是可产生大量辐射热的物质和物品，相继燃烧产生局部爆炸或迸射效应以及两种效应兼而有之的物质和物品。

第4项为不呈现重大危险的物质和物品。本项包括运输中万一点燃或引发时仅出现小危险的物质和物品，其影响主要限于包件本身，并预计射出的碎片不大，射程也不远，外部火烧不会引起包件内全部内装物的瞬间爆炸。

第5项为非常不敏感的爆炸物质。本项货物有整体爆炸危险性，但非常不敏感，以致在正常运输条件下引发或由燃烧转为爆炸的可能性很小。

2. 气体

该类货物系指压缩、液化或加压溶解的气体。同时按下述两种情况区分：一是临界温度低于50℃时，或在50℃时其蒸气压力大于291KPa的气体为压缩或液化气体。二是温度在21.19℃时，气体的绝对压力大于275KPa，或在51.4℃时气体的绝对压力大于715KPa，或在37.8℃时，蒸气压大于274KPa三种情形的气体为液化气体或加压溶解的气体。

另根据气体在运输中的危害程度，气体可分为易燃气体、非易燃无毒气体及毒性气体三种。

（1）易燃气体，指与空气混合的爆炸下限小于10%，或爆炸上限和下限之差值大于20%的气体。常见的易燃气体有氢、甲烷、丙烷、乙烷、乙炔、乙烯、甲醇、乙醇、氨气、一氧化碳、硫化氢等。

（2）非易燃无毒气体，是在运输时温度为21.1℃，压力不低于275KPa的气体，或经冷冻的液体。其中包括窒息性气体，通常在空气中能释放或置换氧的气体，氧化性气体通过提供氧气比空气更能引起或促进其他材料燃烧的气体，第三类为不属于其他项别的气体。

（3）毒性气体，包括已知的对人类具有毒性或腐蚀性，足以对健康造成危害的气体；或因半数致死浓度 LC50 值不大于 5000ml/m³ 而推定对人类具有毒性或腐蚀性的气体。（注：具有两个项别以上危险性的气体和气体混合物，其危险性先后顺序为第 3 项优先于其他项，第 1 项优先于第 2 项。）

3. 易燃液体

该类货物系指易燃的液体、液体混合物或含有固体物质的液体，但不包括由于其危险特性列入其他类别的液体。其闭杯试验闪点等于或低于 61℃，但不同运输方式可确定本运输方式适用的闪点，而不低于 45℃。货物按闪点的危险性分为 3 项：

第 1 项为低闪点液体，指该液体闭杯试验闪点低于 -18℃ 的液体；

第 2 项为中闪点液体，指该液体闭杯试验闪点在 -18℃ 至 23℃ 的液体；

第 3 项为高闪点液体，指该液体闭杯试验闪点在 23℃ 至 61℃ 的液体。

4. 易燃固体、自燃物品和遇湿易燃物品

货物按危险性可分为易燃固体、易于自燃的物质、遇水放出易燃气体的物质。易燃固体包括容易燃烧或摩擦可能引燃或助燃的固体、可能发生强烈放热反应的自反应物质不充分稀释可能发生爆炸的固态退敏爆炸品；易于自燃的物质包括发火物质、自热物质；遇水放出易燃气体的物质指与水相互作用易变成自燃物质或能放出危险数量的易燃气体的物质。

（三）载运车辆防护措施

车辆载运危险货物过桥应当保障安全，依法运输，诚实守信。危险货物过桥载运就是指从事道路危险货物的运输应符合道路危险货物运输的有关规定，并要求使用厢式、罐式和集装箱等专用车辆运输危险货物。危险货物以列入国家标准《危险货物品名表》的为准，未列入《危险货物品名表》的，以有关法律、行政法规的规定或者国家有关部门公布的结果为准。

1. 满足载运专用车辆

危险货物载运专用车辆应符合一级技术等级要求。危险货物载运车辆是指满足特定技术条件和要求，从事道路桥梁危险货物运输的载货汽车（以下简称专用车辆），分为运输剧毒化学品、爆炸品专用车辆以及罐式专用车辆。这几类专用车辆的技术性能符合国家标准《道路运输车辆综合性能要求和检验方法》的要求；技术等级达到行业标准《道路运输车辆技术等级划分和评定要求》规定的一级技术等级。专用车辆外廓尺寸、轴荷和质量符合国家标准《汽车、挂车及汽车列车外廓尺寸，轴荷及质量限值》的要求。专用车辆燃料消耗量符合行业标准《营运货车燃料消耗量限值及测量方法》的要求。

危险货物载运配备安全防护设备、悬挂标志。专用车辆应当按照国家标准《道路运输危险货物车辆标志》的要求悬挂标志。车辆左前方必须悬挂黄底黑字"危险品"字样的信号旗；专用车辆应当配备符合有关国家标准以及与所载运的危险货物相适应的应急处理器材和安全防护设备。严禁专用车辆违反国家有关规定超载、超限运输。

2. 专用车辆防护措施

专用车辆的车厢、底板必须平坦完好，周围栏板必须牢固，铁质底板装运易燃、易爆货物时应采取衬垫防护措施，如铺垫木板、胶合板、橡胶板等，但不得使用谷草、草片等松软易燃材料；机动车辆排气管必须装有效的隔热和熄灭火星的装置，电路系统应有切断总电源和隔离火花的装置；根据所装危险货物的性质，配备相应的消防器材和捆扎、防水、防散失等用具。

罐式专用车辆载货后的总质量应当和专用车辆核定载质量相匹配；挂车载货后的总质量应当与牵引车的准牵引总质量相匹配。装运危险货物的罐（槽）应适合所装货物的性能，具有足够的强度，并应根据不同货物的需要配备泄压阀、防波板、遮阳物、压力表、液位计、导除静电装置等相应的安全装置；罐（槽）外部的附件应有可靠的防护设施，必须保证所装货物不发生"跑、冒、滴、漏"，并应在阀门口装置积漏器。

装运集装箱、大型气瓶、可移动罐（槽）等的车辆，必须设置有效的紧固装置。各种装卸机械、工属具要有足够的安全系数，装卸易燃易爆危险货物的机械和工具，必须有消除产生火花的措施。装运放射性同位素的专用运输车辆、设备、搬动工具、防护用品应定期进行放射性污染程度的检查，当污染量超过规定水平时，不得继续使用。

3. 驾驶及押运人员

从事道路危险货物运输的驾驶人员、装卸管理人员、押运人员应当经所在地区的市级人民政府交通运输主管部门考试合格，并取得相应的从业资格证。从事剧毒化学品、爆炸品道路运输的驾驶人员装卸管理人员、押运人员，应当经考试合格，取得注明为"剧毒化学品运输"或者"爆炸品运输"类别的从业资格证。专用车辆的驾驶人员应取得相应机动车驾驶证，年龄不超过 60 周岁。驾驶人员应当随车携带道路运输证等危险货物运输许可证件。驾驶人员或者押运人员应当按照《汽车运输危险货物规则》的要求，随车携带道路运输危险货物安全卡。在道路危险货物运输过程中，除驾驶人员外，还应当在专用车辆上配备押运人员，确保危险货物处于押运人员监管之下。

在道路危险货物运输途中，驾驶人员不得随意停车。因发生影响正常运输的情况需要较长时间停车的，驾驶人员、押运人员应当设置警戒带，并采取相应的安全防范措施。运输剧毒化学品或者易爆危险化学品且需要较长时间停车的，驾驶人员或者押运人员应当向当地公安机关报告。过桥隧时不得停车，因车辆故障停车，应向公安机关和桥隧管理部门及时报告。驾驶人员和押运人员应严格遵守有关部门关于危险货物运输线路、时间、速度方面的有关规定，并遵守有关部门关于剧毒、爆炸危险品道路运输车辆在重大节假日通行高速公路及城市桥梁、隧道的相关规定。运输爆炸品和需要特殊防护的烈性危险货物，托运人须派熟悉货物性质的人员指导操作、交接和随车押运。

三、桥下空间安全防护

随着我国社会经济和城市建设的快速发展，城市规模和城市化水平迅速提升，交通设施不断完善，大批城市桥梁投入使用，桥下空间利用与防护也逐渐成为一种新的管理形态。

（一）桥下空间及其利用

城市桥梁桥下空间是指桥梁垂直投影下除水面、铁路及道路以外的空间。桥下空间的利用主要指城市立交桥围合空间和高架桥桥下空间用地的利用，而桥下空间内配建的公用设施均应采取防撞、防碰、防擦等保护措施，并与桥梁保持一定的安全间距，实行"一桥一档、一桥一策"的管理。根据《城市道路管理条例》（国家令第 198 号）的规定，桥下空间主要用于配建道路、环卫、绿化、停车等市政公用设施，桥梁管理部门作为桥下空间使用管理的责任主体，负责组织所属有关机构，加强城市桥梁桥下空间使用的管理，保障城市桥梁设施安全，并依据相关法律、法规和规章的规定履行管理职责，市建设、规划、市容园林、综合执法等相关部门按照职能分工依法做好相关工作。

桥下空间所配建的公用设施除与桥梁保持安全间距之外，还应保证桥梁正常的养护维修，确保桥梁安全运行。桥梁养护单位应当履行责任，加强对桥梁的检查、检测和养护维修，保障桥梁处于良好的技术状态。桥梁管理部门应按照实际组织编制桥下空间使用设计导则或使用方案，桥下空间的使用应当满足道路、环卫、绿化、停车等设施的相关技术规范，符合桥下空间使用设计导则和使用方案的要求，以及城市规划治安、交通、消防、市容环境、环保等相关管理规定。另外，还应保障交通安全、通信、消防、监控、收费、供电、防护构筑物、上下水、管理用房、绿化等设施设备的正常使用，预留或保持城市桥梁设施检查、检测和养护维修专用通道。

桥下空间范围内应禁止生产、加工或者堆放易燃、易爆、腐蚀性、放射性物品等危险有害物品，禁止明火作业，不得违法使用城市桥梁桥下空间从事摆卖、餐饮、娱乐、机动车清洗和修理等经营活动，不得侵占、损坏城市桥梁设施及附属设施。桥下空间的使用影响到治安、市容和环境卫生的，擅自转让、转租城市桥梁桥下空间使用权；擅自改变用途的，相关管理部门应依法予以处理、处罚。城市桥梁桥下空间使用管理工作应纳入城市管理考核范围。

为规范城市桥梁桥下空间的使用，集约利用桥下空间资源，占用城市桥梁桥下空间的单位或个人应当依据《城市道路管理条例》向城市桥梁管理部门提出申请，并提供与城市桥梁业主单位、道路经营管理单位养护维修单位签订的城市桥梁安全保护协议，占用设施、设备的具体设置方案，维护管理方案和安全抢险应急方案，以及相关行政管理部门的审核意见和文件等资料，并对桥下空间设施进行维护，保障桥梁结构完好和运行安全；同时按照规定程序确定城市桥梁桥下空间使用人，可为使用人办理临时占路许可手续，报相关管理部门备案，统筹安排桥下空间停车设施使用产生的收益，督促桥下空间使用人履行安全保护责任。按照桥下空间使用的有关标准、设计和使用方案要求，对桥下空间的使用情况和运营情况实施监督管理，确保使用设施规范、有序、安全运营；对不可使用的桥下空间实施日常管理；对违法使用桥下空间的行为进行纠正和查处；对损坏桥梁设施的行为及时制止并通知桥梁养护管理单位。总之，桥下空间的利用应当遵循安全使用、民生优先、合理利用、兼顾现状、整体协调的原则，保障城市桥梁运行安全、完好、有序。

安全同样是桥下空间利用与防护管理的前提，桥下空间的利用与防护应确保城市桥梁自身安全，也应确保桥下空间内设施对周边行人、非机动车、机动车等是安全的。由于桥下的用地附属于城市桥梁本身，具有其特殊性，不能投入土地市场进行开发，因此桥下空间应优先考虑设置为用于公众服务的公用基础设施，并作为相关城市管理专项规划的补充。对于桥下空间现已利用成熟、符合规划、满足使用规定的，应遵从兼顾现状的原则，不变动、不破坏现有桥下空间的设施，不增加改造成本。桥下空间利用还应兼顾城市市容市貌，并与周边环境保持协调一致，不得影响城市整体的环境形象。

（二）公用设施防护标准

1. 配建公用设施的种类

根据上述桥下空间的使用原则，并结合桥下空间的现状和实际利用的需求情况，可以将桥下空间的使用分成城市管理、交通设施和绿化休闲三种类型。第一类为城市管理类，主要作为环卫清洁、市政维护、桥梁养护、照明、园林绿化、交通、公安等城市管理部门使用的场所。具体可包括市政环卫停车场，城市管理材料工具的摆放点、道路抢修、抢险、养护的配套用房，治安岗（亭）等，公厕，环卫工具房，绿化管理配套用房，垃圾站，环卫车辆充电站等。第二类为交通设施类，主要用于车辆通行或临时停放，满足行人的通行需求，细分为交通通道、公交站（场）、出租车待客点、公共自行车站点和社会公共停车场。第三类为绿化休闲类，主要为公众提供绿化景观和休闲健身的场所，可用作公园广场等。

2. 公用设施防护标准

桥下空间及规划红线内公用设施的设置应不得影响桥梁安全、检测、养护维修和使用功能，并应满足应急抢修、消防等要求。相关公用设施的设计应结合桥梁新建、改建、扩建及大修同步进行，并配套照明、绿化消防、交通安全、标志标线及安防监控等；设置临时设施的，其顶部与桥底净距不宜小于 1.5m；设施外墙与桥桩、柱、墩台净距不宜小于 3m；禁止将桥桩、柱、墩台包裹。

（1）管理配套用房的设置应考虑采用轻质牢固、阻燃耐用的材料，并具备储存值班、卫生、休息等基本功能，严禁设置燃气、电炉及进行明火作业。所有场所应按照每 100 平方米配备 2 具不低于 3A 级别的灭火器及桶装黄沙等消防器材的要求配备，均衡放置，灭火器放置高度不得高于 1.7m，并在醒目处设置"严禁火种"禁令标志。水、电等管线应敷设于地下，不得悬空架设，特殊情况需要依附桥梁设施的，应当按照规定办理审批手续，且不得损伤城市桥梁的相关设施。

（2）停车场的设置需要进行交通影响评价，停放车辆 50 辆以上的，至少设置两个出入口，并设置警示、指示标志。停车场出入口应实行双向行驶，宽度不小于 7m；单向行驶的出入口宽度不小于 5m，并应设置限高标志。停车场场地应平整防滑，并满足排水要求，场内明示通道，车辆走向路线、停车车位等交通标志、标线。桥柱周边应考虑设置防撞防碰、防擦设施，并依据不同车型设置相应的倒车定位设施。停车场内禁止停放化学危险品车辆和其他装载易燃易爆物品的车辆。若设置公交站（场）应按照国家相关规范实施。

（3）其他有关环卫、市政养护、交通等管理设施的设置，首先应方便桥梁养护维修作业、人员进出安全，并与周边环境相协调。有关市政材料摆放点用地周边必须按照统一标准设置围栏，围栏高度不宜低于 2m，作为机具停放、材料堆场的区域内应划分固定区域，保持整洁、平整、防滑，并满足排水要求，必要时采取防尘措施，同样也应禁止停放化学危险品和堆放易燃易爆物品。

（4）绿化设施的设置主要要求满足植物生长的基本条件，绿化堆土层应低于挡土墙或侧石高度，绿化同时应符合道路建设管理和技术规范要求，不得腐蚀桥梁结构，不得影响桥梁安全，尽量留有桥梁维修作业的空间和安全通道。

第九章 水污染及其处理基本知识

污水处理问题对于环境工程建设有着重要意义，相关部门和企业必须要积极探索，加大投资力度，选择合适的处理工艺提高污水再生效率，提高环境工程整体效益，促进环保事业实现更好地发展。本章将对水污染及其处理的内容进行详细地阐述。

第一节 水体水质状况

我国水质级别分五类，一到三类简单处理就能饮用，四类及以下则不能作为饮用水源。环境保护部对外公布的数据表明，在七大水系的 412 个水质监测断面中，一至三类、四到五类和劣五类水质的断面比例分别为 41.8%、30.3% 和 27.9%。其中，海河水系属重度污染，辽河、淮河、黄河、松花江属中度污染，长江属于轻度污染，而珠江总体水质良好。在所监测的 27 个重点湖库中，仅有 2 个达到了二类水质，5 个为三类，4 个为四类，6 个为五类，达到劣五类的为 10 个。其中的三湖：太湖、巢湖和滇池水质均为劣五类。作为北方重要水源的黄河，有 38.7% 基本丧失使用功能。

一直以来我国都是水资源极度贫乏的国家，人均占有量不及世界平均水平的三分之一。本就先天不足，还要遭遇后天污染。环境保护部表示：因为高强度的经济活动造成污废水的排放量相对的超过了流域的环境容量，我国的很多河流都是污水比例大、径流量偏小，所以水质的改善是相当艰巨的任务。

城市黑臭水体不仅污染水质，还滋生蚊虫，散发恶臭，对人们的生活环境有直接的影响，甚至会对人们的身体健康造成严重的危害；黑臭水体中滋生的病毒与细菌，会导致周边空气污染并进入人体，对人们的身体造成极大的威胁，甚至引发传染疾病爆发。

黑臭水体有机物分解时消耗水中的溶解氧，甚至出现厌氧状态，水中的鱼虾及昆虫无法生存，黑臭水体透光度低，致使一些沉水植物无法生存，进而影响水体中的生态环境，水中的生物群体受到威胁，使生物的种类减少，导致一些原本存在的品种逐渐消失，生物的多样性受到威胁。根据相关研究表明，目前已经有 1/4 的水体由于水污染的现象导致其失去了原有的功能与价值，与水有关的景致或者娱乐受到影响，甚至不少名胜古迹也受到了水污染的影响，阻碍了其风景的开发，并且由于水污染导致渔民的严重与农业的种植受到一定程度的影响。

一般来说，臭黑水是指散发难闻气味、呈现黑色或泛黑色并丧失生态功能的水。国家和国际研究表明，水中有黑色气味是一种非常复杂的生物化学反应，其主要影响因素是污染物排放、水势、水温等。纵观黑臭水体形成历程，黑臭水体的形成一般分为3个基本历程。首先，河流吸收周围地块大量的废水，当供水不足时，有机污染物大量积聚在水体中；大量有机物在分解过程中积累消耗太多氧气，导致水柱的空气循环率大大高于再水合率，水柱逐渐变得厌氧，水柱的原始生态系统遭到破坏；在水柱的厌氧环境中，大量厌氧微生物正在发育，并发生厌氧消化生成甲烷、氨气、土嗅素等"致臭"物质及 FeS、MnS 等"致黑"物质，从而导致水柱气味不好。不难发现水柱缺氧是河流黑色气味的直接原因，水动力不足是外部因素，污染负担过重是水柱黑色气味的根本原因。

第二节　水污染及其危害

一、天然水的污染及主要污染物

1. 水污染

水污染主要是由于人类排放的各种外源性物质进入水体后，而导致其化学、物理、生物或者放射性等方面特性的改变，超出了水体本身自净作用所能承受的范围，造成水质恶化的现象。

2. 污染源

造成水污染的因素是多方面的，如向水体排放未经妥善处理的城市污水和工业废水；施用化肥、农药及城市地面的污染物被水冲刷而进入水体；随大气扩散的有毒物质通过重力沉降或降水过程而进入水体等。

按照污染源的成因进行分类，可以分成自然污染源和人为污染源两类。自然污染源是因自然因素引起污染的，如某些特殊地质条件（特殊矿藏、地热等）、火山爆发等。由于现代人们还无法完全对许多自然现象实行强有力的控制，因此也难控制自然污染源。人为污染源是指由于人类活动所形成的污染源，包括工业、农业和生活等所产生的污染源。人为污染源是可以控制的，但是不加控制的人为污染源对水体的污染远比自然污染源所引起的水污染程度严重。人为污染源产生的污染频率高、污染数量大、污染种类多、污染危害深，是造成水环境污染的主要因素。

按污染源的存在形态进行分类，可以分为点源污染和面源污染。点源污染是以点状形式排放而使水体造成污染，如工业生产废水和城市生活污水。它的特点是经常排污，污染物量多且成分复杂，依据工业生产废水和城市生活污水的排放规律，具有季节性和随机性，它的量可以直接测定或者定量化，其影响可以直接评价。而面源污染则是以面积形式分布和排放污染物而造成水污染，如城市地面、农田、林田等。面源污染的排放是以扩散方式进行的，时断时续，并与气象因素有联系，其排放量不易调查清楚。

3. 天然水体的主要污染物

天然水体中的污染物质成分极为复杂，从化学角度分为四大类：

（1）无机无毒物：酸、碱、一般无机盐、氮、磷等植物营养物质。

（2）无机有毒物：重金属、砷、氰化物、氟化物等。

（3）有机无毒物：碳水化合物、脂肪、蛋白质等。

（4）有机有毒物：苯酚、多环芳烃、PCB、有机氯农药等。

水体中的污染物从环境科学角度可以分为耗氧有机物、重金属、营养物质、有毒有机污染物、酸碱及一般无机盐类、病原微生物、放射性物质、热污染等。

1）耗氧有机物

生活污水、牲畜饲料及污水和造纸、制革、奶制品等工业废水中含有大量的碳水化合物、蛋白质、脂肪、木质素等有机物，他们属于无毒有机物。但是如果不经处理直接排入自然水体中，经过微生物的生化作用，最终分解为二氧化碳和水等简单的无机物。在有机物的微生物降解过程中，会消耗水体中大量的溶解氧，水中溶解氧浓度下降。当水中的溶解氧被耗尽时，会导致水体中的鱼类及其他需氧生物因缺氧而死亡，同时在水中厌氧微生物的作用下，会产生有害的物质如甲烷、氨和硫化氢等，使水体发臭变黑。

一般采用下面几个参数来表示有机物的相对浓度：

生物化学需氧量（BOD）：指水中有机物经微生物分解所需的氧量，用 BOD 来表示，其测定结果用 mg/LO_2 表示。因为微生物的活动与温度有关，一般以 20℃工作为测定的标准温度。当温度 20℃时，一般生活污水的有机物需要 20 天左右才能基本完成氧化分解过程，但这在实际工作中是有困难的，通常都以 5 天作为测定生化需氧量的标准时间，简称 5 日生化需氧量，用 BOD 来表示。

化学需氧量（COD）：指用化学氧化剂氧水中的还原性物质，消耗的氧化剂的量折换成氧当量（mg/L），用 COD 表示。COD 越高，表示污水中还原性有机物越多。

总需氧量（TOD）：指在高温下燃烧有机物所耗去的氧量（mg/L），用 TOD 表示。一般用仪器测定，可在几分钟内完成。

总有机碳（TOC）：用 TOC 表示。通常是将水样在高温下燃烧，使有机碳氧化成 CO_2，然后测量所产生的 CO_2 的量，进而计算污水中有机碳的数量。一般也用仪器测定，速度很快。

2）重金属污染物

矿石与水体的相互作用以及采矿、冶炼、电镀等工业废水的泄漏会使得水体中有一定量的重金属物质，如汞、铅、铜、锌等。这些重金属物质在水中达到很低的浓度便会产生危害，这是由于它们在水体中不能被微生物降解，而只能发生各种形态相互转化和迁移。重金属物质除被悬浮物带走外，还会由于沉淀作用和吸附作用而富集于水体的底泥中，成为长期的次生污染源；同时，水中氯离子、硫酸离子、氢氧离子、腐殖质等无机和有机配位体会与其生成络合物或整合物，导致重金属有更大的水溶解度而从底泥中重新释放出来。人类如果长期饮用重金属污染的水、农作物、鱼类、贝类，有害重金属为人体所摄取，积累于体内，对身体健康产生不良影响，致病甚至危害生命。例如，金属汞中毒所引起的水俣病，1956 年，日本一家氮肥公司排放的废水中含有汞，这些废水排入海湾后经过生物的转化形成甲基汞，经过海水底泥和鱼类的富集，又经过食物链使人中毒，中毒后产生发疯痉挛症状。人长期饮用被镉污染的河水或者食用含镉河水浇灌生产的稻谷，就会得"骨痛病"。病人骨骼严重畸形、剧痛，身长缩短，骨脆易折。

3）植物营养物质

营养性污染物是指水体中含有的可被水体中微型藻类吸收利用并可能造成水体中藻类大量繁殖的植物营养元素，通常是指含有氮元素和磷元素的化合物。

4）有毒有机物

有毒有机物指酚、多环芳烃和各种人工合成的并具有积累性生物毒性的物质，如多氯农药、有机氯化物等持久性有机毒物，以及石油类污染物质等。

5）酸碱及一般无机盐类

这类污染物主要是使水体 pH 值发生变化，抑制细菌及微生物的生长，降低水体自净能力。同时，增加水中无机盐类和水的硬度，给工业和生活用水带来不利因素，也会引起土壤盐渍化。

酸性物质主要来自酸雨和工厂酸洗水、硫酸、黏胶纤维、酸法造纸厂等产生的酸性工业废水。碱性物质主要来自造纸、化纤、炼油、皮革等工业废水。酸碱污染不仅可腐蚀船舶和水上构筑物，而且改变水生生物的生活条件，影响水的用途，增加工业用水处理费用等。含盐的水在公共用水及配水管留下水垢，增加水流的阻力和降低水管的过水能力。硬水将影响纺织工业的染色、啤酒酿造及食品罐头产品的质量。暂时硬度容易产生锅垢，因而降低锅炉效率。酸性和碱性物质会影响水处理过程中絮体的形成，降低水处理效果。长期灌溉 pH>9 的水，会使蔬菜死亡。可见水体中的酸性、碱性以及盐类含量过高会给人类的生产和生活带来危害。但水体中的盐类是人体不可缺少的成分，对于维持细胞的渗透压和调节人体的活动起到重要意义；同时，适量的盐类亦会改善水体的口感。

6）病原微生物污染物

病原微生物污染物主要是指病毒、病菌、寄生虫等，主要来源于制革厂、生物制品厂、洗毛厂、屠宰场、医疗单位及城市生活污水等。危害主要表现为传播疾病；病菌可引起痢疾、伤寒、霍乱等；病毒可引起病毒性肝炎、小儿麻痹等；寄生虫可引起血吸虫病，钩端螺旋体病等。

7）放射性污染物

放射性污染物是指由于人类活动排放的放射性物质，随着核能、核素在诸多领域中的应用，放射性废物的排放量在不断增加，已对环境和人类构成严重威胁。

自然界中本身就存在着微量的放射性物质。天然放射性核素分为两大类：一类由宇宙射线的粒子与大气中的物质相互作用产生；另一类是地球在形成过程中存在的核素及其衰变产物，如238U（铀）、40K（钾）等。天然放射性物质在自然界中分布很广，存在于矿石、土壤、天然水、大气及动植物所有组织中。目前已经确定并已作出鉴定的天然放射性物质已超过40种。一般认为，天然放射性本底基本上不会影响人体和动物的健康。

人为放射性物质主要来源于核试验、核爆炸的沉降物，核工业放射性核素废物的排放，医疗、机械、科研等单位在应用放性同位素时排放的含放射性物质的粉尘、废水和废弃物，以及意外事故造成的环境污等。人们对于放射性的危害既熟悉又陌生，它通常是与威力无比的原子弹、氢弹的爆炸关联在一起的，随着全世界和平利用核能呼声的高涨，核武器的禁止使用，核试验已大大减少，人们似乎已经远离放射性危害。然而随着放射性同位素及射线装置在工农业、医疗、科研等各个领域的广泛应用，放射线危害的可能性却在增大。

环境放射性污染物通过牧草、饲草和饮水等途径进入家禽体内，并蓄积于组织器官中。放射性物质能够直接或者间接地破坏机体内某些大分子，如脱氧核糖核酸、核糖核酸蛋白质分子及一些重要的酶结构，结果使这些分子的共价键断裂，也可能将它们打成碎片。放射性物质辐射还能够产生远期的危害效应，包括辐射致癌、白血病、白内障、寿命缩短等方面的损害以及遗传效应等。

8）热污染

水体热污染主要来源于工矿企业向江河排放的冷却水，其中以电力工业为主，其次是冶金、化工、石油、造纸、建材和机械等工业。它主要的影响是使水体中溶解氧减少，提高某些有毒物质的毒性，抑制鱼类的繁殖，破坏水生生态环境进而引起水质恶化。

二、水体自净

污染物随污水排入水体后，经过物理、化学与生物的作用，使污染物的浓度降低，受污染的水体部分地或完全地恢复到受污染前的状态，这种现象称为水体自净。

1. 水体自净作用

水体自净过程非常复杂，按其机理可分为物理净化作用、化学及物理化学净化作用和生物净化作用。水体的自净过程是三种净化过程的综合，其中以生物净化过程为主。水体的地形和水文条件、水中微生物的种类和数量、水温和溶解氧的浓度、污染物的性质和浓度都会影响水体自净过程。

（1）物理净化作用

水体中的污染物质由于稀释、扩散、挥发、沉淀等物理作用而使水污染物质浓度降低，其中稀释作用是一项重要的物理净化过程。

（2）化学及物理化学净化作用

水体中污染物通过氧化、还原、吸附、酸碱中和等反应而使其浓度降低。

（3）生物净化作用

由于水生生物的活动，特别是微生物对有机物的代谢作用，使得污染物的浓度降低。

影响水体自净能力的主要因素有污染物的种类和浓度、溶解氧、水温、流速，流量、水生生物等。当排放至水体中的污染物浓度不高时，水体能够通过水体自净功能使水体的水质部分或者完全恢复到受污染前的状态。

但是当排入水体的污染物的量很大时，在没有外界干涉的情况下，有机物的分解会造成水体严重缺氧，形成厌氧条件，在有机物的厌氧分解过程中会产生硫化氢等有毒臭气。水中溶解氧是维持水生生物生存和净化能力的基本条件，往往也是衡量水体自净能力的主要指标。水温影响水中饱和溶解氧浓度和污染物的降解速率。水体的流量、流速等水文水力学条件，直接影响水体的稀释、扩散能力和水体复氧能力。水体中的生物种类和数量与水体自净能力关系密切，同时也反映了水污染自净的程度和变化趋势。

2. 水环境容量

水环境容量指在不影响水的正常用途的情况下，水体所能容纳污染物的最大负荷量，因此又称为水体负荷量或纳污能力。水环境容量是制定地方性、专业性水域排放标准的依据之一，环境管理部门还利用它确定在固定水域到底允许排入多少污染物。水环境容量由两部分组成，一是稀释容量也称差值容量，二是自净容量也称同化容量。稀释容量是由于水的稀释作用所致，水量起决定作用。自净容量是水的各种自净作用综合的去污容量。对于水环境容量，水体的运动特性和污染物的排放方式起决定作用。

三、水污染危害

以下所列是主要引起水污染的物质、它们的来源、有什么危害：

1. 死亡有机质

来源举例：未经处理的城市生活污水，造纸污水，农业污水，都市垃圾。

危害：

消耗水中溶解的氧气，危及鱼类的生存。导致水中缺氧，致使需要氧气的微生物死亡。而正是这些需氧微生物能够分解有机质，维持着河流、小溪的自我净化能力。它们死亡的后果是河流和溪流发黑，变臭，毒素积累，伤害人畜。

2. 有机和无机化学药品

来源举例：化工，药厂排放，造纸、制革废水，建筑装修，干洗行业，化学洗剂，农用杀虫剂，除草剂。

危害：

绝大部分有机化学药品有毒性，它们进入江河湖泊会毒害或毒死水中生物，引起生态破坏。

一些有机化学药品会积累在水生生物体内，致使人食用后中毒。

被有机化学药品污染的水难以得到净化，人类的饮水安全和健康受到威胁。

3. 磷

来源举例：含磷洗衣粉，磷氮化肥的大量施用。

危害：

引起水中藻类疯长。因为磷是所有的生物生长所需的重要元素。自然界中，磷元素很少。人类排放的含磷污水进入湖泊之后，会使湖中的藻类获得丰富的营养而急剧增长（称为水体富营养化）。导致湖中细菌大量繁殖，疯长的藻类在水面越长越厚，终于有一部分被压在了水面之下，因难见阳光而死亡。湖底的细菌以死亡藻类作为营养，迅速增殖。致使鱼类死亡，湖泊死亡。大量增殖的细菌消耗了水中的氧气，使湖水变得缺氧，依赖氧气生存的鱼类死亡，随后细菌也会因缺氧而死亡，最终是湖泊老化、死亡。

可对热带地区的海滨水域造成与上述情况相似的水体富营养化的威胁。

4. 石油化工洗涤剂

来源举例：家庭和餐馆大量使用的餐具洗涤灵。

危害：

大多数洗涤灵都是石油化工的产品，难以降解，排入河中不仅会严重污染水体，而且会积累在水产物中，人吃后会出现中毒现象。

5. 重金属（汞，铅，镉，镍，硒，砷，铬，铊，铋，钒，金，铂，银等）。

来源举例：采矿和冶炼过程，工业废弃物，制革废水，纺织厂废水，生活垃圾（如电池、化妆品）

危害：

对人、畜有直接的生理毒性。用含有重金属的水来灌溉庄稼，可使作物受到重金属污染，致使农产品有毒性。

沉积在河底，海湾，通过水生植物进入食物链，经鱼类等水产品进入人体。

6. 酸类（比如硫酸）

来源举例：煤矿，其他金属（铜，铅，锌等）矿山废弃物，向河流中排放酸的工厂。

危害：

毒害水中植物；引起鱼类和其他水中生物死亡；严重破坏溪流，池塘和湖泊的生态系统。

7. 悬浮物

来源举例：土壤流失，向河流倾倒垃圾。

危害：

降低水质，增加净化水的难度和成本。现代生活垃圾有许多难以降解的成分，如塑料类包装材料。它们进入河流之后，不仅对水中生物十分有害（误食后致死），而且会阻塞河道。

8. 油类物质

来源举例：水上机动交通运输工具，油船泄漏

危害：

破坏水生生物的生态环境，使渔业减产；污染水产食品，危及人的健康；海洋上油船的泄漏会造成大批海洋动物（从鱼虾、海鸟至海豹、海狮等）死亡。

第三节　水污染物造成的损失

水是一种有限的自然资源，这一观点已被社会所接受，在国家制订的《水法》《水污染防治法》等有关法规中，明确规定取水要缴水资源费，排污要缴排污费，这表明了水作为资源的价值和商品属性。水污染的经济损失是水作为资源所具有的价值由于被污染而降低或丧失造成的。水污染造成的经济损失的大小对领导决策和提高对水资源保护的重视程度有直接影响。但是，在以往开展的水资源保护规划、入河排污口调查、建设项目可行性研究阶段的环境影响评价等工作中，水污染经济损失的分析及水环境保护措施的费用效益分析恰恰是一个薄弱环节，不能为规划的实施和项目的决策提供有力的支持，本节参考了国内外现有的水污染经济损失计算方法及环境经济评价方法，结合珠江流域入河排污口调查工作的开展，从水污染经济损失与水资源价值的关系着手，提出水污染经济损失的计算方法，并计算了珠江流域水污染造成的经济损失。

1. 水资源价值的计量

在探讨水污染造成的经济损失的计算方法之前，有必要弄清楚水资源价值的概念和计量思路。水资源是有价值的，它的价值产生来自两个方面：一是天然生成，二是人类创造、天然生成的价值。按照效用价值论，对某一特定事物来说，由于它的稀缺性，它的价值和使用价值有正比的关系，水资源是一种使用价值极高的自然资源，因此，水资源价值决定于它对人类的有用性及不可替代性，对于人类来说，水资源应该是有很高价值的。

另一方面，水资源的价值又体现在水资源开发利用后社会所投入的附加劳动上，即水资源价值的开发利用要投入大量的附加劳动，这是构成水资源价值的一个重要方面，因此，由于水资源量的稀缺和质的下降，水资源的价值观念愈来愈被人们认同并显得重要，这是现实迫使人们必须接受的新概念。那些认为水资源"是没有价值的""是取之不尽、用之不竭的"旧观念，应该予以改变。水资源价值计量的原则取决于水资源的供需关系、稀缺程度和开发利用条件，即水资源的丰枯程度、水质的优劣、不同用途、不同地区及不同时段，在不同情况下，水资源价值计量的尺度应该是不同的。

通常对资源价值的计量采用等于该资源实物量乘以价格（即单位资源的价值），但这仅是计算资源中有形的、比较实的物质性产品价值。对水资源而言，它的确还存在着满足人类的精神文明需要的生态价值、景观价值，只是这部分价值的计算目前尚无比较确切的

量化模式，因此，水资源价值的计量仍采用直观的模式，考虑两个方面：一是劳动成本，即社会投入的附加劳动；二是机会成本（体现水的使用价值）。机会成本是指为了完成某项任务而放弃其他任务所造成的费用或损失。由于水资源的稀缺性，当它因受到污染或其他原因，不能发挥其资源特性用途时所牺牲的效益或造成的损失，即为水资源的机会成本，拿工业用水来说，可用万元产值用水量的倒数表示（即每吨水可创造的工业产值），每吨水创造的产值越高，缺水时的损失越大，它的机会成本也就越高。

长期以来由于实行无偿供水或低价供水，没有考虑水资源的价值和供水成本，形成了水资源的低值论，这是一种被严重歪曲了的价值观，造成用水不讲效益，污水随意排放，水资源危机日益严重的现象。这种观念，不利于合理用水和节约用水，不利于水资源保护，不利于缓和资源危机，更不利于国民经济的持续发展。

2. 水污染损失的计算模式

（1）计算方法回顾水污染损失的计算方法，国外较早开展了研究，有大量的研究成果、总的思路，概括起来就是用户所受到的一定水质降低的损失，也就是为了弥补损失而采取的最便宜的综合措施费用的总和，即常用的恢复费用法、防护费用法，将遭受损失的所有用户的损失加起来，即为总损失量。

国内外水污染损失的计算，基本按水体功能的分类，如饮用水源、工业用水、渔业养殖、农业灌溉等项目，按单项分别计算水污染造成的损失，总损失等于单项损失之和。单项经济损失的计算方法有很多种，如市场价格法、机会成本法、影子工程法、恢复费用法、人力资源法等，此外，还有投标博弈法、德尔斐法、赔偿费用法等。

（2）水污染损失计算模式按照现有的水污染损失计算模式，存在几个方面的不足：水质浓度—经济损失计算方法，是依据单一污染浓度进行计算的，实际上，水质浓度往往是由多种污染物共同造成的，要建立全部污染物浓度—损失曲线，有很大的难度；同时，这种方法并没有同受污染的水量大小建立联系；因污染使单项水体功能遭到破坏，其损失计算方法过于简单，没有反映出水资源具有多功能、可重复利用的特性，这样，在总损失计算中，必然导致重复计算的问题；以往水污染造成经济损失计算，没有真正反映水资源价值的降低，计算水污染造成的经济损失必须与水资源的价值紧密相连。

水污染的经济损失是水资源所具有的价值由于被污染而降低或丧失造成的，计算模式中主要考虑3个因素：遭到污染的水资源量大小；水资源价值量大小；水资源受到污染的程度（与排污量大小有关）。根据我国环境保护的政策、方针及水资源的特性，提出水污染损失的计算模式为：

$$F = RQ(W_\lambda - W_允)^k$$

式中 F 为水污染造成的经济损失（万元/年）；R 为反映单位水资源量价值与污染损失的系数（万元/t·亿 m³）；Q 为遭到污染的水资源量（亿 m³）；W 入为计算区域内主要污染物的入河量（t/年）；W 允为计算区域内主要污染物的允许排放量（t/年）；k 为无量纲因次参数。

利用公式计算水污染损失的概念及方法分两个方面说明：

1）河流水环境容量价值计量

河流允许负荷量是指水体在规定的环境目标下允许容纳的最大污染物量，也即通常讲的水环境容量。水环境容量的价值就是水资源自然净化污染物能力的价值，在计算水污染损失中，不应该将水环境容量的价值算到损失中，而应将其扣除掉，其理由是：排污引起的水质浓度变化只要不超过水环境目标，水体功能将不受影响；按照我国目前的环保政策，是允许合理利用水环境容量，显然利用水环境容量（允许负荷量）价值，不应算作损失；水是有限的资源，正因为如此，在水资源的利用和配置上必须尽可能有效，即要不断地为社会提供物质性和精神性功能，不能因为水资源的保护需要而"停止发展"或"仅仅在保证100%环境安全的情况下发展"或实施"零排放"，这些都不现实。在环境的限制范围内，合理利用和配置水资源，才是可持续发展战略的真正含义。

按照"责任分担、利益共享"的原则，河流水环境容量价值应该体现有偿使用的原则，将水环境容量价值进行货币量化，排污单位或个人应缴纳水环境容量价值使用费，这样才能体现公平合理，并利于水资源的统一管理和保护，河流水环境容量的计算，与河流水体功能与水质目标、水文条件和水动力条件、混合输移参数等有关，这部分工作目前已有大量成熟的计算方法，这里不再赘述。水环境容量价值的计量，是在水环境容量计算的基础上，将其货币计价，可采用单项环境经济效益计算的方法进行，如恢复费用法，用建同样规模的污水处理厂的投资及运转费换算成治理每吨污染物的成本，即为水环境容量的货币价格。

2）河流污染损失的计量

通常所说的水资源遭受污染，是指污染物入河量大于水体的允许负荷量时，引起水质浓度超过规定的标准值，这时水体功能遭到破坏，不再满足生产和生活的需要。如果污染物入河量小于允许负荷量，水质在规定的标准值内，水体就未受到污染。利用公式计算水污染的经济损失，正是考虑了水资源自然净化污染物的能力，只有在水资源遭受污染时，才会造成经济损失，经济损失的大小与受污染的水资源量和污染程度（污染物入河量减河流允许负荷量）直接相关。受污染的水资源量愈大、污染程度愈严重，其造成的污染损失愈大，但是，当污染程度达到一定数值以后，水污染损失仍在一定数值范围内，不再随污染程度增大而增大。

第四节　污水处理的基本方法分类

污水的处理方法很多，有物理方法、化学方法、生物方法等。按照污水处理厂的分类，一般包括一级处理、二级处理、深度处理等。不同方法的选择，取决于进水水质（即原水水质）、出水水质、处理设施占地、投资、成本等要求。

水中的污染物通常可分为三大类，即生物性、物理性和化学性污染物。

生物性污染物包括细菌、病毒和寄生虫。到目前为止，有关致病细菌和寄生虫的研究较多，且已有较好的灭活方法。但对致病病毒的研究尚不够充分，也没有公认的病毒灭活要求标准。

物理性污染物包括悬浮物、热污染和放射性污染。其中放射性污染危害最大，但一般存在于局部地区。

化学性污染物包括有机和无机化合物。随着痕量分析技术的发展，至今从源水中检出的化学性污染物已达 2500 种以上。那用什么来具体描述水受污染的程度呢？污水处理厂家水质指标就是我们用来定量描述水质的指标。常见的水质指标有 COD（化学需氧量）、BOD5（5 日生化需氧量）、氨氮、TN（总氮）、TP（总磷）、pH、大肠菌群等，其中 COD 应该是最为广泛熟知的指标，一般笼统的介绍水质，都是用这个，比较清晰。

污水处理的主要方法有以下几种：

1. 物理处理法：利用物理作用分离污水中呈悬浮状态的固体污染物质的处理方法。

物理处理法——筛滤法（格栅、筛网）、沉淀法（沉砂池、沉淀池）、气浮法、过滤法（快滤池、慢滤池）、反渗透法（有机高分子半渗透膜）。

2. 生物处理法：主要利用微生物的代谢作用，使污水中呈溶解性、胶体状态的有机污染物转化为稳定的无害物质的处理方法。

生物处理方法——好氧氧化法：活性污泥法、生物膜法。

生物处理方法——厌氧氧化法：厌氧塘、厌氧消化池。

3. 化学处理法：利用化学反应分离污水中污染物质的处理方法，主要有中和、电解、氧化还原和电渗析、气提、吹脱、萃取等。

第五节　污废水处理技术发展

随着工矿业的发展、生活水平的提高以及城镇化速度的加快，人类对水污染的关注和认识也从早期的水体有机污染问题，到随后的水体富营养化问题，再进一步到日前的有毒有害物质对人类健康和自然生态的影响问题等领域。

目前，废水处理技术的发展趋势除了创新技术与工艺的研究开发外，具体表现在以下几个方面：

污水处理技术的研究重点包括：活性污泥系统中丝状菌生长及污泥膨胀与控制技术，新型活性污泥与生物膜工艺的研究，复合固定、悬浮生长过程和移动床生物反应器及其应用，膜分离生物反应器处理技术、生物和化学脱氮除磷技术、湿气候条件下的污水处理问题，初沉池和二沉池的优化、过程的模拟与优化、工业废水的物理及化学处理，新出现的痕量污染物的迁移、转化及深度处理。

在污泥和残留物的处理与处置研究方面，研究重点和发展趋势包括：与残留物有关的病原体的检测与控制技术、生物固体体积的减址化、稳定化、资源化和无害化技术、生物固体的质量控制技术，包括重金属的固定或去除技术、高效厌氧消化技术、焚烧和加热干燥技术等。

在废水收集方面，研究重点包括对收集系统的规划、模拟、设计、建造和修复等方面的新技术及应用，以及在湿气候条件下的废水收集与处理系统的管理技术。

在废水的深度处理与回用方面，对膜分离反应器应用中的问题和挑战，包括膜污染问题、水回用的规划和战略问题、水回用中新出现的污染物及其管理对策、水回用中的风险评价与管理，以及地下水回灌和雨水管理等问题，将继续得到深入研究。

在社区废水及其自然处理技术方面，分散废水管理与处理技术、营养的去除和管理系统、水质和系统规划、小型社区废水处理，以及废水的自然处理技术及应用将进一步得到重视。

在消毒和其他新技术方面，研究重点包括废水紫外线消毒的应用研究，新型消毒剂的选择，应对气候变化与温室气体减排的废水处理技术，沼气技术，以及设计和管理的可持续性等领域。

在污水处理过程中挥发性有机物和恶臭气体控制技术方面，除物理与化学处理方法外，传统生物过滤技术、滴滤技术、生物洗涤技术及生物转鼓过滤技术将得到进一步的研究和应用。

在固体废物的处理和处置方面，剩余活性污泥的减量、稳定、脱水、干燥、质量控制、资源化等技术和应用将继续得到深入研究。

在自动控制及计算机应用方面，新型在线监测仪器和自动监测，分子生物学在活性污泥过程中的应用，废水处理设计，水力模拟和节能技术，好氧控制技术，无线监测系统的研发与应用等是研究应用的重点问题。

废水处理技术中另一个重要的方向和理念是废水的资源化和能源化。废水就是一种原料，有用成分是其中的水和其他物质，污水处理厂就是一个加工废水的工厂，其产品包括处理后的出水以及将废水中的其他物质转化为能源等。

总之，废水处理技术涉及的领域很广，废水处理现在是一个市场巨大的产业，废水处理技术也是一个发展前景非常广阔的领域。

中国城市污水处理的发展趋势是大力发展先进的水处理工艺技术，大力推进水处理技术和设备的产业化，大力鼓励水处理设施运营产业化。

在先进的水处理工艺技术方面，首先，先进工艺的标准应适合中国国情的高效、低耗和低成本的污水处理技术。具体而言，吨水投资低，吨水造价宜控制在 800 元以下；运行费用低，吨水运行费应控制在 0.3 元以下；采用总承包和实施运营的机制。其次，现有的物化 - 生化工艺、一级强化化学处理技术、水解 - 好氧工艺、曝气生物滤池、高中负荷的好氧工艺和厌氧 - 好氧处理技术等工艺都是有希望的新工艺，但需进一步完善。然后，高效废水深度处理和回收利用技术将得到进一步的发展。我国水资源缺乏的地区很多，对这类技术的需求非常大。

在水处理技术和设备的产业化方面，需要重点加强水处理设备的规模化、系列化、成套化、本地化生产，以降低成本。这些设备主要包括：格栅除污设备，成套除砂、洗砂设备，沉淀池刮吸泥设备，高效曝气设备，通用机械设备，如风机、污水泵等，浓缩、脱水设备，污泥消化或堆肥成套设备，如管道、阀门等。

结 语

随着国家社会经济的快速发展，水资源作为战略性要素资源的重要性越加凸显出来。调水工程建成后需要通过运营管理发挥效益，实现合理运行、科学调度和有效管理，推进调水工程获得最大综合效益。社会对水资源的需求量呈现逐年增加的趋势。因为我国人均淡水资源量较小，加上水资源分布不均匀，所以要实行调水工程。为了实现调水工程的稳步发展，需要对相关运行进行妥善管理，通过科学的调度工作，确保调水工程运行管理的有效实施。

尽管我国具有较多成功的水利工程，但也存在不少具有质量问题的水利工程。这些质量较差的水利工程有着较长的运行时间，且老化的程度相对严重，随着时间的推移，存在渗漏以及排水口堵塞等一系列问题。这些质量不佳的水利工程问题若是不能切实得到解决，那么水利工程会埋下很大的安全隐患，一旦发生问题，则会严重地威胁到水利工程附近居民的财产安全以及生命安全。因此，要及时做一些防护工作，部分工程存在着圩堤顶部过高及圩堤体断面单薄，以及防汛防护的备料不足等问题。

调水工程计算机监控系统的建设会实现工程的远程控制及全程统一调度。引水工程多利用天然河道输水，其水污染控制和输水监控要求高，线路基本穿越人口稠密地区，人文环境和经济状况尤为复杂。在这些情况下，要合理地、科学地调度和保护水资源，协调好各类矛盾，充分发挥调水工程的最大效益，工程建设和管理需要采用先进的手段，实现调水工程的数字化、信息化管理。

调水工程作为我国的大型基建工程，影响着我国水资源配置、工农业生产，继而影响着全国经济的发展。因此，开展调水工程是国家发展的必要，但是调水工程的实施，为我们带来便利的同时也带来了新的挑战。在实施调水工程时，必须要做好前期工作，掌握一手资料，合理规划工程，减少工程对于当地生态环境的影响。在施工过程中，要加强施工管理，避免施工对当地生态环境和水质的影响。在施工完成以后，要做好后期的污染防治，建立健全规章制度，加强法治建设，保证工程运营质量。

参考文献

[1] 阎红梅.调水建筑物运行期安全评价方法及应用 [M].郑州：黄河水利出版社,2021.11.

[2] 马川惠,白涛,苏岩.基于引嘉入汉的引汉济渭跨流域调水工程协同调度研究 [M].北京：中国水利水电出版社,2021.11.

[3] 吕学研著.调水引流工程湖泊生态环境效应 [M].北京：科学出版社,2021.08.

[4] 刘阳,曹升乐,孙秀玲,于翠松,许文杰.大型调水工程供水成本核算与分摊研究 [M].北京：中国水利水电出版社,2021.07.

[5] 李宏恩,何勇军,王志旺,李铮,王朝晴,周宁编著.长距离复杂调水工程长效安全运行保障技术 [M].南京：河海大学出版社,2021.06.

[6] 王好芳.胶东调水工程水资源优化调度关键技术研究 [M].郑州：黄河水利出版社,2021.05.

[7] 李琼,任燕编.调水工程关键技术与水资源管理中国水利学会调水专业委员会第二届青年论坛论文集 [M].郑州：黄河水利出版社,2020.12.

[8] 龙岩著.跨流域调水工程突发水污染事件应急调控决策体系与应用 [M].北京：中国水利水电出版社,2020.07.

[9] 杨爱明,马能武,张辛等著.长距离调水工程测量服务系统关键技术研究与实践 [M].武汉市：长江出版社（武汉）有限公司,2020.06.

[10] 陈攀,李剑平著.组合调水工程和气候变化对汉江水环境生态的影响研究 [M].北京：中国水利水电出版社,2020.03.

[11] 方卫华,程德虎等著.大型调水工程安全信息感知、生成与利用 [M].南京：河海大学出版社,2019.12.

[12] 骆进仁,郭超利,袁泉.欠发达地区间多目标调水工程相关者的利益均衡机制研究以引洮工程为例 [M].兰州：兰州大学出版社,2019.12.

[13] 管光明,庄超,许继军.跨流域调水管理与立法 [M].北京：科学出版社,2019.10.

[14] 才惠莲著.我国跨流域调水生态补偿法律制度研究 [M].北京：法律出版社,2018.07.

[15] 刘博著.PPP 模式下跨流域调水工程项目实施关键管理技术研究 [M].南京：河海大学出版社,2017.10.

[16] 李红艳；褚钰著.跨流域调水工程突发事件及应急管理相关问题研究 [M].北京：

中国社会科学出版社,2017.08.

[17] 朱英.跨区域调水生态补偿机制研究以南水北调东线工程山东段为例 [M].北京：中国环境科学出版社,2017.07.

[18] 雷晓辉，权锦，王浩，蒋云钟等著.跨流域调水工程突发水污染应急调控关键技术与应用 [M].北京：中国水利水电出版社,2017.05.

[19] 曹永潇著.跨流域调水工程中的水权水市场研究 [M].北京：中国水利水电出版社,2016.12.

[20] 万五一著.长距离调水系统的瞬变流模拟与控制 [M].北京：中国水利水电出版社,2016.09.

[21] 付莉.巢湖生态调水方案 [M].合肥：安徽科学技术出版社,2016.08.

[22] 徐时进.2014 南四湖生态应急调水计量与分析 [M].徐州：中国矿业大学出版社,2016.07.

[23] 刘康和等编著.引调水工程物理探测与检测技术应用研究 [M].郑州：黄河水利出版社,2016.06.

[24] 张余涛，田海军编著.北方平原地区调水工程施工防渗技术 [M].北京：中国水利水电出版社,2016.06.

[25] 王文田主编;李进亮，武孟元，辛双会等副主编.大型调水工程综合施工技术 [M].北京：中国水利水电出版社,2016.04.

[26] 杨开林，王军，王涛等著.调水工程冰期输水数值模拟及冰情预报关键技术 [M].北京：中国水利水电出版社,2015.12.

[27] 赵晶主编.黄河调水调沙体系的风险研究以黄河中下游为例 [M].郑州：黄河水利出版社,2015.08.

[28] 刘建林著.跨流域调水工程补偿机制研究以南水北调（中线）工程商洛水源地为例 [M].郑州：黄河水利出版社,2015.03.

[29] 徐鹤，张有发，高一等编著.大型调水工程受水区水价理论研究 [M].北京：中国水利水电出版社,2015.03.

[30] 苏会东，姜承志，张丽芳主编.水污染控制工程 [M].北京：中国建材工业出版社,2017.05.

[31] 石顺存编.水污染控制工程实验 [M].北京：北京理工大学出版社,2020.10.

[32] 曾永刚，刘艳君，李博主编.水污染控制工程 [M].成都：电子科技大学出版社,2018.04.

[33] 陈群玉，高红主编;王兴鹏，董艳萍，李发永副主编.水污染控制工程 [M].北京：中央民族大学出版社,2018.06.

[34] 张仁志.水污染治理技术 [M].武汉：武汉理工大学出版社,2018.08.

[35] 高久珺著.城市水污染控制与治理技术 [M].郑州：黄河水利出版社,2020.04.